Computer und Gesellschaft

Michael Funk

Computer und Gesellschaft

Roboter und KI als soziale Herausforderung – Grundlagen der Technikethik Band 3

Springer Vieweg

Michael Funk
Cooperative Systems, University of Vienna
Wien, Österreich

ISBN 978-3-658-39019-8 ISBN 978-3-658-39020-4 (eBook)
https://doi.org/10.1007/978-3-658-39020-4

Die Deutsche Nationalbibliothek verzeichnet diese Publikation in der Deutschen Nationalbibliografie; detaillierte bibliografische Daten sind im Internet über http://dnb.d-nb.de abrufbar.

Planung: David Imgrund
Springer Vieweg ist ein Imprint der eingetragenen Gesellschaft Springer Fachmedien Wiesbaden GmbH und ist ein Teil von Springer Nature.
Die Anschrift der Gesellschaft ist: Abraham-Lincoln-Str. 46, 65189 Wiesbaden, Germany

Vorwort

Digitale Technologien und ihre Wechselwirkungen mit Arbeitsmärkten, Kriegsführung, sozialen Identitäten, Bildung, politischen Verhandlungsprozessen, Klimawandel, Energieverbrauch oder wirtschaftlichem Wohlstand drängen zwei allgemeine ethische Fragen auf. Erstens: In welcher Gesellschaft wollen und können wir glücklich leben? Zweitens: Haben unsere Kinder die Zukunft, die sie brauchen, und brauchen unsere Kinder die Zukunft, die sie haben? Beide Fragen bilden im Angesicht rasanter Entwicklungen des Machine Learning, der Social Robots oder „autonomer" Kampfdrohnen die soziale wie ökologische Signatur unseres jungen Jahrtausends. Auf der anderen Seite wird es wahrscheinlich schwer fallen, sich auch nur irgend eine menschliche Gesellschaft in der Vergangenheit vorzustellen, in der Fragen nach Glück und Zukunft der Kinder keine Rolle gespielt haben dürften. Wie Buchdruck und Schifffahrt vor 500 Jahren oder Fotografie und Eisenbahnen im 19. Jahrhundert, so bergen auch soziale Medien und Netzwerktechnologien im Jahr 2022 nicht zuletzt gesellschaftliche Herausforderungen über sachtechnisches Problemlösen hinaus. Computer in ihren vielfältigen Erscheinungsformen – von Androiden oder kollaborativen Industrierobotern über Drohnen bis hin zu Smartphones oder diversen Algorithmen zur Datenanalyse – sind zu dominanten Kulturtechniken geworden. Was sie von vielen ihrer Vorgängerformen unterscheidet, ist die enorme Eingriffstiefe selbst in zwischenmenschliche Beziehungen. In einem vorher unbekannten Ausmaß werden kognitive und handwerkliche Handlungsmuster durch Maschinen simuliert, ersetzt oder schlicht in eine bestimmte Richtung gelenkt.

Vor diesem Hintergrund geraten zunehmend ethische Fragen in den Blick, die vom Problem fehlender Transparenz Künstlicher Neuronaler Netzwerke über das Auftreten von Robotern als soziale Akteure bis hin zur Diskriminierung und Stigmatisierung durch datenwissenschaftliche Analysen reichen – um nur die prominentesten Schlagworte zu nennen. Hinzu treten dringender Gestaltungsbedarf einer digitalen Ökologie bzw. ökologischer Digitalisierung(en) sowie internationaler Sicherheitsarchitekturen im Ringen verschiedener Machtblöcke um die Deutungshoheit globaler Digitalisierung(en) im 21. Jahrhundert. Nachdem in *Band 1* der Buchreihe *Grundlagen der Technikethik* bereits ethische Grundbegriffe geklärt wurden und in *Band 2* die Verfahrenskunde ethischer Praxis zur Sprache kam, wendet sich vorliegendes, drittes Buch einem weiteren in sich geschlossenen Themenblock zu: Der technisch-sozialen Seite der Roboter- und KI-Ethik. Hierzu wird ein Schwerpunkt gelegt auf die thematische Klärung verschiedener Roboter-, Drohnen- und KI-Typen, um darauf aufbauend gesellschaftliche Herausforderungen zu identifizieren. Über den Tellerrand hinaus wird es nicht nur um Mensch-Maschine-Interaktion gehen, sondern etwa auch um Tiere und Pflanzen im Umfeld digitaler Technologien. Außerdem werden Begriffe und Paradigmen künstlicher Intelligenz systematisch herausgearbeitet, die kulturgeschichtlich über den engen Bereich der Informationstechnologien hinausweisen. Auch hier geht es um eine Adressierung ethischer Problemlagen aus einer Rekonstruktion technisch-kultureller Verflechtungen heraus.

Damit ergänzt vorliegender Band systematisch den ersten und zweiten. Alle drei Bücher können unabhängig voneinander gelesen werden, da sie zwar direkt ineinandergreifen, jedoch jeweils in sich geschlossene Themenblöcke behandeln. Mit der hier präsentierten genuin technikethischen Perspektive auf das Spannungsfeld aus *Computer und Gesellschaft* wird ein integrativer Blick angeboten, der zum fachübergreifenden Dialog einlädt. Damit wird eine transdisziplinäre Brücke aus der Ethik heraus angeboten, die einem breiten Interesse, gerade auch aus der Informatik, den Ingenieur- und Technikwissenschaften begegnet. Denn immer wieder ist mir bei Vorträgen, Seminaren oder Gesprächen der Wunsch begegnet, doch einmal möglichst systematisch aber verständlich zu erklären, was Technikethik ist und was sie zu einem problemorientierten Dialog über Schlüsseltechnologien der Robotik und KI beiträgt. Mit vorliegendem Buch möchte ich dem nachkommen.

Ich danke den Teilnehmer*innen meiner Seminare und Vorlesungen in Wien, Klagenfurt und Dresden für unermüdliche Skepsis, freche Neugier und Mut zum Widerspruch. Gleiches gilt für die zahlreichen Besucher*innen unseres Kaffeehaus-Salons in Wien Hernals[1]. Durch die Gespräche mit Studierenden innerhalb der universitären Mauern – in Philosophie wie in Informatik – sowie in der abendlichen freien Wildbahn bei Rotwein und Käseplatte durfte und darf ich viel lernen. Besonders gedankt sei Christopher Frauenberger und Peter Reichl, den Mitorganisatoren des Salons, für öffentliche und fachübergreifende Dialoge zwischen Philosophie, Informatik und Mathematik – einschließlich Operngesang und Weihnachtsvorlesungen. In diesem Sinne gilt mein Dank für transdisziplinäre Zusammenarbeit auch Bernhard Dieber, Albrecht Fritzsche und Markus Peschl; den Kolleg*innen der Forschungsgruppe Cooperative Systems, Fakultät für Informatik, sowie der Forschungsplattform #YouthMediaLife an der Universität Wien; weiterhin Mark Coeckelbergh, Johanna Seibt, Walther Zimmerli und Carl Mitcham für den regen Austausch zur Technikphilosophie und Ethik; Yvonne Hofstetter für Einblicke in die Verbindungen aus Recht und Ethik; sowie meinen Lehrern Bernhard Irrgang, Thomas Rentsch und Hans-Ulrich Wöhler für das umfassende Wissen an dem ich während meines Studiums Anteil haben durfte. Last not least gilt mein Dank dem

[1] https://funkmichael.com/homo-digitalis-wiener-kreis-zur-digitalen-anthropologie/

Verlag Springer Vieweg und hier konkret David Imgrund und Sabine Kathke für die feine Betreuung, Lektorat, inhaltliche Hinweise, Geduld und Momente des Schmunzelns.

Es bleibt nicht aus – zumindest stellvertretend für die allzu schnell übergangenen Alltäglichkeiten ohne welche ein solches Buch niemals entstanden wäre – auch meinem Stammcafé im 9. und Hauswirt im 2. Wiener Bezirk zu danken. Ohne die Hektoliter existenzieller Heißgetränke, blitzgescheite Hausfrauenkost sowie Arbeitsasyl für mein Notebook und mich wäre ich nicht weit gekommen. Folgerichtig danke ich auch den Buckelwalen und Weißschnauzendelfinen – die mir einst im Eyjafjörður in Nordisland begegnet sind – für Inspiration, Kraft und Demut. In vollem Ernst ließe sich die Aufzählung genauso fort führen – ich bin auch nur ein Mensch. Zu viele bleiben in dieser kurzen Aufzählung unerwähnt, allen voran Familie und Freunde. Ohne sie geht im Leben sowieso nichts.

Mai des Jahres 2022 im blühenden Wien bei launischem Aprilwetter,

Michael Funk

Hinweise zur Benutzung

Die Buchreihe *Grundlagen der Technikethik* ist zunächst auf vier Bände angelegt, die systematisch aufeinander aufbauen und inhaltlich ineinander verzahnt sind. Sie bilden zusammen einen umfassenden Bogen zur Technikethik mit besonderem Blick auf Robotik, Drohnen, Computer und künstliche Intelligenz. Jedes Buch behandelt ein in sich geschlossenes Thema und kann auch unabhängig von den anderen benutzt werden. Wer sich besonders für *Band 4* interessiert, muss nicht unbedingt *Band 1* gelesen haben. Die jeweilige Fokussierung sorgt für die inhaltliche Eigenständigkeit jedes Buches. Hinweise zur Benutzung und ein jeweils angepasster Anhang erleichtern das Verständnis zusätzlich. Nutzen Sie die darin enthaltene Methoden-Synopsis sowie das Glossar auch als Zusammenfassung und Überblick! Aus didaktischer Sicht, z. B. beim Einsatz in der universitären Lehre oder zum Selbststudium, ist jedoch ein linearer Durchgang durch die Bücher und Kapitel empfehlenswert. So werden die Methodensynopsis als auch das Glossar von Buch zu Buch schrittweise weiter entwickelt, sodass sich in *Band 4* eine systematisch gefüllte Zusammenschau ergibt. Der vorliegende dritte Band dreht die Perspektive der vorherigen beiden Teile zur Ethik herum und wendet sich nun primär den *technischen Herausforderungen* zu. Hierzu wird in Begriffe und Konzepte der Robotik, Drohnen und KI eingeführt sowie gesellschaftliche Problemfelder im Umgang mit diesen Technologien analysiert. Technikethik hat mehr Gegenstände als nur Roboter und Computerprogramme. Jedoch lohnt sich ein Einstieg mit Blick auf gerade diese Bereiche, da es sich hier um Querschnitttechnologien der Digitalisierung handelt. Sie sind aus vielen weiteren technischen Anwendung unserer Zeit, von Autos über Industrieanlagen und Forschungslabore bis hin zu smarten Staubsaugern, Häusern und Städten kaum mehr wegzudenken. Es wird eingeladen, über die Verhältnisse zwischen Informatik und Gesellschaft kritisch nachzudenken.

Band 1 gibt eine methodische Einführung in *Grundlagen der Ethik* am Beispiel von Robotern und KI. Die drei grundlegenden Bedeutungen der Ethik werden anhand ihrer wesentlichen Konzepte vorgestellt und auf Roboter wie KI exemplarisch angewendet. Da Roboter- und KI-Ethik selbst eine Subdisziplin der Technikethik darstellt, wird zusätzlich auf deren Besonderheiten eingegangen. Besonderes Interesse erweckt die neue Perspektive, wonach Moral und Ethik nicht mehr nur menschlich sind, sondern auch in Maschinen vorkommen könnten. *Band 2* widmet sich der *ethischen Praxis*, also den Methoden der angewandten Ethik und speziellen Konzepten der Technikbewertung. Hierzu zählen kasuistische Verfahren der Einzelfallentscheidung und die Verantwortungsanalyse anhand spezieller Relata, elf Perspektiven technischer Praxis sowie sieben verschiedener Technikbegriffe. Unter besonderer Berücksichtigung von Robotik und KI dienen vier Beispiele zur Illustration und Übung. Ein fünftes thematisiert Gentechnologie. *Band 1* und *Band 2* betrachten also Technikethik von der Ethik her.

Band 4 knüpft an das vorliegende dritte Buch an und ist wohl der abstrakteste der vier Teile. Hier schließt sich der umfassende Bogen der Reihe in theoretischen Fragen nach Maschinensprache, -verkörperung, -bewusstsein und -autonomie. Damit wird nicht aus der Technikethik herausgeführt, sondern weiter in sie hinein. Denn Sprache, Körperlichkeit, Bewusstsein und Autonomie sind Grundphänomene menschlicher Lebensformen sowie ethische Fachtermini, die zunehmend durch Social Robots, Cobots, Künstliche Neuronale Netze oder Machine Learning vereinnahmt werden. Was steckt dahinter? Das ist Gegenstand einer umfassenden *kritischen Reflexion*.

- Grundlagen der Ethik in Band 1: *Roboter- und KI-Ethik. Eine methodische Einführung*
- Ethische Praxis in Band 2: *Angewandte Ethik und Technikbewertung. Ein methodischer Grundriss*
- Technologische Herausforderungen in Band 3: *Computer und Gesellschaft. Roboter und KI als soziale Herausforderung*
- Kritische Reflexionen in Band 4: *Künstliche Intelligenz, Verkörperung und Autonomie. Theoretische Fragen*

Zur Gestaltung der Querverweise zwischen den einzelnen Bänden

Kursive Angaben beziehen sich auf einen anderen als den jeweils vorliegenden Band der Buchreihe. Wenn zum Beispiel im ersten Buch steht *„Band 2, 2.2"*, dann ist das „zweite Buch" aus der Reihe gemeint und darin das „Kapitel 2.2". Nicht kursiv sind die Kapitelverweise innerhalb eines vorliegenden Buches. Steht also im ersten Buch „Kapitel 6", dann ist damit der entsprechende Abschnitt im ersten Buch gemeint. Alle Abbildungen und Tabellen sind stets mit dem Band und der Nummer des dortigen Kapitels, in dem sie präsentiert werden, angegeben, z. B.: „Abb. Band 1, 2.1" oder „Tab. Band 3, 3".

Zum Sprachgebrauch

In vorliegendem Buch wird aus stilistischen Gründen die Bezeichnung in einem Geschlecht angewendet, wenn nicht konkrete Personen gemeint sind. Mal ist von „Ingenieurinnen" die Rede, mal wieder von „Ingenieuren" etc. Das ist Absicht und soll stellvertretend für die Vielfältigkeit menschlicher Geschlechter und Lebensstile Abwechslung bringen. Stets sind dabei alle möglichen Geschlechter oder Lebensstile mit angesprochen, so wie es etwa mit Formeln wie „Ingenieur*innen" oder „Ingenieur|(in)en" alternativ praktiziert wird. Ist von „Menschen" oder „der Mensch" die Rede, sind selbstverständlich ausnahmslos alle Kulturen, Religionen und Ethnien damit gemeint. Insbesondere, wenn es um sachlich absolut begründete Unterschiede und Abgrenzungen zwischen Menschen und Maschinen – nennen wir diese nun „soziale autonome Roboter", „Maschinenlernen" oder „künstliche Intelligenz" – geht, dann ist es besonders wichtig, die vielfältigen Lebensentwürfe und historisch-kulturellen Identitäten hinter dem Wort „Mensch" im Blick zu haben.

Inhaltsverzeichnis

1 Was ist ein Roboter?

Zusammenfassung

Standen in den ersten beiden Bänden der Reihe *Grundlagen der Technikethik* die Begriffe, Prinzipien, Methoden und Verfahrensformen der Ethik im Mittelpunkt, so wendet sich vorliegender dritter Band einem in sich geschlossenen Themenfeld zu: Robotern und KI als soziale Herausforderungen. Voraussetzung ist ein möglichst klares Bild der zu besprechenden Technologien. Jedoch treten besonders bei Versuchen allgemeiner Roboterdefinitionen Schwierigkeiten durch unklare anthropomorphe Metaphern auf. Da es viele verschiedene Robotertechniken und Anwendungen gibt, fällt eine umfassende allgemeine Begriffsbestimmung schwer. Außerdem sind die Übergänge und Abgrenzungen zum Begriff des Computers oder der künstlichen Intelligenz fließend. Am ehesten gelingen spezielle Roboterdefinitionen, wie z. B. im Bereich der Industrierobotik oder von Cobots. Letztere werden weniger durch ihre Gestalt, Funktion oder ihren Nutzen definiert, sondern eher durch spezifische Interaktionsformen wie Kooperation oder Kollaboration. Sie stehen für neuere Entwicklungen der Robotik, in denen auch soziale Interaktionen jenseits industrieller Analgen zum Repertoire gehören. Vor diesem Hintergrund werden in vorliegendem Kapitel ausgewählte allgemeine und spezielle Definitionsvorschläge vorgestellt und in einen systematischen Zusammenhang gebracht.

Haben wir die Zukunft, die wir brauchen, und brauchen wir die Zukunft, die wir haben? Welche Roboter und sogenannte künstlichen Intelligenzen (KI) wollen wir? In den ersten beiden Teilen der Reihe *Grundlagen der Technikethik* wurde das Pferd buchstäblich von hinten aufgezäumt. Im Zusammenhang mit der aktuell viel diskutierten Roboter- und KI-Ethik ging es zunächst um die Ethik, ihre Prinzipien, Theorien und Methoden *(Band 1),* ergänzt durch graduelle Verfahrensformen der Einzelfallentscheidung, wie sie aus der angewandten Ethik bekannt sind, sowie weitere Konzepte der Technikethik bis

M. Funk, *Computer und Gesellschaft,* https://doi.org/10.1007/978-3-658-39020-4_1

hin zur Verantwortungsanalyse *(Band 2)*. Denn im Gegensatz zu Robotern und künstlicher Intelligenz lässt sich der Begriff der Ethik mit Blick auf eine bis in die Antike zurückreichende Geschichte erhellen. Bevor man also im Nebel der vielen verschiedenen Roboter- und KI-Konzepte umherirrt, hat sich in den vorherigen Bände ein erster klärender Zugriff über die Grundlagen der allgemeinen und angewandten Technikethik angeboten. Dieser wird in vorliegendem Buch ergänzt durch Betrachtungen zu ***Robotern und KI als sozialer Herausforderung.*** Es geht also um die konkreten Techniken und ihren Gebrauch – und da sind wir doch mit einigem Neuem konfrontiert, worüber in den vergangenen Jahrhunderten so noch nicht nachgedacht wurde.

Auf der anderen Seite gibt es trotzdem lange Kulturgeschichten voller Mythen, Sagen und religiösen Motiven, in denen künstliches Leben, Golems, Automatenmenschen oder Ähnliches schon länger überliefert sind. Es wird sogar argumentiert, dass das Konzept des Roboters als Arbeitsmittel für gefährliche, schmutzige, lästige oder mühsame Aufgaben von der Sache her schon im altgriechischen Wort *poiesis* wurzelt – der abgewerteten **„Routine“ arbeit,** für welche eben nicht die freien Bürger der Polis vorgesehen waren. Entsprechend wären die entrechteten und zu reinen Arbeitsmitteln degradierten **Sklaven** der alten Griechen die ersten, noch menschlichen, Quasiroboter gewesen (Zimmerli 2014, S. 12; Zimmerli 2021, S. 471). Das „Problem“ der Robotik existiert kulturhistorisch schon lange vor den ersten elektronischen, digitalen Computern, so wie wir sie heute kennen. Es ist nur so, dass entsprechende Sklaventätigkeiten seit den industriellen Revolutionen der Neuzeit tatsächlich von Maschinen übernommen werden, sodass Sklaverei verschwunden ist bzw. – das wäre zumindest eine kritische Überlegung wert – in andere, subtilere gesellschaftliche Nischen verdrängt wurden, so sie nicht im globalen Reigen der Lieferketten in andere Kontinente ausgelagert wurden.

Immanuel Kant (1724–1804) hat wie andere Menschen der Aufklärung(en) gegen Sklaverei auf einer sozialen und ethischen Ebene gekämpft. In seiner berühmten **Selbstzweckformel** verbietet er die Reduktion von Menschen zu bloßen Mitteln für Zwecke. Jeder Mensch ist als Selbstzweck, also als in sich selbst wertvoll, zu achten (*GMS BA 64–66,* Kant 1974/1788, S. 59–60; *Band 1, 4.2*). Universelle und unveräußerliche Menschenrechte und Menschenwürde bauen in ihrer Unantastbarkeit darauf auf. Menschen zu versklaven ist ein schweres Verbrechen. Für Maschinen gilt das jedoch nicht, da es sich hierbei um technische Mittel handelt, die ja von Menschen als technische Kulturgüter zur Erfüllung von Zwecken hervorgebracht werden. Sie lassen sich im Zweck-Mittel-Schema reflektieren, selbst wenn jemand die Absichten hinter einer technischen Entwicklung nicht äußern will oder kann (Reflexionsbegriff der Technik = Technikbegriff 7; *Band 2, 3.2;* Abb. Band 2, 3.2). Doch sind Roboter und KI heute schon zum in sich selbst wertvollen Selbstzweck geworden? Entwicklungen androider Systeme oder sogenannter Superintelligenz werden von ihren Verfechterinnen als buchstäbliche Abbilder des Menschen und die heraufziehende Überwindung menschlicher Kulturen gefeiert. Können wir uns solche Visionen leisten auf einem endlichen Planeten, den wir mitten in eine Klimakrise gestürzt haben – umgeben von einem zunehmend ebenfalls schrottgefluteten Weltraum?

Vorliegendes Buch beschäftigt sich mit dem Spannungsfeld zwischen *Computer und Gesellschaft.* Es wird dabei zentral um Roboter und KI gehen. Warum? Weil beides computerbasierte Technologien sind, die besondere soziale Herausforderungen bergen, Hoffnungen wecken und Ängste schüren. Zum einen wird mit dieser inhaltlichen Zuspitzung die komplementäre Perspektive zu *Band 1* eröffnet, Roboter- und KI-Ethik also um die technische Perspektive der Robotik und KI erweitert. Gleiches gilt für die methodischen Grundlagen der Technikbewertung aus *Band 2,* die in Robotik und KI ein prominentes Anwendungsfeld (neben anderen) finden. Tatsächlich ist die Krux dabei, dass bei der Analyse und ethischen Bewertung mit provisorischen Begriffen verfahren werden muss: Roboter und KI sind beides Sammelbegriffe für diverse Technologien, und teilweise fast sogar Synonyme für Computer. Zum anderen sind mit Robotern, menschenähnlichen Maschinen, künstlichem Leben und eben künstlich geschaffener Intelligenz gesellschaftliche Fragen verbunden, die es schon viel länger gibt, als moderne elektronische Digitalcomputer: Dürfen wir Menschen versklaven, also zu bloßen Arbeitsmitteln für Routinetätigkeiten machen? Was ist der Mensch und was ist an ihm Zahl, Mathematik, Kalkül, formale Logik? Aktualisiert auf die heutige Zeit: Ist das Reduzieren menschlichen Lebens auf algorithmisch gemusterte Verhaltensprognosen die neue Sklaverei – wo User kein Zweck in sich selbst mehr sind, sondern bloße Datenbestände und Ressourcen des Profiling? Dürfen wir jedoch auf digitale Datenanalysen und algorithmische Mustererkennung verzichten, wenn sie praktische Vorteile in der Epidemiologie oder Röntgendiagnostik bieten?

Sehen wir zuerst auf Roboter und ab Kap. 4 dann auf KI. Wenn wir heute fragen, was ein Roboter ist, dann lassen sich mannigfaltige Antwortvorschläge ohne finales Ergebnis finden. Gemeinsam ist den meisten heutigen Roboterdefinitionen jedoch, dass in ihnen direkt oder indirekt auf Computer Bezug genommen wird. Entweder sind Roboter sozusagen Computer + X (direkter Bezug) oder Computertechnologien werden stillschweigend bereits vorausgesetzt, wenn z. B. Sensoren und Aktuatoren als „Verkörperung" „smarter" Datenverarbeitung durch künstliche Intelligenz (KI) benannt sind (indirekter Bezug). Der Gegenstand einer Roboter- und KI-Ethik steht und fällt per Definition mit unserem **provisorischen Begriff von Robotern** und den damit verbundenen Problemen des individuellen und vor allem gemeinschaftlichen Technikgebrauchs. Das gilt für beide Ebenen der Roboter- und KI-Ethik (*Band 1, 6.2;* Tabelle Band 1, 6.2) sowie der Technikethik *(Band 2, 5):*

Ebene I, Roboter/KI als Objekte, Genitivus obiectivus:
„*Ethik der* Roboter/KI" = von Menschen gemachte Moralwissenschaft/Ethik, in welcher die Moral technischen Handelns im Umgang mit Robotern/KI reflektiert wird; = angewandte Ethik, Technikethik (Bedeutung 1)

Ebene II, Roboter/KI als Subjekte, Genitivus subiectivus:
„Ethik *der Roboter/KI*" = von Maschinen gelebte Moral (Bedeutung 2), gemachte „Ethik" (Bedeutung 3), oder befolgte, kodifizierte Regeln bzw. Ethos/Moralkodex (Bedeutung 3)

Standen in *Band 1* und *Band 2* vor allem die Ethik einschließlich ihrer Voraussetzungen, Methoden und Debatten im Mittelpunkt, so wendet sich vorliegender *Band 3* der Begrifflichkeit und Theorie der Roboter, Drohnen und künstlichen Intelligenz zu. Es ist also eher ein thematisches Buch in dem *ein konkretes* Anwendungsfeld der Technikethik und sicherlich *das* Anwendungsfeld der Roboter- und KI-Ethik behandelt wird. Maschinenlernen gehört hierzu, wie auch andere Prozesse vernetzter Datenverarbeitung. Roboter sind eingebettet in soziotechnische Systeme, es gibt nicht den einen Roboter, der als materielles Ding unabhängig von anderen Techniken oder menschlichen Handlungen existieren würde (Systemtechnik = Technikbegriff 4; *Band 2, 3.2;* Abb. Band 2, 3.2). Vor diesem Hintergrund sehen wir uns zuerst verschiedene allgemeine Roboterdefinitionen und ihre Probleme in Abschn. 1.1 an, gefolgt von ausgewählten speziellen Definitionen in Abschn. 1.2. Zunehmend rückt Interaktivität in den Mittelpunkt allgemeiner und vor allem der speziellen Roboterdefinitionen. Das betrifft zum einen prominent das Konzept der Cobots in der Industrierobotik. Zum anderen sind damit Soziale Roboter angesprochen, jenseits geschlossener Fertigungsräume.

Im basalen Sinne lässt sich jeder vernetzte Computer in Begriffen der Interaktivität beschreiben, nämlich wenn es um Maschine-Maschine-Interaktion informationstechnologischer Datenverarbeitung geht. Das mag so gesehen ein alter Hut sein. Von aktuellem Interesse sind jedoch weiterführende Interaktionsformen, der Mensch-Roboter-, Tier-Roboter- sowie Pflanze-Roboter-Interaktion. Diese stehen in unmittelbarem Zusammenhang zu weiteren Roboterbegriffen, die wir uns in Kap. 2 ansehen werden. Verbundene Unschärfen der jeweiligen Definition werden aufgezeigt und ethische Problemlagen kurz skizziert. Besonders mit humanoiden Robotern werden Visionen des Post- und Transhumanismus verbunden. Zentrales Thema sind Methdoen der Anthropomorphisierung (Vermenschlichung). Dennoch entpuppen sich auch hier allgemeine Roboterdefinitionen häufig als unklar, gerade wenn mit ihnen ein umfassender Anspruch erhoben wird. Besonders die Abgrenzung gegenüber bloßen Computern erscheint schwierig. Begrifflich klarer erscheint im Gegensatz dazu das Feld der Industrierobotik, wie wir in Abschn. 1.2 sehen werden. Auf der anderen Seite ist die Abgrenzung zwischen Robotern und Drohnen ebenfalls problematisch. Warum verwenden wir zwei Begriffe für sehr ähnliche Technologien? In Kap. 3 lernen wir einige Unterschiede kennen und teilen Drohnen wiederum in zwei Typen ein. Die erste Hälfte vorliegenden Buches spannt also einen Bogen von Robotern über Interaktionsformen hin zum Begriff der Drohne. Daran anschließend werden in Kap. 4 bis Kap. 6 Begriffe der künstlichen Intelligenz systematisch eingeordnet, auf ihre logischen Voraussetzungen befragt und hinsichtlich gesellschaftlicher Herausforderungen erörtert.

1.1 Allgemeine Definitionen

Die Frage, **was ein Roboter ist, lässt sich nicht einheitlich und auf längere Zeit gültig beantworten.** Einheitlich fällt eine solche Antwort nicht aus, da sich unter der Schirmherrschaft des Wortes diverse Technologien und deren diverse Anwendungen versammeln. Auf lange Zeit gültig kann eine möglichst präzise Roboterdefinition darum nicht sein, weil sich die realen Möglichkeiten stetig weiter entwickeln. Nur ein sehr allgemeiner Roboterbegriff hat das Zeug, die Zeiten zu überdauern oder zumindest als Kategorie für bestimmte Unterarten zu gelten. Hinzu treten die sprachliche Uneinigkeit der beteiligten Expertinnen, Einflüsse der Science Fiction, in welcher Roboterbegriffe auch jenseits der technischen Realität erprobt werden, sowie die Pfadabhängigkeit *(Band 2, 3.4)* der zugrunde liegenden Technologien. Innovationen fließen aus angrenzenden Bereichen ein und prägen entsprechend das sprachliche Repertoire (Jordan 2017, S. 15–23).

Um durch diese vielen Unschärfen im Roboterbegriff nicht von vornherein den methodischen Zugriff zu verlieren, war es darum auch die bessere Wahl, in vorliegender Buchreihe mit länger tradierten und gefestigten Terminologien der Ethik zu beginnen und diese zunächst lose im Zusammenhang mit Robotern und KI vorzustellen *(Band 1; Band 2)*. Doch nun ist auch hier das Ringen um mehr begriffliche Präzision geboten. So lässt sich zuerst zwischen **„Roboter" und „Robotik"** unterscheiden. Roboter sind die Produkte der Robotik, die sich mit deren Entwicklung, Produktion, Vertrieb und Instandhaltung beschäftigt (Bendel 2016, S. 191–192). Entsprechend der elf Perspektiven technischer Praxis *(Band 2, 3.1)*, gehört auch die fachgerechte Entsorgung zu den Aufgaben der Robotik, die Nutzung jedoch nicht immer. Wir werden sehen, dass es sehr viele Überschneidungen zwischen Robotern und Drohnen gibt, sodass gleiches auch für diverse Drohnentypen als Produkte der Robotik gilt (Kap. 3).

Schauen wir nach der ersten sehr generischen Abgrenzung zum Begriff der Robotik auf einige allgemeine Roboterdefinitionen. Ein Dauerbrenner, der tatsächlich das Zeug haben könnte, die Zeiten zu überdauern ist die 1920 von Josef (1887–1945) und Karel Čapek (1890–1938) im Theaterstück **R.U.R.** ***(Rossumovi Univerzální Roboti)*** erfundene Wortform, nach welcher tschechisch *„robota"* für Zwangsarbeit und Frondienst steht. Die so definierten Maschinen sind moderne Sklaven und müssen den Anweisungen der Nutzer gehorchen – immer auf die Gefahr hin, dass sie sich fatal gegen ihre Herren erheben. Ab 1923 verbreitet sich der Begriff und die mit ihm verbundene Sklavenmetapher durch diverse Übersetzungen weltweit (Jordan 2017, S. 50–51; Edgar 2003, S. 455). Wie wir in *Band 1, 5.3* gesehen haben, setzt z. B. Isaac Asimov (1920–1992) in den 1940er-Jahren diesem am „Frankenstein-Komplex" orientierten Bild ein neutraleres, an Sicherheit ausgerichtetes Roboterverständnis entgegen (Jordan 2017, S. 51–54; Laßmann 2017). Was ein Roboter ist, lässt sich entsprechend durch dessen ***Gestalt*** **oder** ***Funktion*** erklären. In aktuellen Definitionen greift beides häufig ineinander. Im Mittelpunkt steht die Funktion der Maschine, welche ohne entsprechende Gestaltmerkmale und materielle Formgebung nicht möglich wäre. In einem EU-Bericht vom Oktober 2016 ist z. B. Folgendes zu lesen:

> „Paragraph 1 of the motion for a resolution suggests that the Commission 'propose a common European definition of *smart autonomous robots* and their subcategories by taking into consideration the following characteristics of an *intelligent robot*: acquires *autonomy* through sensors and/or by exchanging data with its environment (inter-connectivity) and trades and analyses data; is *self-learning* (optional criterion); has a *physical support;* adapts its *behaviours* and *actions* to its environment'." (Nevejans 2016, S. 8; Hervorhebungen von M.F.)

Bemerkenswert ist zunächst, dass diese Definition, bevor sie richtig zum Punkt kommt, schon neue Fragen aufwirft: Kann ein Roboter autonom und smart sein? Was bedeuten diese Worte überhaupt? Das werden wir uns in *Band 4.5* genauer ansehen. Auf jeden Fall scheint nach dieser Formulierung, ein solches Gerät autonom zu funktionieren und benötigt hierfür eine materielle Gestalt, welche Sensordatenverarbeitung und Wechselwirkungen mit der Umgebung ermöglicht. Hinzu tritt explizit als eigener Punkt die physische Unterstützung. Ein Chatbot ist kein Roboter, da ihm dieser „physical support" fehlt. Ein Computer ist ein physisches Ding und verarbeitet Daten analytisch. Auch der Datenaustausch mit der Umgebung ist gegeben, wenn nicht durch Sensoren so durch die für PCs klassischen Ein- und Ausgabegeräte. Selbstlernende Algorithmen liegen zusammen mit Deep Learning und Big Data im Trend. Hier stellen sie optionale Kriterien dar, die auch auf Computer anwendbar wären. Die Trennlinie zwischen Computer und Roboter ist in dieser EU-Definition unscharf gezeichnet. Denn last, not least lässt der vierte Punkt der Anpassung des „Verhaltens" („behaviour") an die Umgebung genügend Spielraum, um einen Computer anzunehmen.

Ist einmal überhaupt zugestanden, dass sich Maschinen „verhalten" können – so wie sich ein Panda im Zoo „verhält" – anstatt nur zu funktionieren, dann ist unklar, warum ein PC das nicht auch können sollte. Das Gerät empfängt genauso Daten, verarbeitet diese entsprechend des Inputs und der installierten Software wie ein Roboter. Roboter sind physikalisch eingebettete informationsverarbeitende Systeme, insofern also immer Computer. Warum sprechen wir dann von einem Roboter? Und warum passt das Gerät bloß seine *Funktionen* an die Umwelt an und nicht ebenfalls seine materielle Struktur – wie ein selbstorganisierender Organismus? Es ist im Bereich des Denkbaren, dass nicht zuletzt Fortschritte in der synthetischen Biologie und dem Design von Maschinen aus organischem Material hier eine Revision auslösen könnten, wie verschiedene Konzepte der **Biobots bzw. Biorobots** andeuten (nicht zu verwechseln mit den Simulationen zellulärer Automaten oder evolutionärer Algorithmen, Mainzer 2016, S. 81–97; Mainzer 2020; *Band 1, 3.3*). An die Definition von 2016 anschließende Initiativen sind nach wie vor mit der Aushandlung allgemeiner Roboterdefinitionen auf EU-Ebene befasst, wobei das klassische KI-Verständnis technischer Informationsverarbeitung jenseits synthetischer Biologie dominiert (=*Paradigma A*, siehe Abschn. 4.2). In einem Projektendbericht vom Juni 2021 heißt es unter Verweis auf die entsprechenden Reports:

> "'artificial intelligence' means a system that is either software-based or embedded in hardware devices, and that displays *intelligent behavior* by, inter alia, collecting, processing, analyzing, and interpreting its environment, and by taking action, with *some degree of autonomy*, to *achieve specific goals*;
>
> 'robotics' means technologies that enable *automatically* controlled, reprogrammable, multi-purpose machines to perform actions in the physical world *traditionally performed or initiated by human beings*, including by way of artificial intelligence or related technologies;
>
> 'related technologies' means technologies that enable software to control with a partial or *full degree of autonomy* a physical or virtual process, technologies capable of detecting biometric, genetic or other data, and technologies that copy or otherwise *make use of human traits*". (Bertolini et al. 2021, S. 5, Hervorhebungen von M.F.)

Der Begriff des Roboters wird also an den der Robotik gebunden und sozusagen im Sandwich zwischen KI und verbundenen Technologien präsentiert. Der starke und problematische Begriff der Autonomie wird ersetzt durch „automatisch", wobei über den Term der KI dann doch wieder „intelligentes Verhalten" und zumindest bestimmte Formen der „Autonomie" eingekauft werden. Die Erfüllung spezifischer Zwecke wird direkt angesprochen und verweist auf den Reflexionsbegriff der Technik (= Technikbegriff 7) wie auch den Systemcharakter (= Technikbegriff 4) dieser Technologien (*Band 2, 3.2;* Abb. Band 2, 3.2). Im Begriff der Roboter wird auf die Ersetzung menschlicher Tätigkeiten hingewiesen, also zumindest implizit ein anthropomorpher bzw. anthropozentrischer Maßstab an die *Funktionen* der Maschinen angelegt. „Related technologies" weichen nun wiederum davon ab, insofern sie bis hin zur „vollen Autonomie" und „Nutzung menschlicher Charakterzüge" die Entwicklungen der KI und Roboter radikalisieren. Ob damit nun Klarheit gewonnen ist, oder sogar eher Unklarheit geschürt wird, darf durchaus diskutiert werden. Die Begriffe der KI werden wir uns jedenfalls detailliert in Kap. 4 bis Kap. 6 ansehen.

In einer anderen international diskutierten Definition (Jordan 2017, S. 46) wiegen die Probleme nicht minder schwer. Sie geht zurück auf eine Formulierung von George Bekey:

> „In this book we define a robot as *a machine that senses, thinks, and acts*. Thus, a robot must have sensors, processing ability that emulates some aspects of cognition, and actuators." (Bekey 2005, S. 2; Hervorhebung im Original)

Gleiches Schema wie in den EU-Definitionen: Es ist eine Maschine, die bestimmte *Funktionen* ausübt und darum eine bestimmte materielle Ausstattung, also *Gestalt,* hat – nicht umgekehrt. Doch lehnt sich der Autor sprachlich weit aus dem Fenster, wenn er das Gerät als „wahrnehmend", „denkend" und „handelnd" beschreibt. Dies sind Termini aus dem menschlichen Alltag und ähnlich wie bei den Worten Autonomie oder smart ist deren Bedeutung im Zusammenhang mit der technischen Funktion einer Maschine zumindest so unklar, dass sie nicht ohne Weiteres für eine geregelte Definition hinreichen. Wir sehen auch hier, bereits an den Definitionsvorschlägen, wie leicht wir bei Robotern in anthropomorphe Redeweisen verfallen. Wir benutzen also Worte aus dem zwischenmenschlichen Alltag, um nichtmenschliche Funktionen zu beschreiben. Dabei scheint es schon durch die Wortwahl so, *als ob* Roboter menschenähnliche Eigenschaften hätten (*Band 1, 4.6:* anthropomorpher Fehlschluss entsprechend anthropomorpher Rede I). Das Gegenteil liegt vor, wenn wir Menschen mit den funktionalen Begriffen der Robotik als bloße Mittel für unsere Zwecke beschreiben (*Band 1, 4.6:* robomorpher Fehlschluss entsprechend robomorpher Rede II; siehe auch *Band 2, 2; Band 2, 2.1;* Abb. Band 2, 2). Wenn wir mit Čapek Roboter als Zwangsarbeiter definieren, dann verfügen wir mit dem Begriff des Sklaven bereits seit der Antike über einen Roboterbegriff. Genau genommen beschreiben wir dann Menschen (ethisch hoch problematisch) als Roboter (= „lebende Werkzeuge", „Sklaven") und wie eingangs erwähnt als bloße rechtlose Mittel für unsere Zwecke (Originalquelle: *Pol. I,4 1253b,* Aristoteles 2012, S. 8–9; aktuelle Diskussion in Zimmerli 2014, S. 12; Zimmerli 2021, S. 471). Das ist bemerkenswert, insofern breite Einigkeit darüber besteht, dass die Mittel zur technischen Umsetzung von Robotern erst seit dem 20. Jahrhundert zur Verfügung stehen. Kulturhistorisch scheinen sie aber ebenfalls auf den Schultern längst vergangener Riesen zu stehen (siehe auch die Vorgeschichten in Abschn. 5.1, 5.2 und *Band 4, 1.2*).

In der deutschsprachigen Debatte definiert Catrin Misselhorn ganz ähnlich, jedoch auch explizit unter Rückgriff auf künstliche Intelligenz und den entsprechenden **Verkörperungsansatz** (Abschn. 2.1 und die Vertiefung in *Band 4, 3*). Mit dieser Strategie werden Roboter über die Schnittfläche zu einem nahen Begriffsfeld erklärt. Sie sind künstliche Intelligenz plus X (Misselhorn 2018, S. 271; siehe auch Nida-Rümelin und Battaglia 2019, S. 3–7). Wobei dann auch zu definieren ist, was die Verkörperung der Roboterhardware, also das X, von der Verkörperung einer Computerhardware unterscheidet. Ähnlich spricht auch die *High-Level Expert Group on Artificial Intelligence* der Europäischen Kommission aktuell von **„embodied AI",** wenn sie Roboter definiert als „AI in action in the physical world" (AI HLEG 2019, S. 4). Wieder lässt sich von biologischer Seite her fragen: Wenn ein Roboter eine datenverarbeitende Maschine, verkörpert in und interagierend mit ihrer Umwelt, ist, was unterscheidet sie dann von genetisch modifizierten Organismen, die „genetische Informationen" umsetzen? Wir sehen, wie schwer es ist, einen Roboter zu definieren und fügen an dieser Stelle zu den genannten aktuellen Versuchen (provisorisch) ergänzend hinzu:

> „Ein **Roboter** besteht außerdem (aktuell noch) aus anorganischem Material und ist in der *funktionalen* Lage physisch, nicht nur sprechend oder durch ein Display, auf seine Umwelt instrumentell einzuwirken. Auch durch das Potential zur gezielten energetisch eigenständigen räumlichen Positionsverändern zumindest einiger seiner Teile unterscheidet sich der Roboter in seiner *Gestalt* von anderen Computern wie PCs oder Smartphones. Angenommen sei dabei, dass im Sinne der Pfadabhängigkeit Roboter eine Weiterentwicklung der Computertechnik darstellen, da sie historisch und technisch zumindest in einigen notwendigen Segmenten auf Computertechnik aufbauen."

Im nächsten Abschnitt werden nun einige spezielle Roboterdefinitionen vorgestellt, die sich durchaus präziser fassen lassen. Nachdem wir uns im daran anschließenden Kap. 2

den verschiedenen Arten der Roboterinteraktionen zuwenden, wird eine praktische Bestimmungshilfe zur Identifikation verschiedener Roboter präsentiert (Abschn. 2.3).

1.2 Einige spezielle Definitionen

Häufig reden wir gar nicht von „dem“ Roboter, sondern meinen einen konkreten Robotertyp, der sich unter der Schirmherrschaft des Wortes Roboter verbirgt. Christaller et al. (2001, S. 20) schlagen generell vor, weitere Unterkategorien nach dem jeweiligen *Nutzen* der Geräte für Menschen zu definieren, nicht pauschal nach deren Bauform. In den meisten Fällen folgen die Unterarten einer funktionalen Definition. Der Begriff beschreibt vor allem den Einsatzbereich des Geräts (Knoll und Christaller 2003, S. 5–16). Dementsprechend fallen die Definitionen für Unterarten auch sachlicher aus, da sie weniger stark in die sprachliche Verlegenheit getrieben werden, auch Science-Fiction-Maschinen und alle anderen möglichen Roboter einschließen zu müssen. Zu unterscheiden sind z. B. Operationsroboter von Pflegerobotern, Serviceroboter von Fertigungsrobotern oder Kampfroboter von Spielzeugrobotern. Die Übergänge sind jedoch auch hier fließend. So verstehen wir unter einem Industrieroboter einen Roboter, der im industriellen Umfeld, meistens zur Fertigung und von ausgebildeten Fachkräften angewendet wird. Besonders in der Automobilbranche kommen diese Geräte massenhaft zum Einsatz. Aufgrund seiner ökonomischen Bedeutung bezeichnet das Wort Industrieroboter eine der am weitesten verbreiteten Roboterarten. Ein Beleg hierfür sind die Schwerpunkte in der **Industrierobotik** internationaler Dachverbände wie der *Robotic Industries Association* (RIA) in Nordamerika oder der *Japan Robot Association* (JARA).

Eine mittlerweile überholte Definitionen des *Vereins Deutscher Ingenieure* (VDI) wurde 1990 mit der Richtlinie 2860 vorgelegt und 1994 im internationalen ISO-Standard 8373 übernommen. Christaller et al. (2001, S. 19) legen daran anschließend eine erneuerte Formulierung vor:

> „Roboter sind sensumotorische Maschinen zur Erweiterung der menschlichen Handlungsfähigkeit. Sie bestehen aus mechatronischen Komponenten, Sensoren und rechnerbasierten Kontroll- und Steuerungsfunktionen. Die Komplexität eines Roboters unterscheidet sich deutlich von anderen Maschinen durch die größere Anzahl von Freiheitsgraden und die Vielfalt und den Umfang seiner Verhaltensformen.“

Wichtig ist den Autoren der Werkzeugcharakter des Roboters im Kontext menschlicher Handlungen. Dieser *funktionalen* Bestimmung schließen sich Hinweise zu Konstruktionsmerkmalen an. Anthropomorphe Kennzeichnungen/Redeweisen sollen ausdrücklich gemieden werden (ebd., S. 19–20). In diesem Sinne muss „Verhaltensformen“ als funktionaler Terminus verstanden werden, so wie wir auch von „Materialverhalten“ bei statischen Belastungstests sprechen. Das Verhalten des Pandas im Bambuswald, der Elefanten im Tiergarten oder das moralische Verhalten der Menschen untereinander ist damit ausdrücklich *nicht* gemeint. Allein der Hinweis darauf, anthropomorphe Metaphern zu vermeiden, also keine Worte zu verwenden, mit denen eigentlich nur menschliche Handlungen beschrieben werden, ist ein sinnvolles methodisches Gebot. Es reiht sich nahtlos ein, in die für die Ethik essenzielle Trennung empirisch-deskriptiver und normativ-wertender Redeweisen. Insofern ist die von Christaller et al. vorgeschlagene Herangehensweise durchaus auch zwei Jahrzehnte später noch gültig. Sie kann sogar eine kritische Perspektive auf heutige Definitionsinitiativen – z. B. auf EU-Ebene – anbieten, in denen wie selbstverständlich metaphorisch von „autonomen" oder „smarten" Maschinen gesprochen wird –, ohne dabei die eigene metaphorische Sprache hinreichend zu thematisieren.

Im Trend aktueller Entwicklungen liegen **kollaborative Roboter,** unter denen wir Industrieroboter verstehen, die direkt, z. B. durch einen armähnlichen Greifausleger, mit menschlichen Fachkräften „interagieren". Es sind besondere Sicherheitsmaßnahmen geboten, da die Maschinen nicht nur in abgetrennten Produktionsstraßen betrieben werden sollen. Die *International Federation of Robotics* (IFR) veröffentlichte im Dezember 2020 die aktualisierte Version eines Positionspapier hierzu, in welchem die ISO Norm 10218–1:2012 *Industrieroboter und Sicherheitsanforderung* als ein Unterscheidungsmerkmal für zwei Gruppen der kollaborativen Roboter genügt: Maschinen, die dieser Norm entsprechen oder nicht. Beachtenswert ist, dass hier weitere Unterkategorien im wahrsten Sinne des Wortes „normativ" gebildet werden. Das Unterscheidungsmerkmal ist die sprachlich normierte Kodifizierung unserer gesellschaftlichen Vorstellungen von Sicherheit. Ein **Cobot** bezeichnet in diesem Zusammenhang einen kollaborativen Roboter, der mit der Fachkraft in einem offenen Arbeitsumfeld interagiert (IFR 2020, S. 1). Fragen der physischen und psychischen Sicherheit des Menschen stehen ethisch an höchster Stelle wie auch die Datensicherheit und Privatheit. Je näher ich einem Roboter komme, je stärker werde ich zum Gegenstand seiner Sensordaten. Was aus Gründen der physischen Sicherheit essenziell ist (um rechtzeitig eine potenzielle Kollisionsbewegung zu stoppen, muss die Maschine Informationen über die räumliche Position des Menschen haben), gerät zum datenschützerischen Dilemma: Sicherheit setzt Information voraus (Konflikt: physische Sicherheit vs. Datenschutz, Privatheit) – und wo viel Information zu holen ist, werden Hacker neugierig (Problem: Datensicherheit). Damit ist auch ein Querschnittthema der Technikethik direkt gegeben *(Band 2, 5.1)*.

Cobots bzw. *collaborative industrial robots* lassen sich hinsichtlich verschiedener Anforderungsstufen intrinsischer und extrinsischer Sicherheit sowie des **Kooperationsgrades** unterscheiden. Im traditionellen Käfig betriebene, also physisch abgeschirmte Roboter („fenced robot") zählen zwar zu den Industrierobotern, jedoch nicht zu Cobots. Wird die Einzäunung weggelassen, sodass Roboterarm und Facharbeiterin im gleichen, nicht physisch getrennten Raum agieren, jedoch nicht am gleichen Werkstück, sprechen wir nach (Bauer (Hg. et al. 2016), S. 8–9; IFR 2020, S. 2) von „Coexistence". Im Fall einer Annäherung oder Kollision müssen äußere Sensoren, etwa Lichtschranken, und innere Sensoren im Roboterarm das Gerät sofort stoppen. Wird der Arbeitsplatz nun direkt von Mensch und Maschine gleichzeitig benutzt, also geteilt („Shared Workspace"), ergeben sich weitere Stufen:

„Sequential Collaboration“ bzw. „Synchronized“ bezeichnet das zeitlich getrennte Nutzen eines Arbeitsplatzes, sodass sich Mensch und Maschine im Workflow wechselseitig ablösen;

„Cooperation“ meint bei Bauer (Hg. et al. 2016) gleichzeitige Aktionen am geteilten Arbeitsplatz, bei denen Mensch und Maschine jedoch nicht am gleichen Werkstück tätig sind;

das gleichzeitige Arbeiten an derselben Komponente wird in IFR 2020 ebenfalls als „Cooperation“ bezeichnet, bei Bauer (Hg. et al. 2016) jedoch als „Collaboration“;

„Responsive Collaboration“ bezeichnet nach IFR 2020 darauf aufbauend Echtzeitreaktionen des Cobots auf den Menschen.

Es gibt auch hier unterschiedliche Vorschläge, wie „Levels of Cooperation“ zu benennen sind und anhand welcher Kriterien sie sich unterschieden lassen (Kolbeinsson et al. 2019). Dabei dienen Unterscheidungen verschiedener Automatisierungsgrade sowie von Graden spezifisch technischer „Autonomie“ als Vorlage (z. B. SAE 2021; hiermit werden wir uns über Cobots hinaus in *Band 4, 5* detailliert beschäftigen).

Für kollaborative Industrieroboter in offenen Arbeitsumgebungen scheint der Konflikt aus physischer Sicherheit und Datenschutz etwas geringer zu wiegen als bei **Servicerobotern.** Denn diese werden nicht in Industrieanlagen betrieben, sondern Pflegeheimen, Restaurants oder privaten Wohnräumen. Deren offene Arbeitsumgebungen sind also um ein Vielfaches komplexer. Entsprechend des angestrebten *Nutzens* sprechen wir dann auch von **Pflegerobotern, Servicerobotern oder Haushaltsrobotern,** die wiederum Untergruppen wie **Unterhaltungsroboter, Staubsaugroboter oder Lernroboter** einschließen können. Von der Nutzerfreundlichkeit über das Roboterlernen, die Ersetzung von Arbeit oder die anthropologische Annäherung von Mensch und Maschine stellen sich vielfältige interdisziplinäre Fragen. Auch wenn die Nutzerinnen von Servicerobotern häufig keine Fachkräfte im industriellen Umfeld sind, können und sollen sie als Anwenderinnen eigenes Expertinnenwissen ausprägen. Weiterbildung spielt hierbei eine wichtige Rolle (Decker et al. 2011).

Neben Servicerobotern hat auch der Terminus des **Sozialen Roboters** bzw. **Social Robot** Einzug in die Debatten gehalten (Bendel 2021). Der Begriff ist teilweise synonym zu dem eines Serviceroboters, soll jedoch besonders auf das Funktionieren im zwischenmenschlichen Alltag hinweisen. Ingenieurinnen gestalten mit Robotern Prozesse sozialer Interaktionen und Relationen, die Maschine gerät zum Dialogpartner und Gegenüber. Das Imitieren von Gesten wird in humanoiden Roboterentwürfen erarbeitet, wie auch die Sprachverarbeitung. Dementsprechend bilden die **Mensch-Roboter-Interaktionen** außerhalb industrieller Anlagen einen besonderen Schwerpunkt, auch mit Blick auf Empathie und Emotionen (Breazeal 2002; Nørskov (Hg.) 2016; Bischof 2017; Seibt und Rodogno (Hg.) 2019; Misselhorn 2021; Tanner et al. 2021). Roboterinteraktionen bilden einen eigenen Themenbereich aus. Der Begriff der **Interactive Robotics** wird auch in einem aktuellen EU-Bericht als spezifisches Themenfeld aktueller, rechtlicher, sozialer und wirtschaftlicher Entwicklungen angegeben. Hier lesen wir:

> „[1] The notion of *'Interactive robotics'* is normally used to designate robotics application that are meant to *operate by interacting*, either physically or cognitively, with the *surrounding environment* and with *humans*.
>
> [2] It thus constitutes a *'functional and broad definition'*, covering a vast and heterogeneous series of applications such as humanoids or service robots – e.g., companion and collaborative robots, like industrial or surgical robots – and wearable robots – e.g., prostheses or exoskeletons –, all of which are composed by *hardware* and novel *Artificial Intelligence (AI) software*, allowing them to react in real time, *autonomously*, based on *cognitive perception*.
>
> [3] Thus, interactive robots may be deemed as a *sub-category of the general notions of robotics and AI- based applications (R&AI)* " (INBOTS 2021, S. 28; Hervorhebung von M. F.)

In gewisser Hinsicht könnte dieser Definitionsversuch durchaus etwas nach „alles und nichts" schmecken. Zwar wird in Satz [3] klargestellt, dass es sich um die Subkategorie eines begrifflichen Verbundes aus Robotik und KI handeln soll(te). Doch wird die Spezialisierung des Terminus bereits in Satz [1] obsolet. Denn das Kriterium der operationalen Interaktion wird so weit gefasst, dass jeder Roboter darunter fällt: „umgebende Umwelt und Menschen". Unabhängig davon, dass das Konzept der Interaktion hierdurch nicht klarer wird, fällt auch noch die Unbestimmtheit von „environment" ins Gewicht. Gibt es denn wenigstens eine konkrete Umgebungsart, die für Interactive Robots konstitutiv ist, im Vergleich zu anderen Subkategorien des allgemeinen Roboterbegriffs? Spätestens in Satz [2] wird dann klar, dass wir es also auch hier mit einem breiteren Umbrella Term zu tun haben, der unweigerlich in die Probleme aller allgemeinen Roboterdefinitionen rennt (Abschn. 1.1): Der Aufzählung diverser Roboterarten, die unter diesen Begriff fallen, schließen sich die bekannten, problematischen Gemeinplätze der „Software" und „Hardware", weiterhin „Autonomie" und „kognitiven Wahrnehmung" an. Erstere sind ja schlicht Begriffe moderner Computertechnik und letztere anthropomorphe Sprechweisen, die klärungsbedürftig sind und so alleinstehend noch keine differenzierten Unterschiede zu bloßen Computern auf den Punkt bringen. Halten wir kurz und knapp fest: Auch bei Versuchen konkreter Definitionen tauchen massive Probleme auf, die wohl nicht so schnell aus der Welt geschafft sein werden. Was bei Industrierobotern und industriellen Cobots noch relativ präzise klappt, ist bei Sozialen Robotern und außerindustriellen Cobots in komplexen, offenen Arbeitsumgebungen technisch wie begrifflich schwieriger zu fassen.

Bevor wir uns im anschließenden Kap. 2 den verschiedenen Arten der Roboterinteraktionen einschließlich humanoider, animaloider und plantoider Maschinen differenzierter zuwenden werden, soll noch kurz auf einige weitere Begriffe aus der in INBOTS 2021 vorgeschlagenen Definition eingegangenen werden. Im weiteren Sinne gehören zu Robotern bzw. roboterähnlichen Technologien auch **Hightech-Prothesen, Exoskelette und Wearables.** Exoskelette sind von der Sache her Wearables, also Technologien, die wir Menschen am Körper tragen, ohne sie in unseren Organismus einzubinden. Das können im ganz weiten Sinn des Wortes Smart Watches sein, die Blutdruck und Gehgeschwindigkeit erfassen und uns entsprechendes visuelles Feedback auf dem Display geben. Exoskelette erfüllen eher als Smart Watches die Definition eines Roboters, insofern es sich hierbei um mechatronische Anzüge handelt, die durch Aktuatoren und Sensoren bestückt unsere körpereigene Bewegung informationstechnologisch messen, computerbasiert verarbeiten und mittels Motorkraft unterstützen. Wir können mit den Geräten schneller und weiter laufen, größere Lasten höher heben oder mehr Gewicht mit uns herumtragen (Jordan 2017, S. 267, S. 279–280). Besonders das Militär hat Interesse an der Weiterentwicklung zur Leistungssteigerung der Infanterie, aber auch in der Pflege versprechen diese Maschinen enorme Hilfe. Denn das Heben bettlägeriger Patienten treibt manche Pflegefachkraft langfristig an die Grenzen der eigenen Gesundheit. Hightechprothesen setzen im Unterschied hierzu die Entwicklungen der „analogen" Prothetik fort. Es handelt sich also um medizinische Entwicklungen, um etwa amputierte Gliedmaßen zu ersetzen. Insofern sind es keine Wearables, sondern eher **Cyborgtechnologien,** die sich durch informationsverarbeitende Computer, Sensoren und Aktuatoren von Holzbeinen oder Zahnkronen unterscheiden (Abschn. 2.1). Selbstfahrende Autos sind ebenfalls Roboter, so sie im Personenverkehr eingesetzt werden. Unbemannte Fahrzeuge nennen wir hingegen Drohnen (Kap. 3).

Eine soziale Herausforderung im Spannungsfeld aus Computern und Gesellschaft ist also das Ringen um möglichst adäquate Roboterdefinitionen. Insbesondere im Bereich der Industrierobotik ist hier schon durch diverse technische Sachnormen präzisierende Vorarbeit geleistet. Allgemeine Roboterdefinitionen sind jedoch problematisch und wahrscheinlich im Anbetracht der vielfältigen technologischen Entwicklungen gar nicht zielführend. Es geht weniger um die perfekte Formulierung als viel eher um die Auseinandersetzung selbst. Soziale und interaktive Roboter werfen neue Gestaltungsperspektiven und ethische Herausforderungen jenseits der klassischen Industrierobotik auf – auch wenn noch nicht jeder Versuch einer regulatorischen Definition der Interactive Robotics überzeugen mag. Um dennoch etwas Klarheit in dieses Feld zu bringen, sehen wir uns im anschließenden Kap. 2 weitere Sonderfälle an, in welchen sich Roboterbegriffe weniger aus den *technischen Merkmalen, Funktion oder Nutzen,* sondern stärker aus der äußeren *Gestalt* und der je konkreten *Interaktionsform* herleiten. Daran anschließend steht die Unterscheidung zweier Drohnentypen im Mittelpunkt (Kap. 3). Die folgenden Kap. 4 bis Kap. 6 thematisieren Begriffe und Paradigmen der künstlichen Intelligenz sowie damit verbundene soziale Herausforderungen.

Conclusio

Roboter ist ein Sammelbegriff für vielfältige technische Systeme. Es handelt sich um Computer, aber besonders durch die Fähigkeit zur komplexen physischen Interaktion mit der Umgebung auch um mehr als das. Eine allgemeine Roboterdefinition ist sehr schwer zu geben, sodass zum einen alle möglichen Roboter darin eingeschlossen sind, zum anderen jedoch die Abgrenzung gegenüber Computern oder Sprachbots erhalten bleibt. Quellen verschiedener Roboterbegriffe finden sich nicht nur in der Science

Fiction, sondern auch in aktuellen Versuchen, EU-weit gültige regulatorische Rahmenbedingungen der Robotik zu etablieren. Jedoch wird auch hier häufig die anthropomorphe Redeweise zum methodischen Problem. Die Metaphern „smarter“ oder „autonomer“ Roboter bedürfen zusätzlicher Klärungen, die eher selten in ausreichendem Maße mitgeliefert werden. Die Wortwahl des Embodiment, also der Verkörperung von KI, führt zu weiteren Definitionsvarianten. Jedoch ist auch hier nicht einheitlich und klar genug herausgestellt, was eine Verkörperung von Software in Computerhardware von Roboterhardware unterscheidet. Außerdem kann Verkörperung auch metaphorisch die Materialisierung von Ideen oder Werten meinen oder gar auf Verleiblichung und Einverleibung abzielen. Jedoch ist ein menschlicher Leib kein Körper aus Kupfer und Eisen. Es eröffnet sich dabei ein Problemfeld im Gepäck der Roboterdefinitionen, das bis in die Körper-Geist-Problematik der theoretischen Philosophie hineinragt. In *Band 4, 3* werden wir uns das als theoretische Frage en détail ansehen.

Entsprechend *Gestalt, Funktion und Nutzen* lassen sich diverse spezielle Roboterdefinitionen klarer unterscheiden. Eine besondere Verbreitung erfahren Industrieroboter sowie zunehmend Serviceroboter und Social Robots. Besonders letztere werfen vielfältige ethische Fragen auf, da sie für die Interaktion mit technischen Laien – eben im menschlichen Alltag – gestaltet sind. Genau genommen werden in diesem Bereich nicht mehr nur technische Dinge, sondern Prozesse sozialer Interaktion designt. Im Fall der Industrierobotik lässt sich das anhand von Cobots nachvollziehen. Die Einzäunung der Geräte entfällt, sodass sie mit menschlichen Fachkräften in geteilten Arbeitsplätzen direkt interagieren. In verschiedenen Initiativen zur Normierung werden dabei Sicherheitsanforderungen kodifiziert, aber auch differenzierte Interaktionsgrade der Kooperation und Kollaboration unterschieden. Trotz relativ hoher Präzision sind auch diese Definitionen nicht einheitlich geregelt und Gegenstand fortlaufender Weiterentwicklungen. In *Band 4, 5* werden wir das mit Blick auf den Begriff der Autonomie(grade) im menschlichen Handeln und als Bezeichnung für Technik genauer ansehen. Im anschließenden Abschnitt geht es um eine genauere Betrachtung der Roboterinteraktionen jenseits der Industrierobotik (Kap. 2).

Literatur

AI HLEG (2019) A Definition of AI. Main Capabilites and Scientific Disciplines. High-Level Expert Group on Artificial Intelligence. 8. April 2019. European Commission, Brüssel. [Online: https://digital-strategy.ec.europa.eu/en/library/definition-artificial-intelligence-main-capabilities-and-scientific-disciplines (22. Januar 2019)]

Aristoteles (2012) Politik. Felix Meiner, Hamburg

Bauer W (Hg) / Bender M/Braun M/Rally P/Scholtz O (2016) Lightweight robots in manual assembly – best to start simply! Examining companies' initial experiences with lightweight robots. Fraunhofer IAO. [Online: https://www.engineering-produktion.iao.fraunhofer.de/content/dam/iao/tim/Bilder/Projekte/LBR/Studie-Leichtbauroboter-Fraunhofer-IAO-2016-EN.pdf (23. Januar 2022)]

Bekey GA (2005) Autonomous Robots. From Biological Inspiration to Implementation and Control. MIT Press, Cambridge

Bendel O (2016) 300 Keywords Informationsethik. Grundwissen aus Computer-, Netz- und Neue-Medien-Ethik sowie Maschinenethik. Springer, Wiesbaden

Bendel O (2021) „Die fünf Dimensionen sozialer Roboter. Der Versuch einer Systematisierung." In Bendel O (Hg) Soziale Roboter. Technikwissenschaftliche, wirtschaftswissenschaftliche, philosophische, psychologische und soziologische Grundlagen. Springer Gabler, Wiesbaden, S 3–20

Bertolini A/Cherciu N/Episcopo F (2021) INBOTS White Paper on Interactive Robotics regulatory and risk management framework: INBOTS WP5. D2.1. [Online: https://cordis.europa.eu/project/id/780073/results (22. Januar 2022)]

Bischof A (2017) Soziale Maschinen bauen. Epistemische Praktiken der Sozialrobotik. Transcript, Bielefeld

Breazeal CL (2002) Designing Sociable Robots. MIT Press, Cambridge/London

Christaller T/Decker M/Gilsbach JM/Hirzinger G/Lauterbach K/Schweighofer E/Schweitzer G/Sturma D (2001) Robotik. Perspektiven für menschliches Handeln in der zukünftigen Gesellschaft. Springer, Berlin/Heidelberg

Decker M/Dillmann R/Dreier T/Fischer M/Gutmann M/Ott I/Spiecker I (known as Döhmann) (2011) "Service Robotics. Do You Know Your New Companion? Framing an Interdisciplinary Technology Assessment." In Poiesis Prax (2001) 8, S 25–44

Edgar SL (2003) Morality and Machines. Perspectives on Computer Ethics. Second Edition. Jones and Bartlett, Sudbury, MA

IFR (2020) Demystifying Collaborative Industrial Robots. Positioning Paper. Updated 12/2020. International Federation of Robotics, Frankfurt a. M. [Online: https://ifr.org/papers/demystifying-collaborative-industrial-robots-updated-version (22. Januar 2022)]

INBOTS (2021) INBOTS White Paper. Interactive Robotics. Legal, Ethical & Socioeconomic Aspects. v0.1, 30.08.2021. [Online: https://cordis.europa.eu/project/id/780073/results (23. Januar 2022)]

Jordan J (2017) Roboter. Berlin University Press, Wiesbaden

Kant I (1974/1788) Kritik der praktischen Vernunft. Grundlegung zur Metaphysik der Sitten. Band VII Werkausgabe. Herausgegeben von Wilhelm Weischedel. Suhrkamp, Frankfurt a. M.

Knoll A/Christaller T (2003) Robotik. Fischer Taschenbuch, Berlin

Kolbeinsson A/Lagerstedt E/Lindblom J (2019) „Foundation for a classification of collaboration levels for human-robot cooperation in manufacturing." In Production & Manufacturing Research, 7:1, S 448–471. [(DOI) https://doi.org/10.1080/21693277.2019.1645628]

Laßmann G (2017) Asimovs Robotergesetze. Was leisten sie wirklich? Hg. Florian Rötzer. Heise, Hannover. [EPUB: ISBN 978-3-95788-089-5 (V1)]

Mainzer K (2016) Künstliche Intelligenz – Wann übernehmen die Maschinen? Springer, Berlin/Heidelberg

Mainzer K (2020) „Grundlagen zellulärer Automaten." In Mainzer K (Hg) Philosophisches Handbuch Künstliche Intelligenz. Springer, Wiesbaden. [(DOI) https://doi.org/10.1007/978-3-658-23715-8_15-1]

Misselhorn C (2018) Grundfragen der Maschinenethik. Reclam, Stuttgart

Misselhorn C (2021) Künstliche Intelligenz und Empathie. Vom Leben mit Emotionserkennung, Sexrobotern & Co. Reclam, Stuttgart

Nevejans N (2016) European Civil Law Rules in Robotics. October 2016. European Union. [Online: http://www.europarl.europa.eu/RegData/etudes/STUD/2016/571379/IPOL_STU(2016)571379_EN.pdf (22. Januar 2022)]

Nida-Rümelin J/Battaglia F (2019) „Maschinenethik und Robotik." In Bendel O (Hg) Handbuch Maschinenethik. Springer VS, Wiesbaden. [(DOI) https://doi.org/10.1007/978-3-658-17484-2_12-1]

Nørskov M (Hg) (2016) Social Robots. Boundaries, Potential, Challenges. Ashgate, Farnham/Burlington

SAE (2021) Taxonomy and Definitions for Terms Related to Driving Automation Systems for On-Road Motor Vehicles. J3016_202104. 2021-04-30. [Online: https://www.sae.org/standards/content/j3016_202104/ (22. Januar 2022)]

Seibt J/Rodogno R (Hg) (2019) Social Robots, Emotions, and Social Cognition: Conceptual, Empirical, and Ethical Perspectives. Techné: Research in Philosophy and Technology. Volume 23, Issue 3 (2019)

Tanner A/Schulze H/Rüegg M/Urech A (2021) „Empathie und Emotion. Können sich soziale Roboter empathisch verhalten?" In Bendel O (Hg) Soziale Roboter. Technikwissenschaftliche, wirtschaftswissenschaftliche, philosophische, psychologische und soziologische Grundlagen. Springer Gabler, Wiesbaden, S 325–341

Zimmerli WC (2014) „From Fiction to Science. A German-Japanese Era-Project." In Funk M/Irrgang B (Hg) Robotics in Germany and Japan. Philosophical and Technical Perspectives. Peter Lang, Frankfurt a. M., S 11–25. [Online: https://www.peterlang.com/document/1067505 (22. Januar 2022)]

Zimmerli WC (2021) „Künstliche Intelligenz – ein Mythos des 21. Jahrhunderts?" In Gynäkologe 54 (2021), S 471–475. [(DOI) https://doi.org/10.1007/s00129-021-04811-7]

Roboterinteraktionen

2

Zusammenfassung

Allgemeine und spezielle Roboterdefinitionen werden meistens hinsichtlich Funktion, Gestalt oder Nutzen vorgenommen. Zunehmend gewinnt jedoch eine andere Kategorie an Bedeutung, die auch zu den Markenzeichen kollaborativer industrieller Roboter (Cobots) gehört: Interaktion. So lassen sich grob Mensch-, Tier-, und Pflanze-Roboter-Interaktionen unterscheiden. Im Bereich der Social Robots werden zwischenmenschliche, soziale Beziehungen designt, wodurch sich ein relationales Roboterkonzept ergibt. Es geht also nicht primär um die materiellen Dinge, sondern um die Beziehungen zu ihnen sowie die gesellschaftlichen Gestaltungskräfte interaktiver Maschinen im sozialen Alltag. Vor diesem Hintergrund werden verschiedene Arten der Roboterinteraktionen vorgestellt und übersichtlich als Sonderfälle der Mensch-Technik-Mensch-Interaktion identifiziert – da Roboter auch im Tier- oder Pflanzenreich von Menschen ausgedachte und hergestellte Mittel sind. Einen weiteren Schwerpunkt bilden Konzepte der humanoiden, androiden, gynoiden, animaloiden oder plantoiden Roboter und Anwendungsbeispiele. Hinzu tritt der Begriff des Cyborg sowohl als robotische Ergänzung lebender Wesen als auch als Metapher für das Überwinden sozialer Stigmata. Exkurse in die Science Fiction sowie Tipps zur Roboterbestimmung runden das Kapitel ab.

In Abschn. 1.1 haben wir uns allgemeine Roboterdefinitionen angesehen und in Abschn. 1.2 spezielle. Anhand ausgewählter Beispiele wurden einige Formulierungen betrachtet, wobei sich vor allem bei Versuchen breiter, möglichst umfassender Bestimmungen Probleme auftun. Unter *Interactive Robotics* wird in einem Definitionsversuch auf EU-Ebene der Begriff des Roboters über Interaktionen mit der belebten und unbelebten Umwelt zugespitzt. Die entsprechende Formulierung blieb jedoch im vorhergehenden Abschnitt noch unbefriedigend vage. In vorliegendem Kap. 2 wollen wir nun

M. Funk, *Computer und Gesellschaft,* https://doi.org/10.1007/978-3-658-39020-4_2

einen differenzierteren Blick auf das Thema der **Roboterinteraktionen** werfen. Dabei tauchen auch Verbindungen zu gestaltbasierten Begriffen wie Androide auf. Abschn. 2.1 behandelt dementsprechend Maschinen von menschlicher Gestalt und Mensch-Roboter-Interaktionen, in Abschn. 2.2 geht es um Tiere und in Abschn. 2.3 um Pflanzen. Zuletzt wird auch eine Orientierungshilfe zur Roboterbestimmung angeboten.

2.1 Humanoide Maschinen und Mensch-Roboter-Interaktion

Unter einem **humanoiden Roboter bzw. Humanoiden** verstehen wir einen Roboter mit einer menschenähnlichen Struktur. Das Gerät hat also Arme, Beine, einen Rumpf und einen Kopf. Dem Begriff nach ist aber auch ein Roboter humanoid, der nur einige Teile davon besitzt und/oder menschenähnliches Verhalten (z. B. Mimik, Gestik oder Stimme) simuliert. Das Bedeutungsfeld des humanoiden Roboters ist weit und schließt alle Systeme ein, die menschenähnliche Gestaltmerkmale aufweisen, jedoch nicht unbedingt mit einem Menschen verwechselt werden. **Androide** sind ein Sonderfall der Humanoiden, insofern sie nicht nur lose menschenähnlich erscheinen, sondern durch künstliche Haut, Haare etc. ihrem Vorbild zumindest auf den ersten Blick zum Verwechseln ähnlich sehen. Sie werden darum auch als „künstliche Menschen" bezeichnet. Entsprechend der beiden offensichtlichen biologischen Geschlechter gibt es auch eine Bezeichnung für weibliche Androiden: **Gynoide** (Bendel 2016, S. 7–8; Bendel 2021a, S. 8, S. 92–93; Christaller et al. 2001, S. 87–90; Decker 2010, S. 45; Knoll und Christaller 2003, S. 12–14; Küppers 2018, S. 27 (siehe hier die Tabelle nach Eaton 2015, S. 36 f.), S. 31–32). Die Verschmelzung von organischen Lebewesen und Maschinenteilen wird klassisch nach Norbert Wiener (1948) als **Cyborg** bezeichnet. In Form eines kybernetischen Regelkreises (Müggenburg 2019) findet der Austausch von Informationen zwischen Lebewesen und Maschinen statt. Entsprechend einer engen Definition gelangt der bereits lebende Organismus eines Menschen oder Tieres (evtl. auch von Pflanzen?) zur technischen Erweiterung. Das kann Reparaturen einschließen, hier sind wir im Bereich der Prothetik (Therapie), aber auch Perfektionierungen und Überbietungen der angeborenen organischen Anlagen (Enhancement).

Unlängst ist eine **Bodyhackerszene** entstanden, in welcher sich Menschen durch medizinisch nicht notwendiges Implantieren von Chips zu Cyborgs gestalten. Im weiteren Sinne des Wortes kann auch ein Herzschrittmacher oder eine Hightech-Prothese mit Sensoren, sowie der elektronischen und/oder mechanischen Rückwirkung, einen Organismus dem Begriff nach zum Cyborg wandeln. Außerdem wird im (technologischen) Transhumanismus die Überbietung der menschlichen Natur, ihrer Potenziale und Leistungsfähigkeit, durch die Implementierung technologischer Mittel propagiert (Bendel 2016, S. 38–39, S. 87–89, S. 224; Bendel 2021a, S. 32–33, S. 48–49, S. 242–243; Hansmann 2018; Lorenz-Sorgner 2016, S. 9–15, S. 23–30; Lorenz Sorgner 2018; Küppers 2018, S. 9–10). Ein Cyborg ist aufgrund seiner organisch-anorganischen Mischform nicht zu verwechseln mit cyberphysischen Systemen, kann jedoch unter

Umständen als ein Sonderfall letzterer gelten. **Cyber-physische Systeme** umfassen alle Mischformen vernetzter, dezentral gesteuerter, informationsaustauschend-virtueller und physisch interagierender Objekte und Prozesse von Industrie 4.0 bis zu Datenanalyse, Smart Grids oder Medizintechnik. Als *embedded systems* umgreifen sie auch diverse Robotertechniken. Es handelt sich also um einen Oberbegriff unter welchem „Cyborg" eine Kategorie von vielen bildet (Becker 2019; Heßler 2019; Thürmel 2019). Cyborgs, also körperlich „gehackte" Menschen, werfen Fragen zur Natur und Kultur menschlicher Leiblichkeit auf. Wie weit können und dürfen wir unsere nackten Leiber durch körperliche Eingriffe verändern? Ist ein bloßer Cyborg-Live-Style legitim, sich also zur Freude RFID-Chips unter die Haut zu setzen, um smarter bezahlen zu können? Werden bald alle Menschen gechippt, so wie unsere Katzen und Hunde?

Das sind naheliegende Fragen. Doch es lässt sich noch grundsätzlicher nachbohren: Mitte der 1980er-Jahre verfasste Donna Haraway ihren viel beachteten Essay *A Manifesto for Cyborgs: Science, Technology, and Socialist Feminism in the 1980s.* Sie nutzt den Begriff des Cyborgs als eine Art soziokulturelles Lösungsmittel, um diverse Vorurteile, Schubladen und Begriffsverhältnisse im Denken und Sprechen zu hinterfragen. Hierzu zählt das Verhältnis zwischen Natur und Kultur, Subjekt und Objekt, aber auch Begriff und Wahrnehmung von **Geschlechter(rolle)n.** Die nicht festgelegte Situation des Cyborg zwischen einem Natur- und Kulturwesen inspiriert die Autorin zu einer für posthumanistisches Denken einflussreichen Kritik an der dualistischer Metaphysik europäischer Philosophie (Haraway 1987; Pohl 2018; Westermann 2019). Die gesellschaftliche Herausforderung ist folglich, steife, regelrecht stigmatisierende Kategorien im Denken und Sprechen zu überwinden. So wird die Konfrontation der sozialen Schubladen „Frau" und „Mann" durch Cyborgs infrage gestellt. Es geht um das Zwischen, also alle Menschen und Dinge, die sich nicht unbedingt in vorgefertigte Töpfe sortieren lassen, welche wiederum von einigen Menschen mit Anspruch auf Deutungshoheit aufgestellt wurden. Haraway formuliert im Spiegel der Cyborgs kritische Perspektiven, die in heutigen feministischen, genderorientierten Debatten sowie in Ansätzen des *New Materialism* nicht mehr wegzudenken sind (Hoppe und Lemke 2021, S. 124–130). Für die Roboter- und KI-Ethik wichtig ist die Frage nach dem Geschlecht oder den Geschlechtern eines Cyborgs oder Roboters. Besonders wenn es um Sexroboter geht wird – neben anderen – das Problem der biologischen, sozialen und technischen Konstruktion von Geschlechterstereotypen relevant. Humanoide, Androide und Cyborgs halten uns nicht nur einen materiellen Spiegel vor. Sie sind auch Abbilder gesellschaftlicher Normen und führen deutlich vor Augen, **dass Technologien Gesellschaften prägen, aber auch umgekehrt: Technologien werden als kulturelle Mittel in Gesellschaften hergestellt und verwendet.** In der Technikethik geht es nicht zuletzt um eine kritische Einordnung und rationale Reflexion dieser Wechselverhältnisse.

Beispiel: Vorbild Science Fiction – Humanoider, Cyborg, Replikant oder Androide?

Beispiele für menschenähnliche Robotertypen finden sich in diversen Science-Fiction-Erzählungen und sind besonders in Spielfilmen eindrucksvoll dargestellt:

- Die Geräte im Film *I, Robot* verfügen über die Körperform von Menschen und sprechen wie Menschen, sind jedoch aufgrund ihrer Oberfläche klar als Maschinen zu erkennen. Sie verfügen über keine Haut, haben keine Haare etc. Die filmische Umsetzung folgt dem von Isaac Asimovs erzählerischen Vorlagen stammenden *humanoiden* Roboterbegriff (Proyas 2004; siehe auch *Band 1, 5.3*). Aber auch das Maschinenwesen in Fritz Langs *Metropolis* von 1927 ist zunächst humanoid und illustriert, wie stark dieses Roboterbild die frühe Science Fiction beherrscht hat (Lang 2010/1927).
- Das Mechakind in *AI* soll der Familie den verloren geglaubten Sohn ersetzen. Um in der fiktiven Story die Wirkung der maschinellen Liebe zu unterstreichen, erscheint das Roboterkind als *Androide* mit oberflächlich echt wirkender jedoch künstlicher Haut, Haaren etc. (Spielberg 2001). Für die Darstellung menschlicher Emotionen ist dieses Design günstiger, als die bloß lose an den menschlichen Körperbau angelehnte humanoide Gestalt. In den Filmen *Alien* (Scott 2002/1979) und *Aliens – Die Rückkehr* (Cameron 2005/1986) treten ebenfalls zwei Androide auf. Einmal in boshafter und einmal in guter Absicht. Neben Schläuchen und Computerteilen enthalten sie künstliches Blut in Gestalt einer milchigen Flüssigkeit. Im Zwischenspiel von *Metropolis* erhält die zunächst noch humanoide Maschinenmaria die Oberfläche einer echten Frau, sie wandelt sich vom humanoiden zum *gynoiden* Roboter (Lang 2010/1927, ab Spielzeit 01:17:00).
- Bleiben wir noch beim zweiten Teil der Alien-Reihe. Am Anfang und Ende von *Aliens – Die Rückkehr* ist ein gelber Verladeroboter zu sehen, in den ein Mensch einsteigt und das Geräte wie eine Verlängerung der Gliedmaßen um sich herum steuert. Eine ähnliche Konstruktion findet sich auch bei den Kampfmaschinen im dritten Teil der Matrix-Reihe *Matrix Revolutions* (Wachowski und Wachowski 2003). Die Geräte funktionieren als äußere Erweiterung der menschlichen Körpermotorik mit mehr Kraft und ähnlichen Bewegungsformen. In beiden Fällen handelt es sich um *Exoskelette* wie sie heute in deutlich weniger spektakulärem Design, z. B. in der Pflege und beim Militär, erprobt werden.
- Da die Maschinen im Film *Blade Runner* von menschlichen Schauspielern ohne auffällige Verfremdung dargestellt werden, ist klar, dass es sich um Androiden handeln müsste. Im Film werden sie jedoch als *Replikanten* bezeichnet und sind nicht das Produkt der Robotik, sondern der Biotechnologie. Sie bestehen aus organischem Material (Scott 2007/1982). Ein Thema des Films ist das Erlernen von Emotionen und das Erschaffen künstlicher Erinnerungen. Der Unterschied zwischen Replikanten und Menschen ist nur durch einen langwierigen Verhaltenstest möglich. Dieser erfolgt durch eine fiktive Voight-Kampff-Maschine

und erinnert an den berühmten Turing-Test der echten Künstlichen-Intelligenz-Forschung (Stephan et al. 2021, S. 198–200; Abschn. 5.2).

Einen begrifflichen Streitfall stellt das Modell T-101 in *The Terminator* dar. Im Film wird die von Arnold Schwarzenegger gespielte Maschine als *Cyborg* bezeichnet, da der metallene Roboter mit organischer Haut und blutendem Gewebe überzogen ist (Cameron 2010/1984). Der strengen Definition von Cyborg folgend wäre eine solche Beschreibung jedoch falsch. Denn ein „echter" Cyborg war entsprechend des konservativen Verständnisses zumindest in seiner Vergangenheit ein lebensfähiger biologischer Organismus. So gesehen handelt es sich bei der fiktiven Horrormaschine um einen Sonderfall des Androiden. Wird der Begriff des Cyborg weiter gefasst und allgemeiner die Verschmelzung organischer und anorganischer Komponenten in einer Maschine verstanden, dann ist die Bezeichnung im Film korrekt. Der T-1000 im anschließenden Teil *Terminator 2* besteht aus einer erdachten „mimetischen Polylegierung", also „flüssigem Metall" (Cameron 2017/1991, ab Spielzeit 00:37:00, deutsche Synchronfassung). Bei dem Gerät könnte es sich um einen Androiden handeln. Da es jedoch jede metallische Gestalt annehmen kann, wird der Begriffsrahmen eines bloß humanoiden Roboters gesprengt. Science-Fiction-Filme und Literatur dienen als Laboratorien verschiedener Roboterbegriffe, ethischer Konflikte und philosophischer Gedankenexperimente. Immer wieder ist Science Fiction Gegenstand kritischer Analysen im Umfeld der Roboter- und KI-Ethik, z. B. in Misselhorn (2018, 2021, S. 91–93 et passim.) und mit besonderem Schwerpunkt in Nida-Rümelin und Weidenfeld (2018) oder mit Blick auf soziale Roboter – die sich sogar schon in der *Ilias* als goldene Mägde finden, erschaffen durch den Schmied Hephaistos – in Weber 2021. ◄

Es gibt viele Gründe Roboter zu bauen, und einige spezielle, um sie „sozial" zu designen (Funk et al. 2018). Diskutiert wird z. B. das Streben nach menschlicher Selbsterkenntnis, sich also einen **Maschinenspiegel** vorzuhalten. Paradigmatisch wirkt ein Richard Feynman zugeschriebener Ingenieurgrundsatz, wonach ich verstehe, was ich nachbauen kann – kann ich den Menschen nachbauen, dann habe ich begriffen, was er ist. Aber auch funktionale Gründe sprechen für humanoid gestaltete Roboter. Etwa in Serviceanwendungen können diese leichter akzeptiert werden und in der Interaktion durch die Begünstigung nonverbaler Kommunikation Vorteile bringen (Decker 2010, S. 46–51, S. 58–60; Ammon und Meister 2019). Einen weiteren Faktor stellen urbane Räume dar. Gebäude, Gehwege, Treppen, Klinken etc. sind nach durchschnittlichen menschlichen Maßen gestaltet. Roboter außerhalb isolierter Industrieanlagen müssen sich in diesen anthropomorphen – also nach menschlichen Maßen geformten – Umgebungen praktisch bewähren. Ein zumindest teilweise menschenähnliches Design kann funktionale Vorteile bringen. Auf der anderen Seite gibt es zahlreiche technische Alternativen, die für eine Maschine effizienter zu bewältigen sind – vor allem zur Fortbewegung auf zwei Beinen. Die Firma *Boston Dynamics* entwickelt seit einigen Jahren Roboter, die sich eher am vierbeinigen Auftritt von Hunden orientieren – sozusagen animaloides Roboterdesign (Abschn. 2.2). Medienwirksam wird deren möglicher Einsatz bei Polizei[1] und Militär[2] immer wieder einer breiten Öffentlichkeit dargestellt. Das vierbeinige Antriebskonzept erweist sich gegenüber humanoiden Entwürfen im Vorteil. Als **Soft Robots bzw. Soft Robotics** werden weitere Ansätze zur Entwicklung flexibler Aktuatoren bezeichnet, durch welche eher an Quallen, Oktopussen oder anderen Weichtieren orientierte Bewegungen möglich werden.[3,4]

Die Grenzen der robotischen Bipedie sind in der Science Fiction ebenfalls antizipiert worden. In seiner 1987 erschienenen Dystopie *RoboCop* erzählt Paul Verhoeven die Geschichte des eigentlich tödlich getroffenen Polizisten Alex Murphy. Der Gesetzeshüter stirbt jedoch nicht und erhält eine „Ganzkörperprothese" die den Kopf umschließt – er wird zum lupenreinen Cyborg. Bei Spielzeit 01:10:00 ff. (Verhoeven 2014/1987) ist eine bemerkenswerte Szene zu betrachten: Robocop liefert sich im Stil der 1980er-Jahre eine Schießerei mit einer Raketen spuckenden zweibeinigen Kampfmaschine. Als der Cop eine Treppe hinunter flüchtet kann ihm das – eigentlich überlegene – Ungetüm nicht folgen und stolpert auf seinen zwei Beinen kopfüber die Stufen hinunter. Zwei ungewöhnliche Fortbewegungsfantasien erwachen 27 Jahre später im Film *Interstellar* zum virtuellen Leben. Die ausgedachten Maschinen TARS und CASE begleiten eine kleine Gruppe Menschen durch Wurmlöcher und Schwarze Löcher in Erzählwelten an den Grenzen des menschlichen Verstandes. Beide Roboter sehen dabei eher wie flachgedrückte Kühlschränke mit Display aus. Sie bestehen aus vier verbundenen Säulen, die sich um eine gemeinsame Achse unabhängig voneinander drehen lassen – in etwa so, wie man mit Stäbchen Sushi isst. Die Gesamtform im eingeklappten Zustand ist gleich einem Rechteck. Jede Säule enthält wiederum einzelne, kleinere Rechteckelemente, die sich ein- und ausklappen lassen. TARS und CASE können also wie auf Stelzen zweibeinig stolzieren, sich zu einem achtzackigen Rollstern verformen (vier Stäbchen um gemeinsame Achse verdreht = acht halbe Stäbchen im gleichen Winkel zueinander) etc. (Nolan 2014). Zumindest der Fantasie scheinen bei Roboterantrieben keine Grenzen gesetzt.

Die begriffliche Problematik der Rede von **„lebenden" Robotern** sowie das Verhältnis zwischen Natur und Kultur ist Gegenstand von *Band 1, 3.2* und *Band 1, 3.3.* Dabei wird Technozentrik als ein Teilgebiet der Physiozentrik unterschieden. Nach dieser Sichtweise können technische Mittel generell einen moralischen Wert haben und sind eventuell auch beseelt, so wie die unbelebte und belebte Umwelt. Unabhängig davon, ob

---

[1] (Böhm 2021)

[2] (Kramper 2021)

[3] https://www.int.fraunhofer.de/de/geschaeftsfelder/corporate-technology-foresight/Newsletter2.html

[4] https://biodesign.seas.harvard.edu/soft-robotics

dieser Glauben wissenschaftlich zu begründen ist, kann er sich im wahren Leben vielfältig ausdrücken. Manch ein Mobilitätsfan soll ihr Auto angeblich mehr verwöhnen als ihre(n) Partner(in)… Für die Begrifflichkeit humanoider Roboter ergibt sich durch die aus der Technozentrik vertikal entspringende Robozentrik eine weitere Schablone. Werfen wir hierzu einen Blick auf Abb. Band 1, 3.2, die im ersten Teil vorliegender Buchreihe vorgestellt wird und hier noch einmal wiederholt wird: „nichtlebende Roboter" lassen sich den erwähnten Stufen der Physio- und Technozentrik zuordnen; „lebende Roboter" bilden zwar eine Teilmenge der Physiozentrik werden jedoch auf der Stufe der Biozentrik exklusiv angesprochen. Gehen wir in der senkrechten Spalte der Robozentrik weiter nach oben in der Abbildung, dann finden wir auf Höhe der Anthropozentrik „menschliche Roboter". Wir können Menschen aktuell nach bestem Wissen und Gewissen *nicht* nachbauen. Jedoch verweist die Begriff „menschlicher Roboter bzw. Maschinen" auf eine dreideutige Lesart. Zum einen kann damit zumindest subjektiver Glauben oder religiöse Überzeugung ausgedrückt sein. Zum anderen führt eine ontologische Lesart (im philosophischen Verständnis) zur Identifikation bestimmter Seinsbereiche. Lesen wir die Grafik jedoch – drittens – methodisch, dann lassen sich Wege der Vermenschlichung zuordnen. Die unzulässige Vermenschlichung von Robotern kann sich zwar in anthropomorphen Fehlschlüssen äußern (Abschn. 1.1; *Band 1, 4.6; Band 2, 2; Band 2, 2.1;* Abb. Band 2, 2). Wir projizieren in so einem Fall menschliche Eigenschaften durch unsere Wortwahl unabsichtlich und rational unbegründet auf Maschinen. Es gibt jedoch auch andere Wege, Maschinen menschlich erscheinen zu lassen.

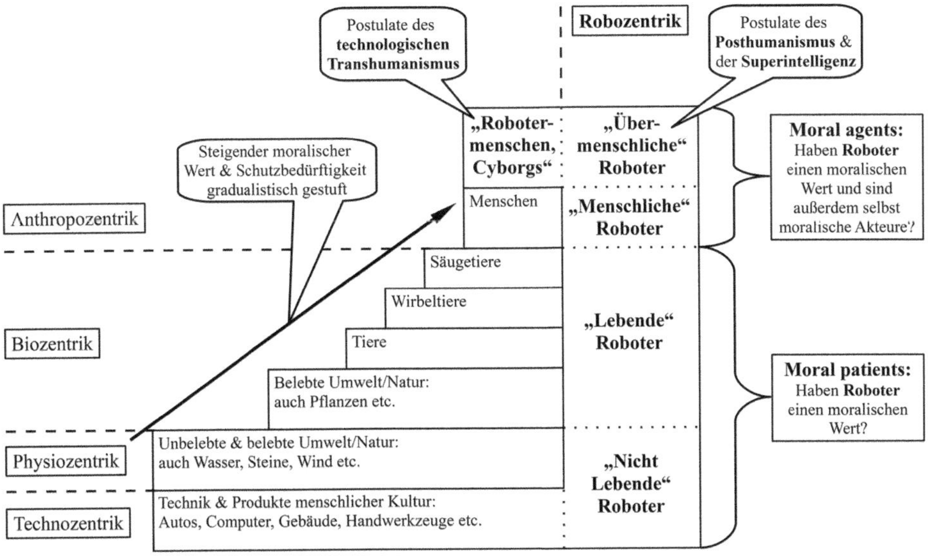

Abb. Band 1, 3.2 Robozentrik und die klassischen Ansätze (Wiederholung aus Band 1)

Hintergrund: Vermenschlichung und Verkörperung humanoider Roboter
Die Vermenschlichung –Anthropomorphisierung – erfolgt auf verschiedenen Wegen. Methodisch gesehen lassen sich Roboter grob gesehen auf vier Wegen anthropomorphisieren. Entsprechend des englischen *embodiment* ist damit die Verkörperung – auch im bildlich übertragenen Sinne – gemeint (Mergner et al. 2019; Vertiefung in *Band 4, 3.2*). Anthropomorphe und robomorphe Fehlschlüsse betreffen die Art und Weise, wie wir zulässig oder unzulässig *über* Maschinen und Menschen reden. Dem entspricht der erste sprachliche Weg *(Linguistische Verkörperung I)*. Die menschliche Erscheinung eines Roboters wird auch auf einem zweiten sprachlichen Weg erzeugt, wenn wir *mit* Maschinen sprechen, so als ob sie menschlich wären *(Linguistische Verkörperung II)*. Von der Sache her stellt dieser Weg einen einzigen Fehlschluss dar. Er ließe sich nur vermeiden, wenn wir in einer eindeutig funktionalen Maschinensprache mit den Geräten Informationen austauschen würden – was wohl bei den meisten Nutzerinnen eher auf Ablehnung stößt, denn wer will und kann schon extra eine komplizierte formale Sprache lernen, bevor sie sich mit einem Roboter oder Sprachbot unterhält? Der Weg des Designs ist der dritte. Er äußert sich in *materieller und funktionaler Verkörperung*. Beide können unabhängig voneinander gestaltet werden. Die humanoide Funktion hängt jedoch nicht selten auch von einer entsprechend humanoiden Gestalt ab. Auf dem vierten Weg vermenschlichen wir Roboter durch die erzielten Effekte bzw. Zwecke/Ziele. *Epistemische Verkörperung* beschreibt das Erkenntnisziel, den Menschen durch das Nachbauen in Roboterform zu verstehen. Als Spiegel wirken humanoide Maschinen, wenn wir uns kulturell oder ideologisch in ihnen verkörpern. **Die Vermenschlichung bei humanoiden Robotern vollzieht sich ungefähr auf vier Wegen in sechs Stufen** (Abb. Band 3, 2.1).

Aufgabe: Emotional unterwegs in Berg und Tal

Ein psychologisch beschriebenes Phänomen ist in den vergangenen 50 Jahren zu einem regelrechten *locus classicus* nicht nur der Roboter- und KI-Ethik im engeren Sinne geraten: das 1970 von Masahiro Mori diagnostizierte ***uncanny valley*** – Tal der Unheimlichkeit. Demnach steigt das Behagen im Angesicht einer menschlichen –androiden – Maschine stetig an, bevor es sich ab einem bestimmten Punkt in sein Gegenteil verkehrt. Wir sehen den Menschen und durchschauen peu à peu die Maschine, wodurch sie immer gruseliger wirkt. In einer grafischen Darstellung im zweiachsigen Koordinatensystem wird der Effekt als ein einbrechendes Tal sichtbar – daher auch die Namensgebung (Mori 2012; siehe auch Küppers 2018, S. 27–29). In Abb. Band 3, 2.1 haben wir vier Wege und sechs Stufen der Vermenschlichung skizziert. Besonders subtil erscheinen die Pfade der linguistischen (bildlich gesprochen) „Verkörperung", da diese schon beim Sprechen mit Sprachbots – die optisch alles andere als menschlich aussehen – beschritten werden. Der von Mori beschriebene ***uncanny valley effect*** lässt sich mit je eigenen Charakteristika für jeden der vier Wege bzw. jede der sechs Stufen aus Abb. Band 3, 2.1 beschreiben. Versuchen Sie es! Wie stark täuschen uns z. B. Sprachsysteme und wie lange dauert es, bis eine Mensch-Maschinen-Stimme unheimlich erscheint? Entsteht vielleicht ein gegenteiliger Effekt im Koordinatensystem aus Zeit (X-Achse) und Behagen (Y-Achse): Vielleicht ein „Berg der Wonne" – bezirzt von der stets optimal harmonischen Elektrostimme? Oder kommt es schlicht zu einer „Linie der Beiläufigkeit", da wir menschenähnliche Maschinenstrukturen längst schon gewöhnt sind und nicht mehr so emotional auf sie reagieren wie in den 1970er-Jahren (zu Moris Zeit)? Wie sieht ihr persönliches Liniendiagramm aus?

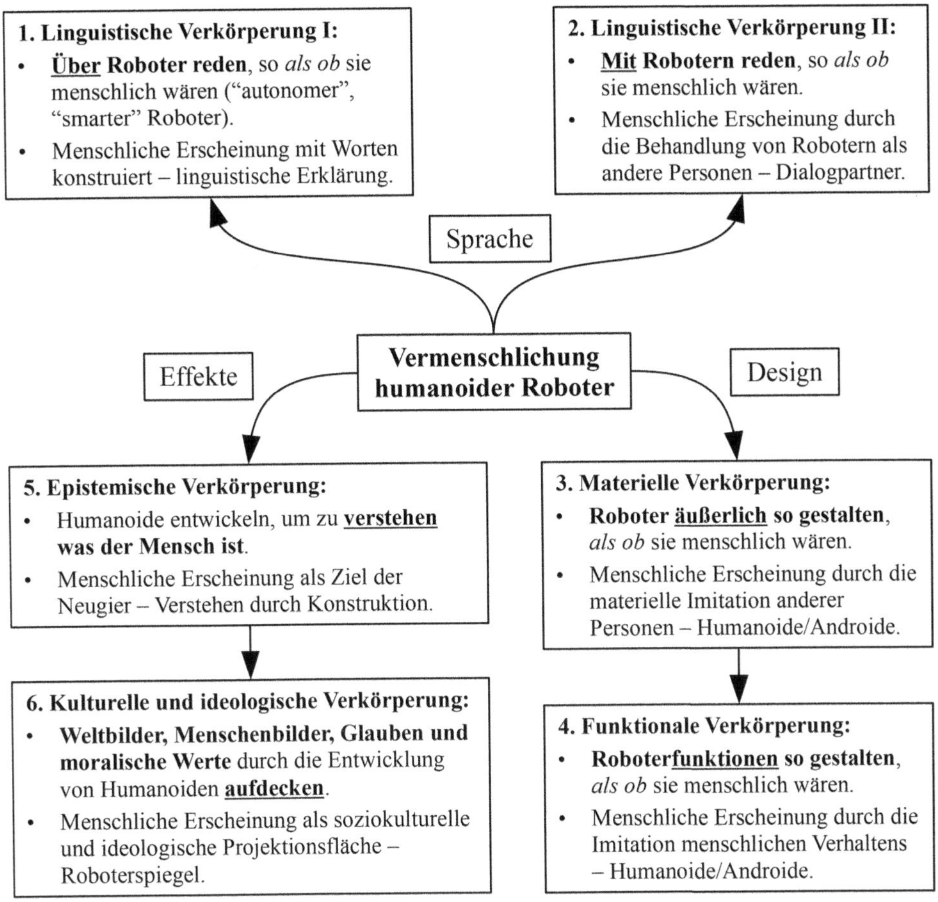

Abb. Band 3, 2.1 Vier Wege Roboter zu vermenschlichen (anthropomorphisieren)

Hinter den Etiketten des **Trans- und Posthumanismus** verbirgt sich ein Sammelsurium mehr oder weniger klar begründeter Annahmen über die Perfektionierung und Überwindung des biologisch-organischen Menschen oder die Tilgung eines bestimmten Menschenbildes. Ohne explizit auf Technik Bezug zu nehmen, kann damit ideologisch die Entthronung einer humanistisch-aufklärerischen Anthropologie oder generell des Anthropozentrismus gemeint sein, und damit aller Formen dualistischen Denkens (Lorenz-Sorgner 2016, S. 78–81). Die Idee, Humanismus und Aufklärung als eine fehlerhafte Ideologie zu entlarven und zu überwinden mag als Gedankenexperiment ganz interessant sein. Sie taugt jedoch wenig für methodisch und rational konsistente Technikethik *(Band 2, 2)* – schon weil ein so verstandener Posthumanismus viel stärker an humanistische Sprache und Inhalte gebunden bleibt, als die meisten Vertreter dieser Position glauben wollen (Hansmann 2018, S. 49). Außerdem wird längst schon begründete Kritik an diversen Formen humanistischen Denkens geübt. Selbstkritik, auch hinsichtlich der eigenen Position in der belebten und unbelebten Umwelt ist ein historisch überlieferter Teil humanistischen Denkens selbst. Hinzu treten die interkulturellen Einflüsse holistischen Denkens, z. B. aus der indischen oder chinesischen Philosophie. In der europäischen Philosophie bildet sich bereits seit Sokrates eine Form der skeptischen Aufklärung heraus, die Selbstkritik und dialogische Vorurteilskritik humaner Standpunkte einschließt (Graeser 1993, S. 87–91).

Außerdem gibt es „den" Humanismus auch seit der frühen Neuzeit weder als ein einheitliches Konzept noch eine einheitliche Epochenzuschreibung (Kuhn 2014, S. 7–14, S. 30–31; Leinkauf 2020, S. 13–20), die sich dem entsprechend einheitlich überwinden ließe. So gesehen würde also in posthumanistischen Positionen, in denen „die" Überwindung „des" Humanismus propagiert wird, ja selbst eine dualistische Stigmatisierung der vielen Humanismen betrieben. Doch ist das nicht genau der grobe Fehler, den Donna Haraway mit Blick auf das Konzept des Cyborgs kritisiert: Anstatt progressiv hinzusehen und diverse Mischformen zwischen zwei komplementären Farbtönen zu erkennen, soll mit groben Putzlappen die Leinwand so lange geschrubbt werden, bis nur noch ein einheitlich weißer Grund übrigbleibt? Die philosophischen Herausforderungen des Umgangs mit humanoiden Robotern speisen sich aktuell unter anderem dadurch, dass wir noch immer nicht verstanden haben, was Humanismus letztendlich bedeuten kann – wenn wir das überhaupt jemals verstehen können. Dem entsprechend sind auch die Mutmaßungen mancher technologischer Trans- und Posthumanismen, die sich z. B. im überhöhten Glauben an die Möglichkeiten sogenannter Superintelligenz (etwa bei Nick Bostrom oder Ray Kurzweil, siehe Abschn. 5.2) äußern können, mit methodischer wie begrifflicher Vorsicht zu genießen.

Die Vision superintelligenter, dem Menschen allgemein überlegener Maschinen führt zum Konzept „übermenschlicher" Roboter bzw. KI und stellt eine ganz eigene Ausprägung quasi ersatzreligiöser Robozentrik dar (*Band 1, 3.2;* siehe auch die entsprechende Spalte in Abb. Band 1, 3.2). Wir befinden uns hier im unklaren spekulativen Raum, was jedoch zumindest das Nachdenken über solche – wie auch immer „übermenschlichen" Maschinen – nicht minder spannend gestaltet. Friedrich Nietzsche hat übrigens den Begriff des Übermenschen geprägt und wurde nicht zuletzt darum zu einem regelrechten Kultautor in der post- und transhumanistischen Szene (Hansmann 2018, S. 38–43; Lorenz Sorgner 2016, S. 111–139). Technik spielt explizit im ***technologischen* Transhumanismus** eine Rolle. Auch hier lässt sich fragen, was denn der Transhumanismus wirklich inhaltlich neues mit seinem äußerlich radikalen Etikett beschreiben will. Denn transformiert haben sich Menschen schon immer. Das Ausschöpfen und Übersteigen der eigenen Anlagen und Fähigkeiten ist durch sportlichen Wettkampf einschließlich Doping, den Künsten, diverse Formen der Kriegsführung oder im marktwirtschaftlichen Konkurrenzkampf längst bekannt. So gesehen waren Menschen von Natur aus als Kulturwesen immer schon Cyborgs, wie Andy Clark es nennt: **„Natural-born Cyborgs"** (Clark 2003; zu den Verhältnissen aus Natur und Kultur siehe auch *Band 1, 3.3*).

Folglich macht wohl am ehesten der Bezug auf neue (Informations-)Technologien der Leistungssteigerung Sinn, die den Begriff eines technologischen Transhumanismus durch die besondere Eingriffstiefe in den menschlichen Leib – und die verbundenen Handlungspotenziale – rechtfertigen könnte. Wir könnten hier von Cyborgs nach Wiener sprechen. Denn aus menschlich-organischen Körpern entstehen in der Tat technologisch ergänzte und verbesserte organisch-anorganisch informationsverarbeitende Mischwesen. Aktuelle Hightech-Prothesen verweisen in diese Richtung, wo darüber hinaus der **Schritt von der Therapie zum Enhancement** vollzogen wird – ein durchaus kontrovers debattiertes Feld, da nicht mehr die Herstellung eines „natürlichen Normalzustands" ansteht, sondern die Leistungssteigerung über „natürliche" Anlagen hinaus (Weber und Zoglauer 2015). So gesehen hätten wir es mit „Robotermenschen" im konservativen Cyborg-Paradigma zu tun, nicht jedoch mit humanoiden, androiden oder gynoiden Robotern. Denn diese sind ja von Anfang an konstruiert und nicht aus der Erweiterung eines bereits lebenden Leibes hervorgegangen. Insofern stehen die Postulate des technologischen Transhumanismus aufseiten der Anthropozentrik („Robotermenschen", Cyborgs) dem robozentrischen Konzept „übermenschlicher Roboter" konträr gegenüber. Das schafft begriffliche Klarheit und ist methodisch-sprachkritisch gesehen von Vorteil. Will man jedoch die Überwindung dualistischen Denkens wörtlich nehmen, dann müssten beide Konzepte mit diversen Zwischengraden ineinander übergehen (siehe entsprechend die gestrichelte Linie in Abb. Band 1, 3.2). Vermutlich wird es hier auch immer wieder zu sprachtektonischen Verwerfungen kommen im Anbetracht der bestehenden Probleme mit allgemeinen Roboterdefinitionen (Abschn. 1.1) sowie neuer technologischer Entwicklungen, die zu neuen ideellen und sprachlichen Wirklichkeiten führen werden.

Besondere interdisziplinäre Herausforderungen birgt das Feld der **Mensch-Roboter-Interaktion,** englisch *human-robot-interaction* (HRI). Das steigende Interesse an dem Gebiet bilden sich ab z. B. im Handbuch zur *Mensch-Maschine-Interaktion* (Liggieri und Müller (Hg.) 2019) oder im Lehrbuch *Mensch-Maschine-Interaktion* (Butz und Krüger 2014). Dabei geht es nicht nur um die körperliche – wie bei Cyborgtechniken oder Prothetik –, sondern um die sozial-interaktive Verschmelzung von Mensch und Maschine. Es ist schon anspruchsvoll genug und mitnichten ein abgeschlossenes Forschungsgebiet, den sozialen Alltag zwischen menschlichen Akteurinnen zu analysieren. Neben gelebter Moral und religiösen Normen spielen verschiedenste politische Orientierungen genauso handlungsprägende Rollen wie technisches sowie sensomotorisches Können, Körperbilder und deren gesamte kulturelle Überformung durch Routinen und Institutionen der Sprache, Kunst, Wissenschaft oder arbeitsteilig organisierte gesellschaftliche Lebenszyklen. Philosophinnen sind hier auf den Plan gerufen wie Informatikerinnen und Ingenieure, aber auch diverse weitere Fächer – von den per se interdisziplinär arbeitenden Kognitionswissenschaften über die anthropologischen Disziplinen bis hin zu Medizin, Soziologie, Pädagogik, Ökonomie etc. (*Band 1, 2.2;* Abb. Band 1, 2.2). Wichtige Impulse zur fachübergreifenden Integration gehen von der **Technikfolgenabschätzung** aus (Christaller et al. 2001; Christaller und

Decker (Hg.) 2001; Decker (Hg.) 1999; Decker 2014; Grunwald 2019; Grunwald 2021) *(Band 1, 6.1)* sowie unter starker internationaler Vernetzung aktuell auch von diversen Konferenzen, Workshops und Sammelbänden der ***Robophilosophy***-Reihe in Aarhus und Wien (Seibt et al. (Hg.) 2014, 2016; Coeckelbergh et al. (Hg.) 2018; Nørskov et al. (Hg.) 2020).

Das **Design neuer sozialer Realitäten mittels interaktiver Roboter** fordert die Erprobung und Weiterentwicklung transdisziplinärer Arbeitsformen heraus (z. B. Hannibal und Lindner 2018 oder Funk und Dieber 2018; zu *integrative social robotics* als Transdisziplin Seibt et al. 2020). Soziale Interaktionen werden als Resultate der Robotik analysiert, unter Einbezug der Ersten-, Zweiten- und Dritten- Person-Perspektive in ihrem jeweiligen Kontext. Dabei ist die Implementierung derjenigen Prozesse anzustreben, die Menschen ausführen sollten, aber nicht können (Seibt et al. 2018). Die besondere ethische Brisanz liegt im Design sozialer Beziehungen. Durch Sprache oder Erscheinung vermittelt, treten Maschinen als ein „Ich" oder „Du" in Alltagssituationen auf. Im Mittelpunkt steht also nicht das Design materieller Güter, sondern von sozialer Praxis. Einer nachhaltigen und verantwortungsvollen Entwicklung dieser Systeme hat sich der Ansatz der **Integrativen Sozialen Robotik** verschrieben (Seibt 2021). Kerngedanke ist also, dass Roboter nicht mehr als technische Objekte angesprochen werden (Technikbegriff 2 „Artefakt", materieller Technikbegriff; *Band 2, 3.2;* Abb. Band 2, 3.2), auch nicht als Verfahrenstechnik im Sinne eines Prozesses der Automobilerzeugung an einer Fertigungsstraße, sondern Roboter werden thematisiert als soziale Prozesstechnik im gesellschaftlichen Alltagsleben jenseits geschlossener Fabriktore (Sonderfall von Technikbegriff 3, sozial-interaktiver Technikbegriff, ***artifical/ robotic social agent***). Eine Vielzahl begrifflicher und ethischer Folgefragen schließt sich an. So z. B. diejenige nach Wert und Zukunft der Kooperation und des Teamworks in Arbeitsgruppen aus Menschen und Social Robots (Seibt 2018). Es findet quasi eine Art verwebendes Designs statt, in welchem sich Menschen und Roboter wechselseitig beeinflussen – in der Forschung als **„Entanglement"** angesprochen (Frauenberger 2019; Hasse und Søndergaard (Hg.) 2020).

Diese Entwicklungen müssen nicht gleich in einen (starken bzw. übertriebenen) Post- oder Transhumanismus führen, sondern gliedern sich ein in die vielen Kulturgeschichten länger zurückreichender Mensch-Umwelt-Interaktionen (Funk et al. 2020). Interaktion wird jedenfalls zu einem zentralen Thema der Technikethik (Müller und Liggieri 2019, S. 13). Entsprechende gesellschaftliche Herausforderungen betreffen wie bei Cobots physische Sicherheit und Datenschutz, aber auch diverse Aspekte der Körper und Verbalsprache. Wie lernen Kinder sprechen in einer Welt quasselnder Maschinen? Durch welche spezifischen medienpädagogischen Ansätze sollten sie dabei unterstützt werden? Ist ein genereller Verzicht auf digitale Medien bis zum 12. Lebensjahr das Mittel der Wahl, um dann auf Grundlage analoger, leiblicher Kulturtechniken forciert digitale Kulturtechniken zu erlernen? Wie sehr können, dürfen oder sollen soziale interagierende Bots in unseren Prozessen politischer Entscheidungsfindung oder demokratischer Debatten „herumpfuschen"? Hierzu werden wir einige Themenfelder in Abschn. 6.3 in den Blick nehmen. In den folgenden beiden Abschnitten werfen wir aber zuerst einen Blick über den anthropozentrischen Tellerrand hinaus. Denn nicht minder spannende, jedoch schnell auch schon einmal übersehene Themen sind das Verhältnis zwischen Tieren und Robotern (Abschn. 2.2) sowie Pflanzen und Robotern (Abschn. 2.3).

2.2 Animalische Maschinen und Tier-Roboter-Interaktion

Unter einem **Animatronic** verstehen wir eine roboterähnliche Maschine in Gestalt von Tieren, Fabel- und Fantasiewesen. Ihr Einsatz dient häufig der Unterhaltung im Theater und Jahrmarkt. Meist ferngesteuert imitieren sie Anatomie, charakteristische Bewegungen, Gesten und Laute. Im Gegensatz zu Fertigungsrobotern steht der optische Schein im Mittelpunkt. Seit 2017 sind sie als *Spione im Tierreich* in verschiedenen Naturdokumentationen der BBC[5] und im ZDF[6] zu sehen, wobei der unterhaltsame Umgang mit echten Tieren eher im Mittelpunkt steht als die Wissensvermittlung. So werden Tierroboter in Gestalt von Erdmännchen, Pinguin, Biber oder Seeadler in der freien Natur eingesetzt. Die animaloiden Doubles sind mit Kameras ausgestattet, können sich fortbewegen und imitieren arttypische Bewegungen. Sogar an den entsprechenden Duft wurde gedacht. Zusätzlich kommen ebenfalls mit Kameras versehene bewegliche Steine, Baumstämme und selbst Nachbauten von Eiern sowie filmende Dunghaufenattrappen zur Anwendung. Was dabei gezeigt wird ist eine neue Form der **Tier-Roboter-Interaktion** in der Wildbahn. Für Biologinnen könnten besonders die nahen Aufnahmen und damit verbundene Dokumente „ungestörten" Verhaltens von Interesse sein. Auf der anderen Seite wirken die als „tierische Spione" bezeichneten Imitate im Vergleich zum Original recht plump. Häufig werden die Agenten von den Wildtieren eher beiläufig toleriert, und weniger als echte Artgenossen akzeptiert. Auch der Schein des Fressfeindes verfliegt schnell. Durch das neugierige Beschnüffeln der seltsam ungelenken Animatronics gelingen zwar lustige Nahaufnahmen der Riechorgane mancher Eisbären oder Elefanten. Oftmals wird durch die Filmroboter jedoch auch in das Verhalten der Wildtiere verfälschend eingegriffen.

Was der Unterhaltung dient, droht eine der Grundregeln der Tierdokumentationen zu missachten: die Neutralität, Unsichtbarkeit und eben gerade auch das Nichteingreifen der Filmcrews. Momentan sind die Tierfilmanimatronics selbst Stars der Reportagen und werden durch externe Objektive als Geheimagenten im Lebensraum von Biber, Pinguin, Schimpanse oder Elefant inszeniert. Ob und wann ein technisches Level der Täuschung erreicht sein wird, auf dem sie von ihren tierischen Vorlagen nicht mehr zu unterscheiden sind, bleibt abzuwarten. Ethisch bedenklich ist der vorgeführte Eingriff in das natürliche Verhalten von Wildtieren. Im Angesicht des Massentourismus durch

[5] https://www.bbc.co.uk/programmes/b088t67m

[6] https://www.zdf.de/dokumentation/terra-x/meet-the-spies-126.html

Kreuzfahrten etc. sowie die massive Zerstörung von Naturräumen weltweit sollte das Nichteingreifen in die immer weniger werdenden unberührten Lebensbereiche für Wildtiere höchste Priorität genießen – das gilt übrigens auch ganz allgemein für neuerdings modische Foto- und Videodrohnen mancher Touristen. Hier zeigen sich unterschiedliche ethische Brennpunkte bei verschiedenen Formen der Tier-Roboter-Interaktion.[7] Was für Biologinnen ein Gebot der Naturdokumentation sein kann, das verkehrt sich zum bedenklichen Unterhaltungsgag. Auf der anderen Seite scheint dieses Eingriffsproblem bei Heim-, Haus- oder Zootieren nicht zu bestehen, da sie ja ohnehin schon in menschlichen Räumen leben – sie leben sozusagen im permanenten kulturellen Eingriff bzw. „Umgriff". Eine andere wichtige Frage ist aber, wie ein Haustier mit einem Haushaltsroboter interagiert? Herausforderungen physischer Sicherheit sind nicht nur auf Menschen beschränkt, sondern auch auf Hamster, Marienkäfer, Schoßhündchen, Stubentiger und Co.

Wie in allen anderen Bereichen der Robotik sind die Anwendungspotenziale für Animatronics enorm. Das betrifft besonders die visuelle Unterhaltungsindustrie, Spielzeug sowie wissenschaftliche Verhaltensforschung. Im weiteren Umfeld der Naturdokumentation kommen sie als Mittel zur Sensibilisierung öffentlicher Wahrnehmung für die Verletzlichkeit unserer Ökosysteme infrage. Der putzige Robobiber hat buchstäblich das Zeug zum (bildungs)politischen Dissidenten – im Außendienst – für einen guten Zweck. Evtl. lassen sich Tieranimatronics ohne Kameras auch in der Pädagogik und Museologie sowie in zoologischen Gärten einsetzen. In der Psychotherapie ergeben sich Nutzungsszenarien unter anderem bei der Behandlung von Angststörungen (z. B. Arachnophobie). Humanoide Roboter sind anthropomorph und **animaloide Roboter** entsprechend als **zoomorph** zu bezeichnen (Bendel 2021a, S. 9–10; Remmers 2021, S. 215–217). Insofern es sich dabei auch um Social Robots handelt, mit denen Menschen interagieren, stellen sich neben pragmatischen Fragen der Mensch-Roboter-Interaktion auch ethische. Hierzu zählen neben der für viele andere Robotik- und KI-Anwendungen charakteristischen Reproduktion von Stereotypen bis hin zur Diskriminierung auch die Akzeptabilität, Täuschungspotenziale, ein falsches „Übervertrauen" oder andere problematische Formen emotionaler Projektionen (Ebd., S. 220–225).

Ein gänzlich anderes Anwendungsfeld bietet die Landwirtschaft für eine Vielzahl weiterer Robotersysteme auf dem digital vernetzten Bauernhof. Beispiele sind Melkautomaten in der Milchviehwirtschaft oder Fütterungsanlagen in der Tierhaltung allgemein. Nicht zuletzt ist auch die Entmistung eine Aufgabe, die man wohl gerne einer Maschine überlassen will, um nur einige Beispiele zu nennen (Kehl et al. 2021a, S. 91–102). Eine eindrucksvolle Form der Tier-Roboter-Interaktion, genauer gesagt des Adler-Drohnen-Zugriffs, wurde in den Niederlanden erprobt. Die Polizei trainierte (echte) Greifvögel

[7] Siehe z. B. Bendel (2021b) oder den Blogbeitrag von desselben Autors, GBS Schweiz, 14.2.2015: http://gbs-schweiz.org/blog/ueberlegungen-zur-disziplin-der-tier-maschine-interaktion/.

mit dem Ziel fliegende Drohnen vom Himmel zu fangen. Das hat wohl passabel genug geklappt, um andere Länder zum Nacheifern zu inspirieren.[8] Jedoch scheinen die Adler zuweilen den Dienst verweigert zu haben, sodass sich zumindest die Niederländer von dem Projekt wieder zurückzogen.[9] Beispiele wie dieses belegen nicht nur die Tier-Roboter-Interaktion, sondern ebenfalls die komplexeren Relationen zwischen Tieren, Menschen und Maschinen. Auch im Umgang mit Tieren schaffen wir uns neue Realitäten (Coeckelbergh 2011, 2012, S. 47–51, S. 140–143).

Animal Enhancement bezeichnet die leistungssteigernde Veränderung von Tieren durch Cyborgtechniken. Es ist ein hochaktuelles Feld, das jedoch weniger öffentliche Aufmerksamkeit erfährt (Bendel 2021a, S. 8–9). Dürfen wir Tiere durch gezielte Verpaarung, also Züchtung verändern, jedoch nicht durch die Integration informationsverarbeitender Technologien in ihre Organismen? Gechippte Hunde und Katzen sind ja so gesehen schon animalische Cyborgs, jedoch noch nicht unbedingt leistungssteigernd erweitert im Sinne des Enhancement. Technikethik und Tierschutzethik kommen sich durchaus sehr nahe. Es kann davon ausgegangen werden, dass der ökonomisch bedeutsamste Bereich der Tier-Roboter-Interaktion im **Precision Livestock Farming** zu finden ist. Weiterentwicklungen in Bereichen der smarten Landwirtschaft sind von hohem Interesse im Anbetracht einer nicht unerheblichen Anzahl hungernder Menschen weltweit. Dabei stellt sich aber auch die Frage, ob Verheißungen digitaler Melkkarusselle etc. nicht doch ein Luxusgut bzw. Privileg westlicher Landwirtinnen bleiben werden oder zu weiteren Abhängigkeiten regionaler Kleinbauern weltweit führen könnten. Im Sinne der Idee einer digitalen Ökologie eröffnen sich aber auch Potenziale nachhaltiger Landwirtschaft, die im Angesicht des aktuellen Klimawandels dringend nötig sein könnten (siehe auch das Beispiel in *Band 2, 5.1*). Es kommt wie immer darauf an, was aus einem technologischen Potenzial gemacht wird, und das ist nicht zuletzt eine Frage gesellschaftlicher Ansprüche, demokratischer Verhandlungen und wirtschaftlicher Bewährungsmuster (zur aktuellen Diskussion und gesellschaftlichen Abwägungen siehe Kehl et al. 2021b).

2.3 Botanische Maschinen und Pflanze-Roboter-Interaktion

Fährt mein Kaktus auf dem Staubsauger spazieren, so wie meine Katze? Auf den ersten Blick erscheint das Thema der **Pflanze-Roboter-Interaktion** wenig herzugeben. Auf den zweiten Blick eröffnen sich jedoch auch hier Perspektiven der Bionik. Der Nachbau pflanzlicher Stoffwechselvorgänge in der Biotechnologie birgt Nutzungspotenziale

[8] https://derstandard.at/2000074978724/Genfer-Polizei-will-Adler-gegen-unerwuenschte-Drohnen-einsetzen

[9] https://www.heise.de/newsticker/meldung/Niederlande-Adler-werden-nicht-zum-Drohnenfang-eingesetzt-3917414.html

in vielerlei Hinsicht. Gedacht sei an die Land- und Forstwirtschaft, den Gartenbau, Umwelttechnik oder Pharmakologie. Zuweilen werden darüber hinaus pflanzenähnliche Roboter als **Plantoide** bezeichnet. Unter dem gleichen Titel fand ein EU-gefördertes Forschungsprojekt[10] in Italien statt mit dem Ziel, Wurzelenden auf ihrem Weg durch das Erdreich technisch zu imitieren. Anwendungsszenarien für sich selbst vergrabende Düngekapseln oder Bodensensoren zur Überwachen des Mineralgehaltes, seismischer Aktivitäten oder der Feuchtigkeit könnten sich daraus ergeben. Auch hier sei aber kritisch an die militärische Umnutzung erinnert. Denn aus diesen Technologien folgen eben auch Entwicklungspotenziale sich selbst vergrabender Minen bis hin zu aus der Luft abwerfbaren sich selbst verbergenden Sensoren zur Gefechtsfeldaufklärung – das ist keine Schwarzmalerei á la James Bond, sondern ein sachliches Kennzeichnen technischer Umdeutungen *(Band 2, 3.3)*.

Direkte zivile und im Sinne gesunder Ernährung wünschenswerte Anwendungen birgt die digitale „smarte" Landwirtschaft, z. B. durch Sensorik im Pflanzenbau (Kehl et al. 2021a, S. 28–40; Wolf 2021). Hierzu zählen auch Roboter im Einsatz als Erntehelfer – neuerdings auch in der Spargelsaison. Besonders schwierig ist der Einsatz jedoch, wenn zwischen reifen und unreifen Früchten unterschieden werden muss oder wenn sich das Ziel hinter einem Blatt befindet. Äpfel oder Paprika fordern hier deutlich mehr von den Maschinen.[11] Auf den dritten Blick offenbart sich die Pflanze-Roboter-Interaktion somit als eines der Schlüsselfelder aktueller Robotik. Digitale Äcker sind treibende Innovationsfelder der Robotik. Hinter Schlagworten wie „Landwirtschaft 4.0" oder **„Precision Farming"** verbergen sich Sensorik, Datenverarbeitung, Vernetzung und Satellitennavigation. In einer aktuellen Broschüre bemüht sich das deutsche Bundesministerium für Ernährung und Landwirtschaft BMEL unter dem Titel *Digitalisierung in der Landwirtschaft Chancen nutzen – Risiken minimieren* um Aufklärung, nachdem 2017 eine entsprechende Schwerpunktsetzung verabschiedet wurde.[12] Der Bericht *Digitalisierung in der Landwirtschaft*[13] des österreichischen Bundesministeriums für Nachhaltigkeit und Tourismus erschien im September 2018; und eine *Charta zur Digitalisierung der Schweizer Land- und Ernährungswirtschaft*[14] datiert auf den Januar desselben Jahres. Pflanze-Roboter-Interaktion findet im Pflanzenbau zwischen Bodensensoren, biotechnologischen Markern sowie vernetzten Traktoren und Drohnen statt.

---

[10] https://www.plantoidproject.eu/

[11] https://www.heise.de/newsticker/meldung/Roboter-uebernehmen-erstmals-die-Spargelernte-4027822.html

[12] https://www.bmel.de/SharedDocs/Downloads/DE/Broschueren/digitalpolitik-landwirtschaft.pdf?__blob=publicationFile&v=19

[13] https://info.bmlrt.gv.at/service/publikationen/landwirtschaft/digitalisierung-in-der-landwirtschaft.html

[14] https://www.blw.admin.ch/dam/blw/de/dokumente/Politik/Digitalisierung/Charta%20Digitalisierung.pdf.download.pdf/Charta%20Digitalisierung.pdf

Besonders das Monitoring aus der Luft, Optimieren von Betriebsabläufen, Schädlingsbekämpfung, Bodenbearbeitung, Düngen und Ernten birgt Potenziale der Effizienzsteigerung – nicht zuletzt beim Wasserverbrauch.

In Anbetracht des (menschengemachten) Klimawandels ist es nicht unwahrscheinlich, dass sich die Pflanze-Roboter-Interaktion für einige Regionen als überlebensnotwendig herausstellen kann. Auf diesem Gebiet sind weitere Synthesen zwischen Drohnentechnik, digitaler Vernetzung und Biotechnologie/synthetischer Biologie zu erwarten. Beispielsweise lassen sich gentechnische Marker in Pflanzen einbauen, die für Drohnen detektierbar eine ungünstige Nährstoffdosierung in bestimmten Ackerzonen signalisieren. Gesellschaftlich und ethisch wünschenswert ist eine solche Entwicklung, wenn dadurch weltweite Ernährung umweltverträglicher und gerechter gestaltet wird – das heißt mit global fairer Verteilung und ohne Abhängigkeiten durch Monopolisten im Zugriff auf Saatgut, Technologien oder Daten. Politisch und wirtschaftlich ist die Zukunft der Ernährung im Anbetracht einer wachsenden Weltbevölkerung ohnehin ein zentrales Thema. Dabei ist es wie so oft essenziell, Ursachen und Wirkungen genau zu begreifen. Entstehen Hungersnöte in Drittweltländern durch mangelnde Verteilungsgerechtigkeit oder Krieg, dann ist teure Digitalisierung, Vernetzung von Drohnen und Traktoren sowie exklusives Saatgut in hochentwickelten Industriestaaten wohl eher nicht die Lösung dieses konkreten Problems. Auf der anderen Seite erreicht der Klimawandel ebenfalls Mitteleuropa und allein schon deswegen, ist nicht nur auf geringeren Schadstoffausstoß hinzuarbeiten. Auch Anpassungsstrategien der Land- und Forstwirtschaft werden gesucht, um veränderten Umweltbedingungen resilient – krisensicher – zu begegnen.

Der Einsatz von Drohnen im Sinne einer Pflanze-Roboter-Interaktion ist auch im Gartenbau möglich. Ähnlich wie in der Landwirtschaft stellen Aussaat, Monitoring und Schädlingsbekämpfung, weniger die Ernte, aber dafür auch das ästhetische Schneiden von Grünflächen, technische Szenarien dar. Im Zusammenspiel mit Satellitennavigation lassen sich Prozesse wie Drohnenflüge über Nutzflächen vorher mit Wegpunkten programmieren und dann automatisiert durchführen. Es wird sich zeigen, wie Politik und Öffentlichkeit darauf reagieren. Bei der grünen Gentechnik jedenfalls haben Fehler in der Kommunikation zu einer überwiegenden Ablehnung in Mitteleuropa geführt (Knoepffler und O'Malley 2014, S. 69; siehe auch das Beispiel in *Band 2, 3.5*). Auch vor dem Hintergrund des aktuellen Booms der Biosiegel und der regionalen, ökologischen Landwirtschaft wird sich zeigen müssen, welche Produktionsverfahren langfristigen Erfolg in europäischen Supermärkten versprechen. Ist eine Tomate noch „Bio", wenn sie allen Anforderungen genügt, jedoch von einem Roboter gegossen und geerntet wurde? Ist ein Kaffee noch „Fairtrade", wenn durch den Einsatz digitaler Technologien Arbeitskräfte in Entwicklungsländern entlassen werden? Wie so oft wird es wohl auf das richtige Maß ankommen. Dieses zu justieren, ist eine bleibende Herausforderung für Politikerinnen, Unternehmerinnen, Stiftungen, Gremien und Verbraucher.

Technikethik geht einher mit Umwelt- und Naturethik, aber natürlich auch der politischen Philosophie. Denn es geht nicht nur um das gelingende Zusammenleben der

Roboter, Pflanzen und Tiere, sondern vor allem um das von Menschen untereinander – und hier stellen Gesundheit sowie Ernährung die elementaren Bedürfnisse dar. Es zeigt sich einmal mehr: Es ist nicht *die* Technik gut oder schlecht, sondern es geht um die Verhandlung der Potenziale, mit welchen wir konkrete Roboter und Drohnen zum Guten oder Schlechten nutzen. Es hat sich in Kap. 1 gezeigt, dass sich Roboter nicht einheitlich perfekt definieren lassen. Am besten gelingen noch spezifische Definitionen, wenn es um konkrete Anwendungsbereiche oder Bauformen geht. Hinzu treten vielfältige Formen der Interaktion mit und durch Maschinen. Grob lässt sich Mensch-Roboter-Interaktion von der Tier- und Pflanze-Roboter-Interaktion unterscheiden. Hinzu treten die theoretischen und praktischen, auch religiösen, Verhältnisse zwischen Menschen, Tieren, Pflanzen und unbelebter Umwelt, mit und ohne Maschinen. Aus der Umwelt- und Naturethik sind die Konzepte der Physio-, Bio- und Anthropozentrik bekannt, die hier wieder begegnen (zur gradualistischen Ordnung der verschiedenen Zentrismen siehe *Band 1, Abschn. 3.1*). Die moralische Bewertung bzw. Gewichtung der jeweiligen Relationen aus Menschen, Tieren, Pflanzen und Maschinen hängen von der jeweils befolgten Zentrik ab.

Handlungstheoretisch lässt sich bei der kritischen Analyse von der einfachen Beobachtung ausgehen, dass weder Tiere noch Pflanzen Roboter und Drohnen herstellen. Selbst begabte Rabenvögel, die Schnabelwerkzeuge zum Angeln von Maden konstruieren, denken sich keine Animatronics aus und lassen diese auch nicht auf ihre Artgenossen los.[15] Insofern bleibt auch hier eine **methodisch-sprachkritische Anthropozentrik** erhalten, was bedeutet, dass wir mit Tier- oder Pflanze-Roboter-Interaktion stets einen Sonderfall der Mensch-Tier- bzw. Mensch-Pflanze-Interaktion meinen, nämlich unter Verwendung der von Menschen hergestellten technischen Mittel, die wir „Roboter", „KI" oder „Drohnen" nennen *(Band 2, 2)*. Außerdem gibt es Roboter-Roboter-Interaktion. In Abschn. 6.1 kommen wir auf die sogenannte Schwarmintelligenz zu sprechen, womit nicht Heringe oder Stare gemeint sind, sondern eine Form der künstlichen Intelligenz, in der es um das koordinierte Steuern mehrerer Maschinen geht. Im Sinne der Netzwerktechnik „interagieren" hier also bestimmte Sonderfälle informationsverarbeitender Computer. Dabei ist „Interaktion" als Metapher zu verstehen, denn die Geräte tauschen funktional Informationen aus, sie kommunizieren ja nicht miteinander *(Band 2, 2.2)*. Auch Roboter-Roboter-Interaktion ist genau genommen eine bestimmte Klasse der Mensch-Technik-Mensch-Interaktion. Menschen benutzen also informationsverarbeitende Technologien in gemeinschaftlicher systemisch verzahnter kultureller Praxis. Eine entsprechende handlungstheoretische Klassifikation sieht so aus:

Allgemeinbegriff: **Mensch-Mensch-Interaktionen**
Menschen als soziale Wesen, die aus Gemeinschaft heraus zu Individuen werden durch leibliches, kommunikatives, sprachliches Zusammenleben

[15] https://www.zdf.de/dokumentation/terra-x/kaledonische-kraehe-baut-werkzeug-100.html

Synonym: **Mensch-Technik (1)-Mensch-Interaktionen**
Technik 1: leibliche oder sprachliche Techniken beherrschen
z. B.: Fertigkeiten, Geschick, Können, Körpertechniken, Mimik, Gestik, Lauterzeugung

Unterklasse 1: **Mensch-Technik (2, 3)-Mensch-Interaktionen**
Technik 2: hergestellte Gegenstände; Technik 3: Verfahrenstechnik
z. B.: Handwerkzeuge, Kunstwerke und Schriftzeichen auf materiellen Oberflächen, Verfahren des gemeinsamen Musizierens nach Noten
Unterklasse 2: **Mensch-Technik (4)-Mensch-Interaktionen**
Technik 4: Systemtechnik
z. B.: informationsverarbeitende Computernetzwerke, Roboter, Drohnen, KI
Unterklasse 3: Mensch-(Roboter-Roboter)-Mensch-Interaktionen oder kurz **Roboter-Roboter-Interaktionen**
z. B. Drohne und GPS-Satellit, Cobot und Lichtschranken in einer Fabrik, Servierroboter und Kassensystem im smarten Restaurant oder Melkroboter und Tiergesundheitsdatenanalyse im smarten Kuhstall
Unterklasse 3a: **Mensch-Roboter-Interaktionen**
Unterklasse 3b: **Tier-Roboter-Interaktionen**
Unterklasse 3c: **Pflanze-Roboter-Interaktionen**

Im anschließenden Kap. 3 betrachten wir Definitionen von Drohnen. Ging es hier um Landwirtschaft und Plantoiden, so wird ein Blick auf Drohnen nicht ohne das Thema des Krieges auskommen können. Quasi während der Buchproduktion, als alles eigentlich schon längst fertig geschrieben stand, wurde ich am 24. Februar 2022 vom schrecklichen russischen Überfall auf die Ukraine überrascht. Auf erschütternde Weise werden dabei Menschen-Menschen-Interaktionen in ihrer ganzen politischen, völkerrechtlichen und ethischen Dramatik vorgeführt. Mediiert, also interaktiv vermittelt flimmert der „TikTok-Krieg" weltweit in Echtzeit über Smartphones. Die ungeheuren Zerstörungen zivilen Lebens betreffen nicht zuletzt auch eine der größten landwirtschaftlichen Regionen weltweit. Die „Kornkammer Europas" brennt. Was als Informationskrieg und Cyberwar mittels informationsverarbeitender Computernetzwerke ausgetragen wird *(Unterklasse 2)* führt in der Verkettung weltweiter Warenströme zu einer Gemengelage, die auch den politischen Rahmen smarter Landwirtschaft trifft. Wer ist denn von den kriegsbedingten Ernteausfällen zuerst betroffen – das „reiche Europa" oder die ohnehin „ärmeren" Regionen der Dritten Welt, etwa der Jemen oder Ägypten, wo sich Menschen Getreide schlicht nicht mehr leisten könnten? Wie soll dann in diesen Regionen auch noch teures Precision Farming möglich sein? Ist die Roboter-Roboter-Interaktion darüber hinaus zunehmend nicht mehr auf vernetzte Rechner beschränkt, sondern tritt durch autonome Drohnen in neue Phasen der Kriegsführung – also der militärischen Menschen-Menschen-Interkation – ein? Von sogenannter „Herumlungernder Munition" bis hin zu kleinen Quadcoptern für die Gefechtsfeldaufklärung in asymmetrischen Bodenkämpfen, schließlich weiter zu Drohnenvideos im Informationskrieg – im folgenden Abschnitt werden wir uns nicht auf zivilen Themen wie Animatronics im Tierfilm oder Katzen auf Staubsaugern ausruhen.

Übersicht: Orientierungshilfe zur Roboterbestimmung

Wie weiß ich, welchen Roboter ich vor mir habe? Zunächst ist es günstig, wenn man die Maschine als solche erkennt. Es ist nicht auszuschließen, dass manche Geräte in naher Zukunft unter bestimmten Bedingungen schwerere Täuschungen hervorrufen, als es ohnehin schon der Fall ist. Am Telefon z. B. ist der Unterschied zwischen einer künstlichen und einer natürlichen Stimme immer schwerer auszumachen. Das liegt unter anderem daran, dass wir trainiert sind, uns auf eine hohe Variabilität der Betonung, Aussprache und Dialekte selbst unserer Muttersprache einzulassen. Wir haben als soziale Wesen quasi eine Prädisposition dafür, auch besondere Stimmen für menschlich zu halten. Jedoch handelt es sich bei einer künstlichen Telefonstimme meistens nicht um einen Roboter, sondern um einen *Sprachbot*. Antwortet eine Maschine auf meine Textnachrichten, handelt es sich vermutlich um einen *Chatbot* – in beiden Fällen geht es also eher um eine Algorithmus, dessen Hardware nicht im Mittelpunkt der Betrachtung steht. (Durch geltendes Recht sollten bestimmte Marker vorgeschrieben werden, anhand derer sich Maschinenstimmen und Chatbots als solche erkennen lassen.) Wenn wir das Gerät sehen und sinnlich begreifen, fällt die Einordnung leichter. Wir können uns dann einen Begriff bilden anhand von Funktion, Gestalt, Nutzen, technischen Merkmalen, der Interaktionsform oder dessen, was das Gerät offensichtlich imitieren soll. Zunächst ist jeder Roboter ein *Computer*, aber nicht jeder Computer ein Roboter. Ein Roboter ist ein Computer, in welchem *künstliche Intelligenz* so verkörpert wird, dass das Gerät mit der Umwelt physisch aktiv, also durch Positionsänderung zumindest einiger Teile (Aktuatoren), interagieren kann. Darum ist ein Roboter auch kein *Hologramm*. Wenn es sich offensichtlich um einen Roboter handelt, dann fragen wir:

1. Ist der Roboter stationär befestigt?
   Wenn ja: Es handelt sich wahrscheinlich um einen *Industrieroboter*, der an Ort und Stelle Fertigungsprozesse ausführen soll. Das kann auch für die Zubereitung von Nahrung in Schnellrestaurants gelten sowie *Operationsroboter* im medizinischen Bereich einschließen.
      Verfügt das stationäre Gerät über einen oder mehrere armähnliche Ausleger und interagiert mit einem Menschen?
      Wenn ja: *kollaborativer Roboter/Cobot*
2. Ist der Roboter zur räumlichen Veränderung aller seiner physikalisch angeschlossenen Teile in der Lage?

Wenn ja: Wie sieht das System aus? Erkennen wir es sofort als Maschine oder hätten wir es fast mit etwas anderem verwechselt? Wenn Verwechslung wahrscheinlich, womit?

Mensch: *Androide/Gynoide* (hohe Verwechslungswahrscheinlichkeit, Sonderfall humanoider Roboter), *Replikant* (biotechnologische Androiden in der Science Fiction, die keine Roboter sind, aber dem Menschen täuschend ähnlich sehen), *Cyborg* (Mensch-Maschine-Mischwesen, im engen Sinne des Wortes zunächst kein Roboter, da aus organischem Wesen entstanden)
Tier: *Animatronic, animaloider Roboter, Cyborg (im weiteren Sinne des Wortes?)*
Pflanze: *Plantoid, Cyborg (im weiteren Sinne des Wortes?)*
Spielzeug, Teddybär, Puppe oder Phantasiewesen: *Animatronic*
Fahrzeug: *selbstfahrendes Auto, Drohne* (s. u.)
etc.

3. Wenn wir mit den Fragen nicht weiterkommen oder eine genauere Bestimmung versuchen wollen, dann fragen wir: Was kann das System und für welche Interaktion wurde es designt? (Interaktion meint eine oder mehrere der elf Perspektiven technischen Handelns aus *Band 2, 3.1*)
Interagiert es vor allem mit dafür ausgebildeten Menschen und/oder in einer professionellen Umgebung (Industrieanlage, Küche, Krankenhaus etc.): *Industrieroboter, kollaborativer Roboter/Cobot;* Interagiert das System an einem besonderen Ort?
Weltraum: *Weltraumroboter*
Katastrophengebiet: *Rettungsroboter*
Unterwasser: *Tauchroboter*
etc.
Interagiert es vor allem mit Laien in einer dem sozialen Alltag vergleichbaren Situation: *Social Robot/sozialer Roboter* (Oberbegriff); Welche Arbeitsleistung soll (teilweise) ersetzt werden?; Unterbegriffe:
Servicefachkraft: *Serviceroboter* (z. B. die der Kellnerin in der Gastronomie)
Sex/Liebe: *Sexroboter* (z. B. die des Prostituierten/des Partners)
Fahren: *selbstfahrendes Auto*
professionelle oder häusliche Pflege: *Pflegeroboter*
Pädagogik/Unterhaltung/Werbung im Kinderzimmer
etc.

Interagiert es mit Menschen in einer nichtzivilen Situation: *Kampfroboter, Kriegsroboter* (das System kann Soldaten oder Piloten ersetzen, ferngesteuert betrieben sein (*Kampfdrohne;* Kap. 3; siehe auch das Beispiel in *Band 2, 4.1*), oder „autonom" funktionieren; zuweilen wird stark wertend von „Killerrobotern" gesprochen)

Interagiert es mit Tieren: *Animatronic* (im Tierfilm), *Service-, Industrie- oder Landwirtschaftsroboter* (in der Viehzucht)
Interagiert es mit Pflanzen: *Service-, Industrie- oder Landwirtschaftsroboter* (in der Land- und Forstwirtschaft, im Gartenbau)

Dieser Fragenkatalog soll wie eine Bestimmungsschablone die Zuordnung eines Gerätes zu unterschiedlichen Roboterarten unterstützen. Es geht um eine grobe Orientierung. Vollständigkeit und Eindeutigkeit lässt sich jedoch in diesem heterogenen und dynamischen Begriffsfeld voller Übergänge und Doppeldeutigkeiten nicht erzielen.

Conclusio

Roboter lassen sich entweder allgemein oder spezifisch hinsichtlich Funktion, Nutzen, Ausstattungsmerkmalen oder äußerer Gestalt definieren. Humanoide, androide oder gynoide Maschinen sind durch ihre menschenähnliche Erscheinung gekennzeichnet. Gleiches gilt für animaloide – tierähnliche – und plantoide – pflanzenähnliche – Systeme. Unter einem Animatronic verstehen wir wiederum einen Sammelbegriff, der auch Roboter in Gestalt von Fantasiewesen einschließt. Gemeinsam ist diesen Konzepten eine Art Bionik, wodurch besonders im Fall der androiden und gynoiden Roboter, aber auch der Mischwesen, die wir Cyborgs nennen, Menschen sich selbst einen Spiegel vorhalten. Verstehen durch Nachbau, so lautet eine Motivation robotischer Selbsterkenntnis. Ingenieurtechnische Gestaltungskräfte sind jedoch nicht auf den äußeren Augenschein begrenzt. Zunehmend rückt die Interaktionsfähigkeit in den Fokus. Durch das technische Design sozialer Prozesse zeichnen sich Social Robots aus. Verbalsprachliche Interaktionen einschließlich Mimik und Gestik sollen die Geräte fit machen für ihre Anwendung im gesellschaftlichen Alltag jenseits professionell bedienter Industriesysteme. Auf vier Wegen und sechs Stufen kann sich die Vermenschlichung von Robotern vollziehen, wozu nicht nur das Reden mit den Geräten, sondern auch das Reden über diese zählt. Weitreichende Fragen schließen sich an, so etwa die nach lebenden Maschinen, dem Übergang von Therapie zum Enhancement in der Prothetik oder die nach einer Überwindung des Menschseins durch transhumanistische Maschinen.

Dem Ansatz methodisch-sprachkritischen Anthropozentrik folgend, wird in vorliegendem Buch eine handlungstheoretische Analyse vorgestellt, wonach auch „transhumanistische“ oder „posthumanistische“ Maschinen letztendlich Produkte menschlicher Kultur sind. Ihr Gebrauch ist von Menschen gegenüber anderen Menschen zu verantworten und eben nicht das Ende, sondern ein konkretes Thema der Technikethik – neben anderen. Soll ein Blick über eine vorschnelle, nicht methodische, Anthropozentrik hinausführen, wird er den menschlichen Gebrauch von Technik auch hinsichtlich der Tier-Roboter- und Pflanze-Roboter-Interaktion erfassen. Besonders in der Landwirtschaft und Viehzucht hält die Digitalisierung Einzug und mit ihr diverse Roboter- und

Drohnentechniken. Auch in die Umgebung von Tieren und Pflanzen greifen wir mit interaktiven Maschinen zunehmend tiefer ein. Das schließt nicht nur Heimtiere und Staubsaugautomaten ein, sondern auch Animatronics im natürlichen Lebensraum von Wildtieren. Gerade durch smarte Landwirtschaft bzw. Precision (Lifestock) Farming eröffnen sich vielfältige Potenziale der Effizienzsteigerung und Einsparung von Düngemitteln oder Wasser. Jedoch muss sich auch diese Art der teuren Hightech-Landwirtschaft im Vergleich zu traditionellen Konzepten hinsichtlich sozialer und ökologischer Nachhaltigkeit bewähren.

Literatur

Ammon S/Meister M (2019) „Roboter, humanoide.“ In Liggieri K/Müller O (Hg) Mensch-Maschine-Interaktion. Handbuch zu Geschichte – Kultur – Ethik. Metzler, Berlin, S 297–299

Becker B (2019) „Cyber-physisches System.“ In Liggieri K/Müller O (Hg) Mensch-Maschine-Interaktion. Handbuch zu Geschichte – Kultur – Ethik. Metzler, Berlin, S 247–249

Bendel O (2016) 300 Keywords Informationsethik. Grundwissen aus Computer-, Netz- und Neue-Medien-Ethik sowie Maschinenethik. Springer, Wiesbaden

Bendel O (2021a) 300 Keywords Soziale Robotik. Soziale Roboter aus technischer, wirtschaftlicher und ethischer Perspektive. Springer Gabler, Wiesbaden

Bendel O (2021b) „NAO meets Pluto. Zwischen Tierschutz und Tierbelästigung.“ In Bendel O (Hg) Soziale Roboter. Technikwissenschaftliche, wirtschaftswissenschaftliche, philosophische, psychologische und soziologische Grundlagen. Springer Gabler, Wiesbaden, S 517–535

Böhm M (2021) Boston Dynamics. New Yorker Polizei setzt Roboterhund ein. Spiegel Online. 26.02.2021, 12:20 Uhr. [Online: https://www.spiegel.de/netzwelt/web/boston-dynamics-new-yorker-polizei-setzt-roboterhund-spot-in-der-bronx-ein-a-74efd4db-9134-4733-b28d-5203772d4813 (20. Januar 2022)]

Butz A/Krüger A (2014) Mensch-Maschine-Interaktion. Oldenbourg, München

Cameron J (2005/1986) Aliens – Die Rückkehr. Spielfilm, Director's Cut, ca. 148 Min. Twentieth Century Fox

Cameron J (2010/1984) Terminator. Spielfilm, ungeschnittene Fassung, ca. 103 Min. Metro-Goldwyn-Mayer

Cameron J (2017/1991) Terminator 2. Tag der Abrechnung. Spielfilm, Kinofassung, ca. 132 Min. Studiocanal

Christaller T/Decker M (Hg) (2001) Robotik. Perspektiven für menschliches Handeln in der zukünftigen Gesellschaft. Materialband. Graue Reihe, Bad Neuenahr-Ahrweiler

Christaller T/Decker M/Gilsbach JM/Hirzinger G/Lauterbach K/Schweighofer E/Schweitzer G/Sturma D (2001) Robotik. Perspektiven für menschliches Handeln in der zukünftigen Gesellschaft. Springer, Berlin/Heidelberg

Clark A (2003) Natural-Born Cyborgs. Minds, Technologies, and the Future of Human Intelligence. Oxford University Press, Oxford u. a.

Coeckelbergh M (2011) “Humans, Animals, and Robots. A Phenomenological Approach to Human-Robot Relations.” In International Journal of Social Robotics 3(2), S 197–204

Coeckelbergh M (2012) Growing Moral Relations. Critique of Moral Status Ascription. Palgrave Macmillan, New York

Coeckelbergh M/Loh J/Funk M/Seibt J/Nørskov M (Hg) (2018) Envisioning Robots in Society – Power, Politics, and Public Space. Proceedings of Robophilosophy 2018/TRANSOR 2018. February 14–17, 2018, University of Vienna, Austria. IOS Press Amsterdam u. a.

Decker M (Hg) (1999) Robotik. Einführung in eine interdisziplinäre Diskussion. Graue Reihe, Bad Neuenahr-Ahrweiler

Decker M (2010) "Ein Abbild des Menschen. Humanoide Roboter." In Bölker M/Gutmann M/Hesse W (Hg) Information und Menschenbild. Springer, Berlin/Heidelberg, S 41–62

Decker M (2014) "Who is taking over? Technology Assessment of Autonomous (Service) Robots." In Funk M/Irrgang B (Hg) Robotics in Germany and Japan. Philosophical and Technical Perspectives. Peter Lang, Frankfurt a. M. u. a., S 91–110

Eaton M (2015) Evolutionary Humanoid Robotics. Springer, Berlin/Heidelberg

Frauenberger C (2019) "Entanglement HCI. The Next Wave?" In ACM Trans. Comput.-Hum. Interact. 27, 1, Article 2 (November 2019), 27 pages. [(DOI) https://doi.org/10.1145/3364998]

Funk M/Dieber B (2018) "We Are Living in a Social Submarine! Children Are Still the Better Adults." In Coeckelbergh M/Loh J/Funk M/Seibt J/Nørskov M (Hg) Envisioning Robots in Society – Power, Politics, and Public Space. Proceedings of Robophilosophy 2018/TRANSOR 2018. February 14–17, 2018, University of Vienna, Austria. IOS Press Amsterdam u. a., S 75–87

Funk M/Seibt J/Coeckelbergh M (2018) „Why Do/Should We Build Robots? – Summary of a Plenary Discussion Session." In Coeckelbergh M/Loh J/Funk M/Seibt J/Nørskov M (Hg) Envisioning Robots in Society – Power, Politics, and Public Space. Proceedings of Robophilosophy 2018/TRANSOR 2018. February 14–17, 2018, University of Vienna, Austria. IOS Press Amsterdam u. a., S 369–384

Funk M/Frauenberger C/Reichl P (2020) „Vom künstlichen Leben zur Lebenskunst – Was die Ethik digitaler Bildung von ökologischer Verantwortung lernen kann." In Medienimpulse, Bd. 58, Nr. 03 (2020). [(DOI) https://doi.org/10.21243/mi-03-20-17] [open access]

Graeser A (1993) Die Philosophie der Antike 2. Sophistik und Sokratik, Plato und Aristoteles. Geschichte der Philosophie. Band II. C.H. Beck, München

Grunwald A (2019) „Technikfolgenabschätzung bei der Mensch-Maschine-Interaktion." In Liggieri K/Müller O (Hg) Mensch-Maschine-Interaktion. Handbuch zu Geschichte – Kultur – Ethik. Metzler, Berlin, S 338–344

Grunwald A (2021) „Soziale Roboter aus Sicht der Technikfolgenabschätzung. Zur Gestaltung gemeinsamer Zukünfte von Mensch und Technik." In Bendel O (Hg) Soziale Roboter. Technikwissenschaftliche, wirtschaftswissenschaftliche, philosophische, psychologische und soziologische Grundlagen. Springer Gabler, Wiesbaden, S 89–105

Hannibal G/Lindner F (2018) „Transdisciplinary Reflections on Social Robotics in Academia and Beyond" In Coeckelbergh M/Loh J/Funk M/Seibt J/Nørskov M (Hg) Envisioning Robots in Society – Power, Politics, and Public Space. Proceedings of Robophilosophy 2018/TRANSOR 2018. February 14–17, 2018, University of Vienna, Austria. IOS Press Amsterdam u. a., S 23–27

Hansmann O (2018) „Begriff und Geschichte des Transhumanismus." In Göcke BP/Meier-Hamidi F (Hg) Designobjekt Mensch. Die Agenda des Transhumanismus auf dem Prüfstand. Herder, Basel/Freiburg/Wien, S 25–51

Haraway D (1987) "A Manifesto for Cyborgs. Science, Technology, and Socialist Feminism in the 1980s." In Australian Feminist Studies, 2:4, S 1–42 [(DOI) https://doi.org/10.1080/08164649.1987.9961538]

Hasse C/Søndergaard DM (Hg) (2020) Designing Robots, Designing Humans. Routledge, New York/London

Heßler M (2019) „Industrie 4.0." In Liggieri K/Müller O (Hg) Mensch-Maschine-Interaktion. Handbuch zu Geschichte – Kultur – Ethik. Metzler, Berlin, S 269–271

Hoppe K/Lemke T (2021) Neue Materialismen zur Einführung. Junius, Hamburg

Kehl C/Meyer R/Steiger S (2021a) Digitalisierung der Landwirtschaft: technologischer Stand und Perspektiven. Teil I des Endberichts zum TA-Projekt. TAB-Arbeitsbericht Nr. 193. [Online: https://www.tab-beim-bundestag.de/projekte_digitalisierung-der-landwirtschaft.php (20. Januar 2022)]

Kehl C/Meyer R/Steiger S (2021b) Digitalisierung der Landwirtschaft: gesellschaftliche Voraussetzungen, Rahmenbedingungen und Effekte. Teil II des Endberichts zum TA-Projekt. TAB-Arbeitsbericht Nr. 193. [Online: https://www.tab-beim-bundestag.de/projekte_digitalisierung-der-landwirtschaft.php (20. Januar 2022)]

Knoepffler N/O'Malley M (2014) „Synthetische Biologie – Ethische Überlegungen." In Achatz J/Knoepffler N (Hg) Lebensformen. Leben Formen. Ethik und Synthetische Biologie. Königshausen & Neumann, Würzburg, S 55–69

Knoll A/Christaller T (2003) Robotik. Fischer Taschenbuch. Berlin

Kramper G (2021) Kampfroboter. Boston Dynamics Roboterhund zieht mit der französischen Armee in den Kampf. Stern Online. 11.04.2021, 20:02 Uhr. [Online: https://www.stern.de/digital/technik/boston-dynamics-roboterhund-zieht-mit-der-franzoesischen-armee-in-den-kampf-30471966.html (20. Januar 2022)]

Kuhn HC (2014) Philosophie der Renaissance. Kohlhammer, Stuttgart

Küppers EW (2018) Die humanoide Herausforderung. Leben und Existenz in einer anthropozänen Zukunft. Spinger, Wiesbaden

Lang F (2010/1927) Metropolis. Spielfilm, rekonstruierte Fassung, ca. 143 Min. Living Colour Entertainment

Leinkauf T (2020) Die Philosophie des Humanismus und der Renaissance. Geschichte der Philosophie Band VI. C.H. Beck, München

Liggieri K/Müller O (Hg) (2019) Mensch-Maschine-Interaktion. Handbuch zu Geschichte – Kultur – Ethik. Metzler, Berlin

Lorenz Sorgner S (2016) Transhumanismus. "Die gefährlichste Idee der Welt !?" Herder, Freiburg/Basel/Wien

Lorenz Sorgner S (2018) „Was wollen Transhumanisten?" In Göcke BP/Meier-Hamidi F (Hg) Designobjekt Mensch. Die Agenda des Transhumanismus auf dem Prüfstand. Herder, Basel/Freiburg/Wien, S 153–179

Mergner T/Funk M/Vittorio Lippi V (2019) „Embodiment and Humanoid Robotics." In Mainzer K (Hg) Philosophisches Handbuch Künstliche Intelligenz. Springer, Wiesbaden. [(DOI) https://doi.org/10.1007/978-3-658-23715-8_23-1]

Misselhorn C (2018) Grundfragen der Maschinenethik. Reclam, Stuttgart

Misselhorn C (2021) Künstliche Intelligenz und Empathie. Vom Leben mit Emotionserkennung, Sexrobotern & Co. Reclam, Stuttgart

Mori M (2012) "The Uncanny Valley. Translated by Karl F. McDorman and Norri Kageki." In IEEE Robotics & Automotion Magazine. Vol. 19, No. 2, June 2012, S 98–100

Müggenburg J (2019) „Kybernetik." In Liggieri K/Müller O (Hg) Mensch-Maschine-Interaktion. Handbuch zu Geschichte – Kultur – Ethik. Metzler, Berlin, S 280–282

Müller O/Liggieri K (2019) „Mensch-Maschine-Interaktion seit der Antike. Imaginationsräume, Narrationen und Selbstverständnisdiskurse." In Liggieri K/Müller O (Hg) Mensch-Maschine-Interaktion. Handbuch zu Geschichte – Kultur – Ethik. Metzler, Berlin, S 3–14

Nida-Rümelin J/Weidenfeld N (2018) Digitaler Humanismus. Eine Ethik für das Zeitalter der Künstlichen Intelligenz. Piper, München

Nolan C (2014) Interstellar. Spielfilm, ca. 169 Min. Warner Brothers/Universal Pictures

Nørskov M/Seibt J/Quick OS (Hg) (2020) Culturally Sustainable Social Robotics. Proceedings of Robophilosophy 2020. August 18–21, 2020, Aarhus University and online. (Frontiers in Artificial Intelligence and Applications, 335). IOS Press, Amsterdam u. a.

Pohl R (2018) An Analysis of Donna Haraway's A Cyborg Manifesto. Macat, London

Proyas A (2004) I, Robot. Spielfilm, original Kinofassung, ca. 110 Min. Twentieth Century Fox

Remmers P (2021) „Humanoide, animaloide und dingliche Roboter. Begriffliche, ethische und philosophische Aspekte." In Bendel O (Hg) Soziale Roboter. Technikwissenschaftliche, wirtschaftswissenschaftliche, philosophische, psychologische und soziologische Grundlagen. Springer Gabler, Wiesbaden, S 213–229

Scott R (2002/1979) Alien – Das unheimliche Wesen aus einer fremden Welt. Spielfilm, Standard Version, ca. 112 Min. Twentieth Century Fox

Scott R (2007/1982) Blade Runner. Spielfilm, Final Cut, ca. 113 Min. Warner Brothers

Seibt J (2018) „Classifying Forms and Modes of Co-Working in the Ontology of Asymmetric Social Interactions (OASIS)." In Coeckelbergh M/Loh J/Funk M/Seibt J/Nørskov M (Hg) Envisioning Robots in Society – Power, Politics, and Public Space. Proceedings of Robophilosophy 2018/TRANSOR 2018. February 14–17, 2018, University of Vienna, Austria. IOS Press Amsterdam u. a., S 133–146

Seibt J (2021) „Integrative Soziale Robotik. Ein Verfahren zur Entwicklung kulturell nachhaltiger Anwendungen." In Bendel O (Hg) Soziale Roboter. Technikwissenschaftliche, wirtschaftswissenschaftliche, philosophische, psychologische und soziologische Grundlagen. Springer Gabler, Wiesbaden, S 125–147

Seibt J/Flensborg Damholdt M/Vestergaard C (2018) „Five Principles of Integrative Social Robotics." In Coeckelbergh M/Loh J/Funk M/Seibt J/Nørskov M (Hg) Envisioning Robots in Society – Power, Politics, and Public Space. Proceedings of Robophilosophy 2018/TRANSOR 2018. February 14–17, 2018, University of Vienna, Austria. IOS Press Amsterdam u. a., S 28–42

Seibt J/Flensborg Damholt M/Vestergaard C (2020) „Integrative Social Robotics, Value-Driven Design, and Transdisciplinarity." In Interaction Studies 21(1), S 111–144

Seibt J/Hakli R/Nørskov M (Hg) (2014) Sociable Robots and the Future of Social Relations. Proceedings of Robo-Philosophy 2014. IOS Press, Amsterdam u. a.

Seibt J/Nørskov M/Andersen SS (Hg) (2016) What Social Robots Can and Should Do. Proceedings of Robophilosophy 2016/TRANSOR 2016. IOS Press, Amsterdam u. a.

Spielberg S (2001) AI. Künstliche Intelligenz. Spielfilm, original Kinofassung, ca. 140 Min. Warner Brothers

Stephan A/Walter S/Anton T/Barkmann M/Bockting F/Dielen G/Dziomba L/Lang A/Ruland M/Schütze P (2021) „Nachwort." In Turing AM Computing Machinery and Intelligence. Können Maschinen Denken? Englisch/Deutsch. Reclam, Stuttgart, S 131–201

Thürmel S (2019) „Von Cyberphysikalischen Systemen zu intelligenten Infrastrukturen." In Mainzer K (Hg) Philosophisches Handbuch Künstliche Intelligenz. Springer, Wiesbaden. [(DOI) https://doi.org/10.1007/978-3-658-23715-8_27-1]

Verhoeven P (2014/1987) RoboCop. Spielfilm, Director's Cut, ca. 99 Min. Orion Pictures/Twentith Century Fox

Wachowski L/Wachowski L (2003) Matrix Revolutions. Spielfilm, original Kinofassung, ca. 129 Min. Warner Brothers/Village Roadshow Pictures

Weber K (2021) „Soziale Roboter in der Science-Fiction. Ein Bericht über das Verhältnis von Herr und Knecht mit wechselnden Rollen für Menschen und Roboter." In Bendel O (Hg) Soziale Roboter. Technikwissenschaftliche, wirtschaftswissenschaftliche, philosophische, psychologische und soziologische Grundlagen. Springer Gabler, Wiesbaden, S 539–556

Weber K/Zoglauer T (2015) Verbesserte Menschen. Ethische und und technik-wissenschaftliche Überlegungen. Karl Alber, Freiburg/München

Westermann B (2019) „Cyborg." In Liggieri K/Müller O (Hg) Mensch-Maschine-Interaktion. Handbuch zu Geschichte – Kultur – Ethik. Metzler, Berlin, S 250–252

Wiener N (1948) Cybernetics. Or Control and Communication in the Animal and the Machine. MIT Press, Camb. Mass.

Wolf L (2021) „Erweitertes Zusammenwirken in der Landwirtschaft – zur Diskussion." In Haux R/Gahl K/Jipp M/Kruse R/Richter O (Hg) Zusammenwirken von natürlicher und künstlicher Intelligenz. Springer, Wiesbaden, S 89–96

3 Was ist eine Drohne?

Zusammenfassung

Drohnen zählen heute weitläufig zu den Robotern oder Robotic Systems. Sie weisen häufig vergleichbare Teilgrade technischer Autonomie auf, verfügen über Sensoren und zumindest Aktuatoren zum Antrieb. Diverse standardisierte informationsverarbeitende oder mechatronische Komponenten werden in Drohnen wie auch in anderen Robotern verbaut. Am ehesten lassen sich Drohnen durch ihren unbemannten, ferngesteuerten Fahrzeugcharakter identifizieren. Durch verschiedene Klassifikationssysteme wird versucht, sowohl im militärischen als auch im zivilen Bereich eine möglichst einheitliche Nomenklatur zu finden. Dabei sind Drohnen nicht nur kleine Flugkörper aus dem Baumarkt (Multicopter) oder große, waffenfähige Gefechtssysteme (UCAV – „unmanned combat aircraft vehicle"). Auch ferngesteuerte unbemannte Fahrzeuge am Boden oder im maritimen Einsatz zählen dazu. Neuere Systeme, etwa der sogenannten „loitering munition" oder Drohnenschwärme mit weiter führenden technischen Autonomiegraden zeigen einmal mehr dringenden Regulierungsbedarf auf. Vor diesem Hintergrund werden Schlüsselbegriffe und die Brisanz der begleitenden ethischen Reflexion im zivilen und militärischen Kontext vorgestellt.

Nachdem wir in den vorherigen Abschnitten über Roboter und Interaktionen gesprochen haben, steht nun die Frage nach Drohnen im Raum. Die einfachste doch unbefriedigende Antwort auf die Frage, was eine Drohne sei, lautet: **Drohnen sind Roboter.** Und wie Roboter sind auch Drohnen potenziell mit allen Vor- und Nachteilen der Informationsverarbeitung sowie Computertechnologien behaftet. Vorausgesetzt sei natürlich, dass wir von technischen Mitteln reden und nicht von flugfähigen nützlichen Insekten. Es ranken sich mehrere Geschichten um die Entstehung des Terminus zur Bezeichnung menschengemachter Maschinen. Wie viele andere technische Entwicklungen seit

M. Funk, *Computer und Gesellschaft*, https://doi.org/10.1007/978-3-658-39020-4_3

dem beginnenden 20. Jahrhundert, so hatte ebenfalls die Entwicklung ferngesteuerter, unbemannter Fahrzeuge einen militärischen Hintergrund. Bereits 1849 wurden mit einfachen Zeitzündern in Form von Zündschnüren versehene, unbemannte Ballonbomben von Habsburgischen Truppen gegen die Lagunenmetropole Venedig eingesetzt. Die Ergebnisse dieses „erste[n] Versuch[s], automatisierte fliegende Waffen einzusetzen" fielen durchwachsen aus. Zu groß war die Abhängigkeit von unkontrollierbaren Wetterlagen. Jedoch hält sich die Erzählung, dass zumindest einige Einschläge im Stadtzentrum weniger durch physische, sondern durch psychologische Schadwirkung zur Beendigung des Konflikts beigetragen haben sollen (Biermann und Wiegold 2015, S. 18). Wenn wir in das Jahr 2022 springen, dann fällt auch schon eine Parallele unmittelbar auf: **Physische Effekte** sind die eine Seite der Medaille, **psychologische Wirkungen** die andere. Zum einen wird das durch die Nachricht illustriert, dass ein Ziel überall jederzeit auch aus der Luft erreichbar ist – ohne dabei eigenes Personal physisch angreifbar zu machen. Zum anderen geht es um das Platzieren und Steuern der Nachricht selbst. Drohnen spielen heute eine wesentliche Rolle bei der Informationsbeschaffung, im Krieg der Bilder und in Summe bei Propaganda/Informationskriegsführung.

Springen wir noch einmal zurück in der Geschichte. Der erste Flug einer ferngesteuerten – im eigentlichen Sinne des Wortes – „Drohne" datiert auf den 21. März 1917. An diesem Tag hob ein drahtlos ferngesteuerter Flugkörper als „Aerial Target" für Luftzielübungen in Südengland ab. Auch wenn durch den kurzen Erstflug zumindest das Prinzip erfolgreich demonstriert werden konnte, folgte die Einstellung des Projekts nach weiteren wenig erfolgreichen Testflügen (Biermann und Wiegold 2015, S. 22–23). Im Zweiten Weltkrieg war die Technik schon weiter entwickelt, sodass einer Theorie zufolge die Bezeichnung „Drohne" auf schwarz lackierte Streifen ferngesteuerter Flugkörper zurückreicht, die nunmehr von US-amerikanischen Truppen zur Ausbildung ihrer Fliegerabwehr benutzt wurden. Ausschlaggebend war demnach die optische Nähe zu Fluginsekten. Auf der anderen Seite kursiert die Vermutung, dass zumindest im deutschsprachigen Raum die Brummgeräusche der Antriebselemente den Ausschlag gegeben haben. Schließlich kann „Drohne" vom „Dröhnen" hergeleitet sein, das durch männliche Bienen oder ferngesteuerte Flugobjekte hervorgerufen wird (Biermann und Wiegold 2015, S. 16).

Die zoomorphe Nomenklatur „Drohne" und ihr anthropomorphes Pendant „Roboter" sind ungefähr zur gleichen Zeit im frühen 20. Jahrhundert entstanden, bezeichnen jedoch anfänglich unterschiedliche Techniken. Vor allem in der von Science Fiction geprägten Frühzeit der Robotik galten Roboter häufig als androide Maschinenmenschen. Ihre Erscheinung war geprägt von einer bionischen Grundidee, die bis hin zum verwechselbaren Imitat des menschlichen Lebens reichte. Das ist erstaunlich, insofern doch das Wort „Drohne" aus dem Tierreich stammt und darum gerade hier eine äußerlich animaloide bzw. zoomorphe *Gestalt* zu erwarten wäre (Abschn. 2.2). Wie wir in Abschn. 1.1 gesehen haben, entspringen die etymologischen Wurzeln von „robota" bei Čapek aus der *Funktion* der Zwangsarbeit. Die buchstäblich „fleißigen Bienen" finden sich folgerichtig anfänglich eher im Begriff des Roboters wieder. Während Drohnen in loser optischer (gestreift wie männliche Biene) oder akustischer Analogie (dröhnt wie das Fluginsekt) technische Mittel bezeichnen, entsteht der Begriff des Roboters als ein Kunstwort aus der Science Fiction heraus.

In den vergangenen 100 Jahren sind beide Konzepte näher zusammengerückt. Entscheidenden Anteil daran hatten sicherlich Durchbrüche in den Bereichen der Computertechnologie und Robotik. Aus dem Kunstwort Roboter wurde ein Überbegriff für diverse sachtechnische Mittel, Systeme und Verfahren. Einige **Abgrenzungskriterien weisen Drohnen aktuell als eine Unterart der Roboter aus,** die gekennzeichnet ist durch:

- Fernsteuerung;
- Fahrzeugcharakter: Sie verfügen über die nötigen Fortbewegungstechnologien (Luft, Land, Wasser) und werden nicht fixiert an einer Position betrieben;
- Sie sollen nicht primär menschliche Arbeit ersetzen, sondern in Situationen eingesetzt werden, die für Menschen zu gefährlich sind oder in Räumen, die für Menschen ohne technische Mittel unerreichbar bleiben, hierzu zählt z. B.:
  - das Fliegen auch in großen Höhen, sowie damit verbundene zivile und militärische Aufklärungs- oder militärische Gefechtsfunktionen, oder
  - das Tauchen besonders in unzugänglichen Tiefen oder Höhlen;
- der Ausschluss anthropomorpher Oberflächen bei gleichzeitigem unbemanntem Einsatz (so sprechen wir bei einem ferngesteuerten unbemannten Tauchboot von einer Drohne, sobald jedoch ein Meeresforscher drin sitzt und/oder das Gerät mit ferngesteuerten Greifarmen Proben entnimmt von einem Roboter).

Diese Abgrenzungskriterien gelten nicht pauschal. Schnell lassen sich Gegenbeispiele in unserer Alltags- und Wissenschaftssprache finden. Einmal mehr offenbart sich, wie uneinheitlich das Begriffsfeld gepflügt ist. Thomas Petermann und Reinhard Grünwald kennzeichnen z. B. in einem Bericht für den deutschen Bundestag **unbemannte Fahrzeuge** außerdem durch optionale programmgesteuerte oder „autonome" Bewegungen sowie durch diverse Konstruktionsmerkmale – neben informationsverarbeitenden Systemen auch Antriebselemente, Navigationseinrichtungen, Steuerungselemente und Sensoren. Zusätzlich sprechen die Autoren von **unbemannten Systemen,** wenn neben dem eigentlichen Fahrzeug noch periphere Teile wie Segmente für Kontrolle und Datenübertragung und evtl. Transport-, Start- und Landeeinrichtungen gemeint sind (Petermann und Grünwald 2011, S. 26–27; die Autoren folgen dabei Altmann et al. 2008, S. 30). In vorliegendem Buch seien jedenfalls die aufgezählten Kriterien vorgeschlagen. Programmierte oder „autonome" Bewegungen werden ausgeklammert und als generelles Merkmal für bestimmte Arten technischer Mittel gebraucht, für die Drohnen nur einen Sonderfall bilden. Technische Autonomie wird viel zu vielen Technologien zugeschrieben, sodass der Terminus nicht mehr zur differenzierten Unterscheidung taugt. Er kommt eher als Oberbegriff infrage. Wird technische Autonomie hinsichtlich ihrer Teilgrade präzisiert, lassen sich in weiterer Folge konkrete Drohnentechnologien zuordnen (*Band 4, 5*; siehe hierzu auch Grünwald und Kehl 2020, S. 33–43 et passim.; Reisner 2018, S. 286–287 et passim.).

Einem Vorurteil lässt sich mit breitem Konsens begegnen. Obwohl die mediale Berichterstattung insbesondere im Zusammenhang mit Kampfdrohnen und Quadcoptern das Namensklischee eines fliegenden Objekts bestätigt, können Drohnen genauso auf und unter Wasser eingesetzt werden wie an Land, unter der Erdoberfläche oder im Weltraum. Als komplex vernetzte Informationstechnologien operieren die meisten größeren Drohnensysteme ohnehin stets auch im Cyberspace. Es ist davon auszugehen, dass sich die Anwendungsräume weiterhin und zunehmend vermischen (Biermann und Wiegold 2015, S. 77–85; Petermann und Grünwald 2011, S. 28–68; Altmann et al. 2008, S. 25–27, S. 32–37). Militärische Einsatzszenarien für bewaffnete Drohnen, die in mehreren strategischen Räumen operieren, lassen sich mannigfaltig antizipieren – ohne dabei gleich an die Technologiefiktionen einer langjährigen Figur im Auftrag „Ihrer Majestät“ denken zu müssen: vom fliegend, schwebend, rollend und grabend ausgetragenen Häuserkampf (z. B. durch sich selbst unterirdisch verdeckende Sprengfallen und Aufklärungssensoren) bis hin zur Bekämpfung von Piraterie, wo sich Cyberattacken, elektronische Kriegsführung, Luftaufklärung, Landoperationen und Zugriff auf oder unter Wasser überschneiden – das alles eingebettet in ein technologisches System auf Grundlage künstlicher Intelligenz und entsprechend weit entwickelter Autonomiegrade, ohne menschliche Eingriffe und in extremer rechentechnischer Beschleunigung der Abläufe. Drohnen alleine machen Gefechtsfelder nicht „smart“. Sie sind bereits Hardwarekomponenten innerhalb von plattformbasierten „Hyperkriegen“, die sich einzeln oder in Schwärmen modular einfügen oder ausnehmen lassen (Lindley-French et al. 2022, S. 270–304; Hofstetter 2019, S. 42–46 et passim.).

Um zur Abwechslung ein ziviles Beispiel zu bemühen: Warum soll eine Forschungsdrohne nicht an Land, unter der Erde, in der Luft, auf und unter Wasser filmen können, wenn die Forschungsobjekte – z. B. Papageitaucher – das auch können: durch die Luft fliegen, auf Wasser schwimmen, unter Wasser jagen, an Land watscheln und unter der Erde brüten? Im zivilen Einsatz können solche Mischsysteme beim Katastrophenschutz in komplexen Szenarien eine wichtige Hilfe bringen. So etwa bei Lawinenabgängen, wenn sie fliegen und graben können, bei Überschwemmungen, wenn Operationen in Luft und Wasser gelingen, oder bei Feuerwehreinsätzen aller Art, wo verschüttete oder eingeschlossene Personen in kürzester Zeit aus brennenden oder kollabierten Gebäuden zu bergen sind: Ein System, das schnell über den Luftweg unabhängig von der Straßenverkehrslage herangesteuert werden kann und dann sensorisch menschliche Lebenszeichen präzise ortet, um sich direkt den Opfern grabend, kletternd oder kriechend bei minimaler Eigensicherung anzunähern. Kostbare Zeitersparnis könnte – das ist zumindest einen experimentellen Gedanken wert – nicht nur Risiken für Rettungskräfte minimieren, sondern langfristig manchen Trümmerhund seiner Pflichten entbinden. In Abschn. 2.2 haben wir die Tier-Roboter-Interaktion angesprochen. Hier zeigt sich ein Bereich, in dem Maschinen Tiere von gefährlichen Aufgaben entlasten könnten – und aus tierschutzethischen Gründen wohl auch müssten, wenn es technisch möglich wäre.

Beispiel: „Berglerdrohnen" und der Gipfelflug vom Sofa aus

„Bergler" nennt man Menschen, die auf einem Berg wohnen. Im übertragenen Sinne werden viele von uns durch Drohnenbilder in ihrer Freizeit auch zu virtuellen Berglern. Auf diversen Onlineplattformen sind wir in Videos hautnah dabei, wenn fliegende Filmdrohnen Skifahrern in spektakulären Bildsequenzen von Alpengipfeln bis hinab ins Tal folgen, wie in Markus Eder's *The Ultimate Run.*[1] Es gibt Firmen, die sich auf das Sponsoring von Extremsportarten dieser Couleur spezialisiert haben – auch von österreichischen Geschäftsleuten initiiert. Die Professionalität alpinen Extremsports korreliert mit der professionellen Produktion visueller Medien. Ikonische Kameraflüge sind da schon regelrecht zu einem Sachzwang geworden, will man auf dem Markt der Wahrnehmungen kommerziell bestehen. 2019 errang der Dokumentarfilm *Free Solo* den Oscar in seiner Kategorie. Er zeigt die Geschichte einer waghalsigen Klettertour von Alex Honnold, in welcher der Extremsportler ohne Sicherungsseil in weniger als zwei Stunden eine knapp einen Kilometer hohe fast senkrechte Granitwand hinauf turnt. Neben Handkameras – geführt von einigen mit Seilsicherungen nebenher kletternden Freunden – kommen auch Drohnenflüge zum Einsatz, in denen die ganz Szenerie jedermann auf der heimischen Couch zur begleitenden Berglerin macht.[2]

In Spielfilmen, Werbeclips, vor allem auch in neueren Produktionen diverser Extremsportarten, weiterhin in Naturdokus dürfen spektakuläre Kameraflüge nicht mehr fehlen. Drohnen haben unsere Einblicke und Beziehungen zu eigentlich unerreichbaren Gipfeln verändert. Dabei können die kleineren lokal betriebenen Fluggeräte je nach juristischer Genehmigungslage auch von Touristinnen genutzt werden. Urlaubserinnerungen jenseits des gehaltenen Camcorders erzeugen einen gewissen Reiz. Jedoch sind private oder kommerzielle Flüge von Kleindrohnen (häufig Quadcopter des Typs II, siehe Tab. Band 3, 3) auch aus ökologischen Gründen nicht unproblematisch. Zum einen spornt die Jagd nach spektakulären Bildern immer extremerer Performances mit Skiern, Snowboards oder Eispickeln zu Eingriffen in fragile Naturräume an. Doch nicht nur die Sportlerinnen selbst, sondern eben auch die angewendeten Filmdrohnen verändern ihre Umgebungen. Mit ihnen werden Roboter in Naturräume getragen und als Nebeneffekt der Bilderjagd Tier-Roboter- sowie Pflanze-Roboter-Interaktionen in Kauf genommen. Neben physischer Kollisionsgefahr mit Wildtieren schlägt hier vor allem die Lärm- und Lichtemission zu Buche. ◀

[1] https://www.youtube.com/watch?v=fbqHK8i-HdA

[2] https://www.derstandard.at/story/2000099624909/free-solo-alex-honnold-und-die-groesste-kletterleistung-aller-zeiten

Tab. Band 3, 3 Typenunterscheidung fliegender Drohnen

	Typ I: Hochdistanz-Drohnen	**Typ II:** Kurzdistanz-Drohnen
Einsatzradius	Global	Lokal
Anschaffungskosten	Hoch	Niedrig
Bedienung	Schwer und abhängig von komplexen IT-Netzwerken	Einfach
Aufbau	Komplex	Einfach
Periphere Elemente wie Start- und Landebahnen oder GPS	Meist nötig	Außer Fernbedienung meist nur optional, GPS häufig
Nutzung	Häufig militärisch, staatlich	Häufig zivil, privat
Beispiel	US-amerikanische Kampfdrohnen des Typs MQ-1 „Predator“, MQ-9 „Reaper“ usw. (siehe Beispiel unten *„Töten per Fernbedienung“*)	Verschiedene Multicopter, aber auch im weiteren Sinne ferngesteuerte Modellautos usw. (siehe Beispiel oben *„Berglerdrohnen“ und der Gipfelflug vom Sofa aus*)
Typ III: Diverse Zwischenformen (siehe Beispiel unten *„Herumlungernde Munition“ als erster Schritt zum echten Star Wars?*)		

Wir benennen Drohnen nach dem, wozu sie sich einsetzen lassen und wie sie technisch ausgestattet sind. Entsprechend der Einsatzräume und deren Vermischung durch universell anwendbare Drohnen wird sich wohl auch deren terminologischer Bestand anpassen. Momentan gibt es hierzu eine Fülle von Abkürzungen, die vor allem aus dem Englischen herrühren:[3]

- Die meisten Begriffe bezeichnen fliegende ferngesteuerte Fahrzeuge.
  - Unter der Kurzform **UA** wird allgemein ein „unmanned aircraft“ verstanden, also ein unbemanntes Fluggerät.
  - **UAV**s sind „unmanned aerial vehicles“. UA und UAV bezeichnen somit die gleichen Systeme.
  - Der Begriff „System“ taucht explizit in der neueren Kurzform **UAS** auf – „unmanned aircraft system“.
  - Im Fall der militärischen Anwendung wird unterteilt in **UCAV** – „unmanned combat aircraft vehicle“ (eigentliche Kampfdrohnen) – und **URAV** – „unmanned reconnaissance aircraft vehicle“ (Aufklärungsdrohnen).

[3] Siehe hierzu unter anderem: Altmann et al. (2008, S. 28) et passim.; Biermann und Wiegold (2015, S. 17, S. 56, S. 87, S. 91–93); Hofstetter (2019, S. 140–144); Petermann und Grünwald (2011, S. 26–27); Reisner (2018, S. 42–52, S. 58–64, S. 93–117) etc.

- Letztere werden wiederum häufig unterschieden in **MALE** – „medium altitude long endurance“ – und **HALE** – „high altitude long endurance“ -, also entsprechend der Operationsdistanzen einschließlich Flughöhe, Geschwindigkeit und ihres Gewichts.

- Der Sprachgebrauch ist nicht immer einheitlich geregelt und die Übergänge sind zuweilen fließend. Ein technisches System lässt sich gleichermaßen zur Fernaufklärung wie auch für Kampfeinsätze oder zur Bilderzeugung im Informationskrieg benutzen. Durch den hohen Vernetzungsgrad informationsverarbeitender und operativer Strukturen fällt es schwer, überhaupt ein isoliertes Objekt zu finden, das nicht doch irgendwie funktional fließend in andere Systemkomponenten übergeht.
  - Außerdem bezeichnet die Abkürzung **TUGV** z. B, „tactical unmanned ground vehicles“ , also militärisch verschieden einsetzbare unbemannte Landfahrzeuge.
  - Das entsprechende Pendant zu UAS am Boden lautet **UGS** („unmanned ground system“) sowie auf und unter Wasser **UMS** („unmanned maritime system“) .
  - Diese müssen nicht zwangsläufig bewaffnet sein, was hingegen bei **LAR**s, „lethal autonomus robots“ anders aussieht. Dabei handelt es sich um „tödliche autonome“ Roboter, deren Namensgebung zumindest den intendierten Anwendungszweck direkt darlegt.
- Häufig wird seit 2013 zur **Einteilung militärischer Systeme** auf die *Unmanned Systems Integrated Roadmap* des *US Department of Defense* zurückgegriffen.[4]
- Im zivilen Alltag assoziieren wir mit fliegenden Drohnen häufig kleine **Quadcopter** oder andere **Multicopter.** Bei diesen Geräten sind meist vier oder mehr Rotoren in einer Ebene waagerecht montiert. Schweben in der Luft sowie präzise Flugmanöver bei niedrigen Geschwindigkeiten gehören zu ihren Möglichkeiten. Für den militärischen Gebrauch kleiner Systeme bis max. 9 kg sieht die oben genannte Roadmap die Kategorie „Group 1 Micro/Mini Tactical“ vor.
- Aber auch ferngesteuerte **Modellflugzeuge** und **RC-Cars** fallen im weiten Sinne unter die Definition von Drohnen. Strittig ist hingegen, ob ferngesteuerte Modell-, Freizeit- oder Sportflugzeuge im engeren Sinne als UA/UAV/UAS gelten können. Die *Internationale Zivilluftfahrtorganisation* hat 2011 die Richtlinie *ICAO Cir 328, Unmanned Aircraft Systems (UAS)* veröffentlicht.[5] In Paragraf 2.4 wird betont, dass die Trennung von „model aircraft“ und „aircraft“ auch bei UAS allgemein zur Anwendung kommen soll.
- Wie zu erwarten, gilt es also genau hinzusehen, welche Technik wir meinen, wenn wir von einer Drohne sprechen.

Die anfängliche Militärtechnik „Drohne“ hat längst den zivilen Alltag vieler Bürgerinnen erreicht. Von der Sache her ist jedes ferngesteuerte Spielzeugauto schon eine Drohne

[4] https://www.hsdl.org/?abstract&did=747559

[5] https://www.icao.int/Meetings/UAS/Documents/Circular%20328_en.pdf

– auch wenn RC-Cars nicht fliegen. Multicopter, wie sie in fast jedem Baumarkt zu finden sind, erfüllen schon eher das Klischee fliegender Drohnen. Für die professionelle Luftfahrt, kritische Infrastrukturen oder einfach den privaten Sonntagnachmittag im Schrebergarten hinter der hohen Hecke führen kleine, mobile Flugkörper zu teils erheblichen Problemen. Zum einen geht es um die Sicherheit des Luftverkehrs, zum anderen um das Verhüten kinetischer Schadwirkung in sensiblen Bereichen (Drohnenabstürze oder Abwürfe von Gefahrenstoffen über Menschenansammlungen, Politikerinnen oder elektrischen Umspannanlagen etc.). Ein entsprechendes – für technische Entwicklungspfade typisches – Katz-und-Maus-Spiel ist im Gange. Mobile Geräte zum Stören der GPS-Signale oder Fernsteuerungen sind erhältlich und natürlich ist Drohnenabwehr durch kinetische Energie längst auf den Agenden der Sicherheitsdienste, Polizei und Militärs gelandet (Biermann und Wiegold 2015, S. 108–110; Hofstetter 2019, S. 140–141). Regulatorische Erfordernisse betreffen den zivilen Bereich wie auch die Zukunft der Kriegsführung. Dabei sind einmal mehr die Grenzen zwischen bloß ziviler und bloß militärischer Nutzung schwer zu ziehen. Es wird im Zusammen aus „autonomen" Waffensystemen, Cyberoperationen und eben unbemannten Fahrzeugen (in allen operationalen Räumen) von umwälzenden Entwicklungen ausgegangen, die im Begriff hybrider Kriegsführung münden (Mey 2017).

Damit einher gehen gesteigerte technische Möglichkeiten staatlicher Überwachung. Zugespitzt lässt sich sagen, dass zum einen in Europa Drohnenführerscheine und/oder die DSGVO – aus guten Gründen – für Bürgerinnen verbindlich sind, jedoch auf der anderen Seite wesentliche Fragen des illegitimen oder längst überfälligen staatlichen Drohneneinsatzes (relativ) ungeklärt sind. Wie weit dürfen oder müssen wir staatliche Handlungsmöglichkeiten aus sicherheitspolitischen Motiven heraus steigern? Hinzu tritt Überwachung innerhalb einer Gesellschaft als eigenes Problemfeld. Dürfen Sicherheitsorgane auch in Friedenszeiten das, was Bürgerinnen per Grundverordnung verboten ist? Wenn ja, sind Drohnen dafür das Mittel der Wahl? Die Notwendigkeit einer kritischen ethischen Begleitung dieser nicht bloß zivil oder militärisch zu behandelnden technologischen Netzwerke wird vehement neben der juristischen Regulierung eingefordert (Biermann und Wiegold 2015; Reisner 2018; Hofstetter 2019). Vorliegende Buchreihe möchte einen methodischen Beitrag hierzu leisten. Es soll um systematische technikethische Grundlagen gehen, in denen zumindest einige Lösungswege aus wissenschaftlicher Sicht skizziert werden (zu Grundkonzepten der Ethik siehe *Band 1* und zur technikethischen Verfahrenskunde siehe *Band 2*).

Hintergrund: Asymmetrien militärischer und ziviler Drohnennutzung

Im Jahr 1999 hat Mary Kaldor ihr Buch über *New and Old Wars* veröffentlicht. Darin bespricht sie anhand der Jugoslawienkriege der 1990er-Jahre Ursachen und Formen asymmetrischer militärischer Konflikte, in denen sich diverse Interessengruppen, Ethnien und Akteure (in sogenannten **kleinen Kriegen**) gegenüberstehen. Eine ideale Symmetrie aus zwei erkennbar uniformierten völkerrechtlich klar definierten Kombattanten sei nicht mehr vorhanden. Es handele sich um „neue Kriege" (Kaldor 2007). Herfried Münkler hat den eigentlich schon „alten" Dreißigjährigen Krieg (1618–1648) als eine Blaupause hierfür identifiziert. Durch private Söldnergruppen abseits rechtlicher sowie nationalstaatlicher Ordnungsstrukturen entsteht eine regelrechte, auch in den angewendeten Verfahren, enthemmte Kriegsökonomie. Es greifen also Parteien ein, die geradezu ein Interesse an der Verlängerung haben und aus Gründen des Profits den Konflikt gar nicht auflösen wollen. Dabei ist die Bezeichnung des **asymmetrischen Krieges** problematisch, insofern die ideale Symmetrie aus nationalstaatlich eingesetzten, klar uniformierten Kombattanten eher einen historischen Sonderfall darstellt. Von Partisanen bis Guerilla, von Spionage bis Sabotage lassen sich viele Beispiele finden, in denen vor allem auf den ersten Blick unterlegene Parteien mit – weniger politischer oder militärtechnisch-ökonomischer Macht – absichtlich eine militärische Konfrontation in symmetrischen Feldschlachten vermeiden (Münkler 2014).

Die ersten Wochen des russischen Angriffskrieges gegen die Ukraine ab dem 24. Februar 2022 ließen sich als stark asymmetrisch rekonstruieren (versuchter „Blitzkrieg" der angreifenden Partei und Vermeiden direkter Feldschlachten der verteidigenden Seite). Dabei scheint dieser bewaffnete Konflikt mit zunehmender Dauer stärker die Charakterzüge eines „großen Krieges" zu entfalten, bei dem nicht nur Nationalstaaten und mit ihnen auch Staatenbünde bzw. Machtblöcke aufeinandertreffen. In längst überwunden geglaubten Formen großräumiger Stellungskriege und Kesselschlachten treffen an langen Frontlinien ganze Armeen aufeinander – mit schrecklichen Folgen.[6] Eine solche Entwicklung kam vielleicht für manche Analysten nicht ganz unerwartet, so unschön sie auch ist. Die Möglichkeit **großer Kriege** im Europa des 21. Jahrhunderts wurde auf der anderen Seite als eine Art Tabu in der öffentlichen Debatte verdrängt (Lindley-French et al. 2022, S. 71, S. 299, mit Verweis auf die Arbeiten von Holger Mey (2020); siehe auch Mey 2001 oder Naumann 2022). Dabei kommen auch Drohnen in vielfältigen Bauformen und Anwendungssituationen zum Einsatz.[7]

Zunehmend wird von **hybrider Kriegsführung** gesprochen, womit eine Kombination aus wirtschaftlichen Mitteln, Informationskrieg und Cyberwar gemeint ist, die vor allem durch technologische Netzwerke mit kinetisch wirkenden Waffensystemen verbunden sind. „Irreguläre" Akteure greifen ein und heben den Konflikt in seiner Komplexität über des enge Ideal symmetrischer Kriege hinaus. In gewisser Weise werden knapp unter der Grenze einer völkerrechtlich einschlägigen Kriegserklärung Angriffe an Privatunternehmen oder andere Stellvertreterinnen outgesourct, sodass ein Geflecht aus regulären Kombattanten, Terroristen, Kriminellen und Geschäftsleuten mit- und gegeneinander antritt (Hofstetter 2019, S. 44–76; Lindley-French et al. 2022; Reisner 2018, S. 89–91). So wird berichtet, dass im russischen Angriffskrieg gegen die Ukraine für die Koordination von Artillerieeinsätzen Kommunikationsinfrastrukturen (Starlink) einer größeren US-amerikanischen Firma direkt zum Einsatz kommen.[8] Vor allem unbemannte, ferngesteuerte Fluggeräte spielen in der elektronischen Kriegsführung, bei Informationskrieg und Propaganda in diesen hybriden Geflechten eine wesentliche Rolle. Sie dienen zur Aufklärung von Truppenbewegungen im lokalen oder regelrecht globalen Maßstab und erzeugen Videos, die in sozialen Medien zur Erringung einer Deutungshoheit des eigenen Narratives eingesetzt werden.

Im militärischen Kontext ist das Konzept der Asymmetrie Gegenstand kontroverser Analysen (Hofstetter 2019, S. 30–38; Reisner 2018, S. 78–89). Jedoch gibt es darüber hinaus diverse Formen von Ungleichheiten, die allgemein die Verhältnisse zwischen Menschen, Techniken und Gesellschaften prägen. Diese sind vom Konzept asymmetrischer Kriege zu unterscheiden. So wird im Bereich der sozialen Robotik – ganz zivil gedacht – zu Asymmetrien sozialer Beziehungen zwischen Menschen und Maschinen geforscht (Abschn. 2.1). Hinzu treten grundsätzliche

---

[6] https://www.youtube.com/watch?v=UcQ9-asg8gg

[7] https://www.youtube.com/watch?v=C1ARa-BGcHs

[8] https://www.youtube.com/watch?v=pzAl29Gl9MA (ab Spielzeit ca. 4:40 min bis 8:25 min).

existenzielle Asymmetrien, die etwa im Spannungsfeld aus Endlichkeit und Verletzlichkeit des menschlichen Leibes in Relation zu mechatronischen Körpern von Pflegerobotern thematisiert sind. Diese differenziert zu betrachten, gehört zum Handwerkzeug der angewandten Ethik und Technikbewertung – das auch bei den vielen verschiedenen Arten der Drohnennutzungen kritisch zum Einsatz kommen soll *(Band 2, 2.3)*. Denn auch abseits hybrider Kriege dreht sich Technikethik um kritisch-vernünftig bedachten Umgang mit Mensch-Technik- oder zwischenmenschlichen Asymmetrien. Ungleichheiten prägen Zivilgesellschaften und in Anerkennung anderer Menschen mit anderen Sichtweisen tolerante Gemeinschaften zu erarbeiten, ist ein humanistisches Grundmotiv. Es gibt nicht nur asymmetrische Kriege, sondern in einem normativ wie lebenspraktisch ganz eigenen Bedeutungsraum sinnvollen, **asymmetrischen Frieden.** Der kann sich wie ein Geschenk anfühlen, obwohl er nicht weniger die Frucht selbstkritischer Beziehungsarbeit ist.

Zur Erleichterung des ethischen Zugriffs auf den jeweiligen Gegenstand wird in vorliegendem Buch eine Gliederung in allgemeine Typen fliegender Drohnen vorgeschlagen (Funk 2017a). Sie soll gar nicht erst den Anschein erwecken, sachtechnisch oder juristisch präzise Definitionen zu liefern, sondern als eine Art Faustregel zur schnellen Unterscheidung des Gegenstandes dienen. Dabei ist sie zugeschnitten auf Fluggeräte, da diese wahrscheinlich auch in absehbarer Zukunft die ethischen Debatten um Drohnen im engeren Sinne dominieren könnten. Für „tödliche autonome Roboter" (LAR) existiert ja eine Nomenklatur, welche die entsprechenden Debatten um Landfahrzeuge stärker unter den Allgemeinbegriff des Roboters zieht. Ziel einer solchen stark polaren Unterscheidung in Typ I und Typ II ist die methodische Anregung zur Differenzierung des Drohnenbegriffs, bevor vorschnell über deren Legitimität gestritten wird – und eine Person an MQ-9-Kampfdrohnen denkt und eine andere an den Quadcopter bei der Produktion einer sensationellen Naturdokumentation.

Die häufig als UAV bezeichneten, seit ca. 20 Jahren zunehmend militärisch angewendeten und immer wieder in den Medien bildgewaltig und kontrovers dargestellten großen Drohnen – ungefähr Maße eines Ultraleicht- oder Segelflugzeugs – bilden **Typ I.** Die kleineren Apparate, welche sich mittlerweile auch von jedermann im Baumarkt in Gestalt der Quadcopter erwerben lassen, bilden **Typ II.** Damit sind zumindest die beiden gängigsten allgemeinen Extrempole des Spektrums abgedeckt. Dazwischen rangieren **Typ-III**-Drohnen mittlerer Leistungsparameter, die gerade in den vergangenen Jahren zunehmend in den Fokus gerückt sind. Anwendungs- und Operationsweise, Komplexität, Einsatzradius (inklusive Flughöhe), Vernetzungsgrad und Bauform gelten als Abgrenzungskriterien (Tab. Band 3, 3). Besonders die Drohnentypen I und II weisen signifikante Unterschiede in Anwendung und entsprechenden ethischen Problemlagen auf. Diese hängen unter anderem ab von der Verantwortbarkeit und Verantwortungszuschreibung sowohl im militärischen als auch im zivilen Einsatz. Die Unterschiede in ihrer ethischen Problematik korrelieren wie bei allen Robotern mit den Möglichkeiten künstlicher Intelligenz. Insofern ist der hier vorgeschlagene zusätzliche Drohnentyp III als ein provisorischer Begriffsdummy zu verstehen, der das Feld für Zwischenformen aktueller und zukünftig entwickelter Drohnen offen hält.

▶ **Tipp: Pi mal Daumen!** Haben Sie weder Jura noch Luftfahrttechnik oder Militärwissenschaften gelernt und wachsen Ihnen die vielen juristischen, operationalen oder sachtechnischen Drohnenbegriffe über den Kopf? Wirkt das Gebot, den Gegenstand der technikethischen Reflexion vorher präzise zu fassen, aus diesem Grund müßig? Dann greifen Sie einfach ad hoc auf die Unterscheidung von Typ I und Typ II zurück. An welchem Typ ist die Drohne, mit der Sie eine konkrete ethische Herausforderung verbinden, näher dran? Allein durch diese Annäherung wird schon einiges an Präzision in einer moralphilosophischen Abwägung gewonnen und niemand muss sich von komplizierten Drohnenbegriffen ethisch ausgeschaltet fühlen. Verfügen Sie über entsprechende Expertise und erscheint die vorgeschlagene Unterscheidung zu banal? Dann haken Sie diese einfach schnell ab und präzisieren Sie die betreffenden Systeme entsprechend Ihres Fachwissens weiter. Verfahren zur anschließenden, angewandten ethischen Behandlung haben wir in *Band 2* kennengelernt.

Um die Wende vom ersten zum zweiten Jahrzehnt des neuen Jahrtausends sind vor allem Kampfdrohnen des Typs I in den Fokus öffentlicher Debatten geraten – begleitet von einer intensiven Diskussion in der Fachliteratur (z. B. Barely (Hg.) 2017; Boyle (Hg.) 2019; Custers (Hg.) 2016; Di Nucci und Santoni de Sio (Hg.) 2018; Sandvik und Jumbert (Hg.) 2018). Im Jahr 2012 veröffentlichte etwa der australische Forscher Robert Sparrow einen häufig zitierten Aufsatz unter dem gleichsam programmatischen wie holzschnittartigen Titel ***„Just Say No" to Drones.*** Damit ist ein Schlaglicht auf die grundsätzliche Ebene der Auseinandersetzung geworfen: Drohnen ja oder nein. Wie wir in *Band 2, 3* kennengelernt haben, sind solche Pauschalurteile stets problematisch. Denn Drohne ist nun einmal ein Sammelbegriff für unterschiedliche technische Systeme, die wiederum verschiedentlich angewendet werden. Sparrow ist sich dessen durchaus bewusst. Im Wesentlichen geht es ihm um eine Provokation zur Debatte über die militärische Finanzierung der Entwicklung vor allem größerer Drohnensysteme. Ingenieurinnen sollten sich entscheiden, wessen Forschungsgelder sie annehmen, um ihrer Verantwortung gerecht zu werden (Sparrow 2012).

Die Schnittflächen zwischen Drohnen und Robotern lassen sich auch daran ablesen, dass der gleiche Autor, Robert Sparrow, im Jahr 2007, also kurz vor dem Boom der Drohnen-Debatte, noch über „Killer Robots" geschrieben hat. Sein Argument: Je mehr „Autonomie" wir einem Waffensystem zuschreiben – unabhängig davon, ob eine solche Zuschreibung gerechtfertigt ist –, je weniger Verantwortung übertragen wir den Entwicklern und Anwenderinnen. Insofern a) „Autonomie" von Maschinen ein völlig unklares Konzept ist, b) die betreffenden Geräte für ihre Funktionen nicht verantwortbar gemacht werden und c) gleichzeitig die Verantwortlichkeit handelnder Menschen in Entwicklung oder Gebrauch untergraben werden, sind entsprechende Waffensysteme aus ethischer Sicht abzulehnen (Sparrow 2007). Es gibt eine ganze Reihe weiterer Argumente, die in der Debatte in eine ähnliche Richtung zielen, von dem Fallen der Hemmschwelle des Einsatzes militärischer Gewalt bis hin zur potenziellen Untergrabung des Völkerrechts (Hofstetter 2019, S. 148–158, S. 180–189). Jedoch lässt sich zu bedenken geben, dass der Verzicht auf militärische Drohnen auch erst einmal gerechtfertigt werden muss. Denn die Frage, ob Krieg und Militär erlaubt oder gefordert sind – ganz allgemein – ist eine andere als die nach militärischen Mitteln. Juristisch wird dieser Unterschied durch die Unterscheidung von *ius ad bellum* und *ius in bello* ausgedrückt: Es gibt also ein Recht zum Kriegführen und ein Recht, dass im geführten Krieg greift. Ethisch korrelieren dem Gewaltverbot, das nur in Sonderfällen ausgesetzt werden darf, verschiedene Gebote, wie die Pflicht zum Frieden, zur Menschlichkeit oder zur verhältnismäßig-legitimen Wahl der Mittel oder dem Verbot der Heimtücke (Hofstetter 2019, S. 27–29, S. 190–198; Reisner 2018, S. 166–227).

Wäre einmal zugestanden, dass es etwa zur Umsetzung des Rechts auf Selbstverteidigung oder zur Abschreckung potenziell einsatzfähige militärische Mittel braucht, dann müsste eigens gerechtfertigt werden, warum ausgerechnet auf bewaffnete Drohnen verzichtet werden soll. In verschiedenen Versionen wird hierzu z. B. folgendes Argument vorgetragen: Wenn wir unsere Kinder, Brüder, Schwestern etc. potenziell in militärische Handlungssituationen bringen – etwa durch Bündnisverpflichtungen oder in rechtlich eingebetteten, begrenzten Auslandseinsätzen bis hin zum Potenzial umfassender Landesverteidigung –, dann müssen wir sie bestmöglich ausbilden und ausrüsten. Mit welchem Argument lässt sich in weiterer Folge rechtfertigen, auf (bestimmte) bewaffnete Drohnen zu verzichten, wenn diese beim Infantry Support – also zum Schutz der eigenen Bodentruppen (Biermann und Wiegold 2015, S. 113–121; Reisner 2018, S. 121–122) – nötig sind? Ein Argument wie dieses zielt aus technikethischer Sicht zumindest auf dreierlei ab. Erstens ist auch eine Unterlassung eine Handlung, muss also gerechtfertigt werden *(Band 1, 5.3)*. Zweitens gibt es ein Recht, oder sogar eine Pflicht, zur Selbstverteidigung, um Schaden an Menschen abzuwenden. Das kann eine ganze Gesellschaft betreffen, wenn diese angegriffen wird. Aber auch konkrete Soldatinnen betrifft es, wenn ihnen die Mittel zur Verteidigung fahrlässig vorenthalten werden. Drittens läuft das auf den moralistischen Fehlschluss *(Band 1, 4.7)* hinaus: Wenn also nur darauf geschaut wird, dass eine friedliche Welt ohne Waffen moralisch gut ist, aber die ganz real nötigen Mittel zur Umsetzung des Guten aus den Blick geraten – also etwa, um eine ernst zu nehmende Abschreckung durch real zur Verfügung stehende Mittel aufzubauen.

Beispiel: „Töten per Fernbedienung"

Sehen wir uns Argumente aus der Debatte vor ca. 10 Jahren an. Mit dem Friedensnobelpreisträger Barack Obama werden ab 2009 diverse Drohnenkriege verbunden – auch wenn er sich diese Art der Kriegsführung weder ausgedacht noch „begonnen" hat. Dem Versprechen einer Kriegsführung mit minimalen Verlusten und Kollateralschäden wurde die Fußnote angehängt: zumindest auf der eigenen Seite. Gerade für die USA und ihre Verbündeten, die zu dieser Zeit unter anderem in Pakistan, Afghanistan, im Jemen oder im Irak aktiv waren, boten sich größere Kampfdrohnen im asymmetrischen „Krieg gegen den Terror" als Mittel der Stunde an. Im Dezember 2012 wurde die Geschichte des Drohnenoperators Brandon Bryant veröffentlicht, der aus einem Container heraus eine tausende Kilometer entfernte Drohne (mit) bediente. Bryant wies zu diesem Zeitpunkt schon ein psychisches Krankheitsbild auf, konnte seinen Dienst nicht mehr ausführen und offenbarte sich der Öffentlichkeit (Abé 2012).[9] Damit wurden nicht nur die zivilen Opfer von Drohnenattacken zunehmend zum öffentlichen Thema, sondern auch die Rolle der Operatoren, die buchstäblich ohne jeden Geschmack von Blut und Dreck aus sterilen Rechenräumen heraus auf großen Bildschirmen echten Menschen beim Sterben zusehen. Soldaten mit den Fertigkeiten von Computerspielern, so stellte sich das neue Berufsprofil der „Drohnenkrieger" dar. Dabei sind die von ihnen bildgewaltig als „MQ-1 Predator" (mittlerweile nicht mehr im Einsatz) und „MQ-9 Reaper" bezeichneten Systeme relativ groß (entspricht Typ I, siehe Tab. Band 3, 3).

Es war die Hochzeit der kritischen Debatte um gerade diese Art der militärischen Drohnennutzung. Der mittlerweile verstorbene Friedensaktivist Peter Strutynski gab 2013 einen Sammelband unter dem Titel *Töten per Fernbedienung. Kampfdrohnen im weltweiten Schattenkrieg* heraus. Darin geht es nicht nur um den „Drohnenpräsidenten" Barack Obama, sondern um ein möglichst breites Spektrum kritischer Analysen zu den damals aktuellsten Kampfdrohnenarten (Strutynski (Hg.) 2013; siehe auch Marsiske (Hg.) 2012). Dem Argument, dass diese zum Schutz von Soldaten gebraucht würden, hält Strutynski Argumente entgegen, wie sie damals von Kirchenvertreterinnen und Ostermarschierern vertreten wurden:

1. gezielte Tötungen und das Versprechen präziserer Angriffe lassen sich im Anbetracht tatsächlicher Opferzahlen unter unbeteiligten Zivilistinnen nicht halten,
2. Politikerinnen oder – noch problematischer – Geheimdienstvertreterinnen hebeln das Völkerrecht und die Gewaltenteilung aus, indem sie Menschen auf Grundlage bloßer Verdachtsmomente ohne ordentliche Gerichtsverfahren „exekutieren",
3. die Hemmschwelle zum Eintritt in Kriege sinkt durch die für sich selbst in Anspruch genommene „sichere Distanz",
4. es entstehen enorme psychische Kollateralschäden, bei der durch Drohnenoperationen „terrorisierten" Bevölkerung am Boden, die jederzeit mit einem unvorhersehbaren Angriff aus dem Himmel rechnen muss und sogar unter Beschuss gerät, wenn sie Opfern eines Angriffs zu Hilfe eilt,
5. bestehende Rüstungskontroll- und Abrüstungsvereinbarungen (2013) greifen nicht im Fall der angesprochenen Drohnentypen,

[9] https://www.daserste.de/information/politik-weltgeschehen/weltspiegel/videos/usa-sauberer-drohnenkrieg-100.html

6. sie befördern die weitere Automatisierung und Autonomisierung des Krieges bis hin zu vollautonomen Kampfrobotern (LAWs) mit unabsehbaren Folgen für die Menschheit (Strutynski 2013, S. 12–14). ◀

Mittlerweile gehören Kampfdrohnen zum Arsenal vieler Armeen und es werden verschiedene neuere, auch kleinere Systeme eingesetzt, deren Usecases über das strittige Konzept der gezielten Tötungen im „Krieg gegen den Terror" hinaus reichen. Ferngesteuerte Sprengkörper schweben über dem Gefechtsfeld, identifizieren und „räumen" die Stellungen einer Partei präzise auf, bevor die Gegenseite überhaupt einen menschlichen Fuß nach vorne bewegt. Das ist aus Sicht der Angreifer betrachtet das Ideal einer Entwicklung ferngesteuerter Waffen, die spätestens im Zweiten Weltkrieg begonnen hat. Im Jahr 2020 konnten sich dann Öffentlichkeit und Fachkreise über die heutigen technischen Möglichkeiten ein (unschönes) Bild im **Bergkarabach-Krieg** zwischen Armenien und Aserbaidschan machen.[10] Verfügt die verteidigende Partei nicht über Luftabwehrsysteme, die neuere Waffen abwehren können, dann rückt ein Szenario dystopischer Science Fiction näher: Menschen führen einen ungleichen Kampf gegen Maschinen – zumindest aus Sicht einer der Konfliktparteien betrachtet. Der Unterschied zum Terminator gesteht jedoch darin, dass es sich hierbei um fliegende, ferngesteuerte Roboter mit erweiterten „Autonomiegraden", also landläufig ebenfalls um Kampfdrohnen handelt. Sie sehen nicht aus wie Skelettmenschen aus Metall. Ganz im Gegenteil, die verfeindeten Seiten bekommen einander fast gar nicht zu sehen. Es handelt sich um eine gereifte Form der Distanzgewinnung bzw. auch Tarnung/Verdeckung in der Luftbodenwirkung. Die Attacken der Drohnensysteme sind für die Verteidiger kaum wahrnehmbar, sondern meistens erst wenn die Geräte feuern oder schon einschlagen. Der wissenschaftliche Dienst des Deutschen Bundestages schlussfolgerte im Januar 2021 entsprechend in einem Bericht *Zum Drohneneinsatz im Krieg um Bergkarabach im Jahre 2020:*

> „Der massive und gut geplante Einsatz von Aufklärungs- und bewaffneten Kampfdrohnen sowie **herumlungernder Munition (sogenannten „Kamikaze-Drohnen")** durch Aserbaidschan im Krieg von 2020 um Bergkarabach, im Zusammenspiel mit Technik, Kampferfahrung und Waffenlieferungen der Türkei, hebelte gezielt – und schlussendlich mit Erfolg – den Standortvorteil der Armenier weitestgehend aus. Dies wiederum eröffnete entsprechende taktische, operative und schließlich strategische Gestaltungsräume, die in der Summe geeignet waren, die faktische Patt-Situation zugunsten Aserbaidschans aufzulösen. Somit kann zusammenfassend gesagt werden, dass der Einsatz von Drohnen und herumlungernder Munition in wesentlichem Maße – aber nicht ausschließlich – den Sieg Aserbaidschans ermöglichte." (WD Deutscher Bundestag 2021, S. 66)

[10] https://sicherheitspod.de/2020/10/24/folge-35-drohnenkrieg-um-bergkarabach-ist-das-die-zukunft-bundeswehr-im-inneren-alles-corona-oder-was/

Mit „Standortvorteil" ist die Verteidigungssituation Armeniens in bergigem und durch Schützengräben etc. gut befestigtem Gelände gemeint. Insofern Drohnen einen wesentlichen Beitrag zum Brechen des Patts geleistet haben, erscheinen diese Waffensysteme in Einsatzszenarien wie dem des Infantry Supports tatsächlich als Game Changer. Gleiches lässt sich für die operative Luftraumkontrolle – einschließlich Ausschalten gegnerischer Luftabwehr – sowie Aufklärung und Informationsbeschaffung und den angeschlossenen Informationskrieg zusammenfassen. Laut vorliegendem Bericht ist es ein „erster Drohnenkrieg zwischen Staaten" (WD Deutscher Bundestag 2021, S. 12; siehe auch Marischka 2021).[11] Dabei steht die Frage, welche Schlüsse daraus zu ziehen sind. Offensichtlich gibt es einen dringenden Bedarf an Abwehrmaßnahmen gegen neuere Formen von „Kamikaze-Drohnen", um militärisch handlungsfähig zu sein (WD Deutscher Bundestag 2021, S. 13–14, S. 73–77) – so denn eine solche Handlungsfähigkeit überhaupt gewollt ist. Hinzu tritt die nicht minder gewichtige Fähigkeit zur präzisen Informationsgewinnung und Feindaufklärung durch Drohnen (WD Deutscher Bundestag 2021, S. 72–73).

Beispiel: „Loitering munition" als erster Schritt zum echten Star Wars?

Neuere Waffensysteme verfügen über die Fähigkeit, vom Boden aus gestartet in einem definierten Raum- und Zeitrahmen in der Luft zu verweilen. Sie sind relativ klein (Mischform Typ III: hier näher an Typ II als an Typ I, jedoch auch keine Multicopter wie sie aus der Freizeitelektronik bekannt sind; siehe Tab. Band 3, 3). Der eigenartige Name der „herumlungernden Munition" stammt vom englischen **„loitering munition"** ab, da diese Waffen im Himmel längere Zeit „abhängen" oder „herumhängen". Wird eine relevante Signatur sensorisch erfasst – das können z. B. Signale eines offen fahrenden oder verdeckt abgestellten Fahrzeugs sein – stürzt sich der Flugkörper automatisch in kürzester Zeit in das Ziel hinein und explodiert. Von dieser Selbstzerstörungsfunktion rührt auch die Bezeichnung als „Kamikaze-Drohne" her (WD Deutscher Bundestag 2021, S. 9, S. 11). Im Bergkarabach-Krieg von 2020 setzte Aserbaidschan verschiedene Drohnen. Hierzu zählen die bewaffneten, mittelgroßen Systeme „Bayraktar TB2" aus türkischer Produktion. „Herumlungernde Munition" wie die Systeme „Harop" oder „Orbiter 1 K" wurden von Israel geliefert (WD Deutscher Bundestag 2021, S. 17–19). Außerdem wurden völlig veraltete AN-2-Doppeldecker als Drohnenatrappen umgebaut, um die armenische Luftabwehr zu ködern. Sobald diese feuerte, war sie für moderne UCAVs, die in größerer Höhe sozusagen „lauerten", enttarnt und konnte im direkten Anschluss bekämpft werden (WD Deutscher Bundestag 2021, S. 19). Was wird daraus gefolgert?

[11] https://www.wienerzeitung.at/nachrichten/chronik/welt/2129133-Wir-dachten-wir-wuerden-in-einen-Krieg-aus-den-Neunzigerjahren-ziehen.html

„Die Fähigkeit der Türkei und Aserbaidschans, mit Drohnen ganze Luftverteidigungssysteme auszuschalten, gibt größeren Anlass zur Sorge, als die Wirksamkeit ihrer Drohnen gegen Panzer." (John Flannelly, zitiert nach WD Deutscher Bundestag 2021, S. 29)

Und:

„Die logische technologische und taktische Fortschreibung wird daher wahrscheinlich zur Entwicklung von 'autonomen Anti-Drohnen-Drohnen' führen." (WD Deutscher Bundestag 2021, S. 76; siehe darüber hinaus auch Biermann und Wiegold 2015, S. 187–196; Reisner 2018, S. 291–305)

Stehen wir nun vor einem Star-Wars-Szenario, in dem Flugkörper quasi „autonom" ohne jeden menschlichen Handgriff gegeneinander antreten? Wird damit eine Entwicklung bis hinauf in den Weltraum angestoßen – zuerst das Ringen um Satelliten und Kommunikationsinfrastrukturen betreffend, später mit Raumstationen als Wirkungszielen?

„Im 21. Jahrhundert scheinen der Unterscheidungsgrundsatz, die Verhältnismäßigkeit, das Verbot der Anwendung unzulässiger Methoden und der allgemeine Grundsatz der Menschlichkeit einer autonomen Kriegsführung zu weichen. Der aktuelle Konflikt in Bergkarabach führt uns die Parameter der Kriegsführung von morgen klar vor Augen." (Reisner 2020, siehe auch Reisner 2021; Reisner 2018, S. 324–325)[12] ◀

Aufgabe: Quo vadis Kampfdrohne?

Wie stehen Sie zur Anschaffung militärischer Drohnensysteme, die nicht nur zur Aufklärung geeignet sind, sondern zur Freisetzung kinetischer Energie? Könnte eine Lösung weniger in der Debatte um den pauschalen Einsatz von Kampfdrohnen liegen, sondern in der Kontrolle des Einsatzes? Sollten Profis aus Politik, Militär oder den Rechtswissenschaften die hierfür nötigen regulatorischen Institutionen dominieren – vielleicht sogar auch aus der Ethik? Oder sollte es neue Formen direkter Demokratie geben, damit Bürgerinnen über die je konkreten Waffensysteme unmittelbar abstimmen können? Ist vielleicht sogar die Diskussion darüber müßig, da echte „Kampfdrohnen" erst vorhanden wären, wenn sie nicht mehr ferngesteuert Gefechtskörper absetzen oder wie teilautonome Sprengfallen aus der Luft funktionieren, sondern im Sinne der LARs – „lethal autonomous robots" – von Anfang bis Ende vollständig autonom gegeneinander antreten würden?

[12] Ab April 2022 wurde in der Öffentlichkeit verstärkt über den Einsatz von „loitering munition" im russischen Angriffskrieg gegen die Ukraine berichtet (Milling 2022; Zimmermann 2022). Höre auch: https://sicherheitspod.de/2022/04/23/folge-57-die-uberschatzten-russischen-streitkrafte-fehlersuche-waffenlieferungen-pro-contra/.

Conclusio

Mit dem Wort „Drohne“ wird eine Vielzahl unbemannter, ferngesteuerter Fahrzeuge verbunden. Sie verfügen über Merkmale typischer Produkte der Robotik und lassen sich nur graduell, eher als eine Unterart der Roboter abgrenzen. Große fliegende „Kampfdrohnen“ (Typ I) oder kleinere Multicopter aus dem Elektronikfachhandel (Typ II) stellen häufig die ersten Assoziationen dar. Aber auch zu Land, auf oder unter Wasser kommen Drohnen zum Einsatz. In präzisierten Nomenklaturen wird der unkonkrete Begriff „Drohne“ vermieden und statt dessen meistens von „UAVs“ gesprochen, wenn Fluggeräte – keine bloßen Modellflugzeuge – oder „UGV“, wenn etwa Fahrzeuge am Boden gemeint sind. Entsprechend Gewicht, Einsatzradius oder Funktion treten feinere Unterscheidungen hinzu. LAWs bezeichnen etwas plakativ „tödliche autonome Roboter“ und dabei meistens Bodensysteme. Ursprünglich rührt die zoomorphe Sprechweise von einer Drohne wahrscheinlich von dröhnenden Antriebsgeräuschen oder einer gestreiften Lackierung her. Jedenfalls stehen zur militärischen Nutzung entworfene ferngesteuerte Flugkörper an den Anfängen des frühen 20. Jahrhunderts.

Auch heute bilden militärische Einsatzformen einen zentralen Brennpunkt ethischen Regulierungsbedarfs. Das betrifft konkret z. B. sogenannte „loitering munition“, also „herumlungernde Munition“ oder auch „Kamikaze-Drohnen“ genannt. Dabei handelt es sich um Flugkörper mit erweiterten Graden technischer Autonomie. Sie hängen buchstäblich in einem vordefinierten zeitlichen und räumlichen Rahmen in der Luft herum, um sich ohne menschlichen Eingriff automatisch auf ein den Parametern entsprechendes Ziel zu stürzen. Im Verbund mit ferngesteuerten, unbemannten Aufklärungssystemen, elektronischen Wirkmitteln oder Flugkörpern zum Absetzen von Waffen mit kinetischer Wirkung eröffnet „loitering munition“ systemische Einsatzformen, denen „konventionell“ aufgestellte Truppen in der Defensive nicht gewachsen sind. Exemplarisch wurde das in Fachkreisen für den Krieg in Bergkarabach zwischen Aserbaidschan und Armenien 2020 resümiert. Als Reaktion wird auf den Bedarf entsprechender Luftabwehrsysteme hingewiesen.

Verfügen diese nun auch wieder – z. B. als Schwärme aus Kleindrohnen – über fortgeschrittene Grade technischer Autonomie, dann sind Drohnenkämpfe in naher Zukunft zu erwarten, in denen „autonome“ Waffen ohne menschliche Eingriffe gegeneinander antreten. Aus ethischer und völkerrechtlicher Sicht ist diese Entwicklung hoch problematisch, allein schon weil dadurch peu á peu die Zweck-Mittel-Rationalität menschlichen Handelns ausgehebelt wird: Keine rationale Politikerin, keine Managerin oder militärische Befehlshaberin kann schon aus egoistischen Motiven wollen, dass sie in ihrer Autonomie zur Zielgebung und Mittelwahl derart eingeschränkt wird. Volle technische Autonomie führt schlicht zum Ende jeder Politik. Hinzu tritt die enorme Beschleunigung von Abläufen durch Computernetzwerke in denen Drohnen(schwärme) eingebunden sind. Ethik und Recht werden allein schon durch den „temporalen Mikrokosmos“ innerhalb dessen Menschen nicht mehr reagieren, geschweige denn wahrnehmen und abwägen können, beendet (Funk 2017b). Mit einer Differenzierung der speziellen Grade technischer Autonomie werden wir uns detailliert in *Band 4, 5* beschäftigen.

Darüber hinaus werden vor allem kleinere Multicopter im zivilen Alltag, in Forschung, Sport oder kommerzieller Filmproduktion eingesetzt. Durch entsprechende Drohnen-Führerscheine oder Gewichtsobergrenzen sollen Unfallrisiken minimiert werden. Sicherheitsorgane sind bei der Abwehr von fliegenden Kleindrohnen gefordert, wo diese illegal über Menschenansammlungen oder Politikern schweben. Die klassischen Problemfelder des Datenschutzes und der Privatheit betreffen den Einsatz von Kameradrohnen vor allem in urbanen Räumen. In Naturräumen greifen sie durch Licht- und Lärmemission in das Leben von Wildtieren ein. Zivile Drohnensysteme mit fortgeschrittenen Autonomiegraden können aber auch dem Gebot des Heilens und Helfens entsprechend im Katastrophenschutz wünschenswerte Fortschritte bringen. Es bleibt wie so oft eine Frage menschlich-kultureller Praxis, ob Drohnen für eine Art Star-Wars-Szenario hergestellt und betrieben werden oder ob durch kluge Verhandlungen, Debatten, Regulierung und Erfindergeist die weiteren Entwicklungen stärker das friedliche Zusammenleben fördern.

Literatur

Abé N (2012) „Dreams in Infrared. The Woes of an American Drone Operator." In Spiegel International. 14.12.2012, 17.03 Uhr. [Online: https://www.spiegel.de/international/world/pain-continues-after-war-for-american-drone-pilot-a-872726.html (20. März 2022)]

Altmann J/Alwardt C/Brzoska M/Marauhn T/Neuneck G/Stroh P (2008) Stand und Perspektiven der militärischen Nutzung von unbemannten Systemen. Gutachten TAB, September 2008. Berlin. [Online: https://ifsh.de/file-IFAR/pdf_english/StandPerspektMilUMS2008.pdf (20. März 2022)]

Barela SJ (Hg) (2017) Legitimacy and Drones. Investigating the Legality, Morality and Efficacy of UCAVs. Routledge, London u. a.

Boyle M (Hg) (2019) Legal and Ethical Implications of Drone Warfare. Routledge, London u. a.

Biermann K/Wiegold T (2015) Drohnen. Chancen und Gefahren einer neuen Technik. Ch. Links Verlag, Berlin

Custers B (Hg) (2016) The Future of Drone Use. Opportunities and Threats from Ethical and Legal Perspectives. Springer, Den Haag

Di Nucci E/Santoni de Sio F (Hg) (2018) Drones and Responsibility. Legal, Philosophical and Socio-Technical Perspectives on Remotely Controlles Weapons. Routledge, London u. a.

Funk M (2017a) „Drohnen und sogenannte ‚autonom-intelligente' Technik im Kriegseinsatz. Philosophische und ethische Fragestellungen." In Funk M/Leuteritz S/Irrgang B (Hg) Cyberwar @ Drohnenkrieg. Neue Kriegstechnologien philosophisch betrachtet. Königshausen & Neumann, Würzburg, S 163–193

Funk M (2017b) „Zeit als Element technologischer Kriegsführung." In Funk M/Leuteritz S/Irrgang B (Hg) Cyberwar @ Drohnenkrieg. Neue Kriegstechnologien philosophisch betrachtet. Königshausen & Neumann, Würzburg, S 59–83

Grünwald R/Kehl C (2020) Autonome Waffensysteme. Endbericht zum TA-Projekt. TAB Arbeitsbericht Nr. 187, Oktober 2020. Berlin. [Online: https://publikationen.bibliothek.kit.edu/1000127160 (20. März 2022)]

Hofstetter Y (2019) Der unsichtbare Krieg. Wie die Digitalisierung Sicherheit und Stabilität in der Welt bedroht. Droemer, München

Kaldor M (2007) Neue und alte Kriege. Organisierte Gewalt im Zeitalter der Globalisierung. Frankfurt a. M.

Lindley-French J/Allen JR/Hodges FB (2022) Future Wars. Bedrohung und Verteidigung Europas. LMV, München

Marischka C (2021) „Der ‚erste echte Drohnenkrieg', Europas Anteil und deutsche Aufrüstung." In Heise Online. 14. April 2021. [Online: https://www.heise.de/tp/features/Der-erste-echte-Drohnenkrieg-Europas-Anteil-und-deutsche-Aufruestung-6014986.html?seite=all (20. März 2022)]

Marsiske HA (Hg) (2012) Kriegsmaschinen. Roboter im Militäreinsatz. Telepolis/Heise, Hannover

Mey H (2001) Deutsche Sicherheitspolitik 2030. Report Verlag, Frankfurt a. M. / Bonn

Mey H (2017) „Zur Rolle von Technologie in zukünftigen Konflikten." In Funk M/Leuteritz S/Irrgang B (Hg) Cyberwar @ Drohnenkrieg. Neue Kriegstechnologien philosophisch betrachtet. Königshausen & Neumann, Würzburg, S 25–57

Mey H (2020) "Forword." In Feldner D (Hg) Redesigning Organizations. Concepts for the Connected Society. Springer, Cham. S xxi–xxiv

Milling P (2022) "Abwehr russischer Angriffe. Warum die Ukraine auf Drohnen setzt." In Tagesschau Online. Stand: 24.04.2022 14:48 Uhr. [Online: https://www.tagesschau.de/ausland/europa/ukraine-drohnen-103.html (30. April 2022)]

Münkler H (2014) Der Wandel des Krieges. Von der Symmetrie zur Asymmetrie. 3. Auflage. Velbrück, Weilerswist

Naumann K (2022) „Vorwort." In Lindley-French J/Allen JR/Hodges FB. Future Wars. Bedrohung und Verteidigung Europas. LMV, München, S 13–19

Petermann T/Grünwald R (2011) Stand und Perspektiven der militärischen Nutzung unbemannter Systeme. TAB Arbeitsbericht Nr. 144, Mai 2011. Berlin [Online: https://publikationen.bibliothek.kit.edu/310084510 (20. März 2022)]

Reisner M (2018) Robotic Wars. Legitimatorische Grundlagen und Grenzen des Einsatzes von Military Unmanned Systems in Modernen Konfliktszenarien. Miles-Verlag, Norderstedt

Reisner M (2020) „Kamikazedrohnen über dem Kaukasus." In zenith. 30.09.2020. [Online: https://magazin.zenith.me/de/politik/militaer-im-bergkarabach-konflikt (20. März 2022)]

Reisner M (2021) „‚Die Büchse der Pandora ist geöffnet'." In Wiener Zeitung. 28.11.2021, 10:26 Uhr | Update: 29.11.2021, 08:18 Uhr. [Online: https://www.wienerzeitung.at/nachrichten/politik/welt/2129268-Die-Buechse-der-Pandora-ist-geoeffnet.html (30. April 2022)]

Sandvik KB/Jumbert MG (Hg) (2018) The Good Drone. Routledge, London u. a.

Sparrow R (2007) „Killer Robots." In Joumal of Applied Philosophy, Vol. 24, No. 1, 2007, S 62–77

Sparrow R (2012) „‚Just Say No' to Drones." In IEEE Technology and Society Magazine, Vol. 31, No. 1, Spring 2012, S 56–63

Strutynski P (Hg) (2013) Töten per Fernbedienung. Kampfdrohnen im weltweiten Schattenkrieg. Promedia, Wien

Strutynski P (2013) „Vorwort: Umkämpfte Drohnen." In Ders. (Hg) Töten per Fernbedienung. Kampfdrohnen im weltweiten Schattenkrieg. Promedia, Wien, S 7–18

WD Deutscher Bundestag (2021) Zum Drohneneinsatz im Krieg um Bergkarabach im Jahre 2020. Aktenzeichen: WD 2 – 3000 – 113/20. Abschluss der Arbeit: 22. Januar 2021. [Online: https://www.bundestag.de/resource/blob/825428/5b868defc837911f17628d716e7e1e1d/WD-2-113-20-pdf-data.pdf (20. März 2022)]

Zimmermann, A (2022) „Moderne Waffen für die Ukraine. Switchblade-Drohnen. Tod aus dem Nichts." In ZDF heute online. 09.04.2022, 13:45 Uhr. [Online: https://www.zdf.de/nachrichten/politik/us-drohnen-ukraine-krieg-russland-100.html (30. April 2022)]

Was ist künstliche Intelligenz? 4

Zusammenfassung

Obwohl häufig von Robotik als „verkörperter KI" gesprochen wird, meinen beide Begriffe nicht das Gleiche. KI stellt eine wesentliche Softwarekomponente im Betrieb von Robotern und Drohnen dar. Gleiches gilt für Computer, vom Businessnotebook bis hin zum privaten Smartphone. Aus technischer Sicht lassen sich diverse Verfahren unterscheiden und wiederum allgemein den beiden Konzepten klassischer top-down programmierter KI sowie neuerer Bottom-up-Ansätze des Machine Learning zuordnen. Für gesellschaftliche Auseinandersetzungen ist außerdem eine breitere Einordnung hilfreich. Gibt es „künstlich" hervorgebrachte „Intelligenz" nur in Computern, oder auch in gezüchteten Nutztieren oder synthetischen Organismen? Zur differenzierten technikethischen Bewertung wird zuerst ein grundlegendes Verständnis anhand der Übersetzungsvarianten des englischen „artificial intelligence" entwickelt. Die systematische sprachkritische Analyse führt zur Unterscheidung von fünf Paradigmen sowie vier Bedeutungen. Schließlich folgt innerhalb des IT-Paradigmas die Eingrenzung kognitivistisch-symbolischer und konnektionistisch-subsymbolischer Ansätze. In einem technikethischen Problemaufriss lässt sich die Position des Menschen entsprechend der Kategorien Technologie, Pragmatismus, Bionik sowie Transhumanismus nachvollziehen.

Künstliche Intelligenz ist Kernelement der umfassenden Digitalisierung und gilt als die Schlüsseltechnologie unserer Zeit mit schwindelerregenden Fortschritten und durchdringendem Einfluss auf alle Lebensbereiche – so oder so ähnlich läutet das unermüdliche Mantra nicht nur auf den virtuellen Längen- und Breitengraden des World Wide Web die Götterdämmerung oder den Phönix einer neuen Zeit ein. Man liest das häufig so oder so ähnlich (Bächle 2016, S. 9–10; Dräger und Müller-Eiselt 2019, S. 7; Lenzen 2018, S. 10–11; Ramge 2019, S. 7–9; Wolff 2020, S. 9; Zuboff 2018,

M. Funk, *Computer und Gesellschaft*, https://doi.org/10.1007/978-3-658-39020-4_4

S. 18–19; etc.). Es ist ein Kennzeichen unserer Zeit, da wir uns daran zu glauben, davor zu fürchten oder darauf zu freuen gewöhnt haben. Oder wir spielen den Vogel Strauß. Diese Alternative sei niemandem unterschlagen. Machen wir es kurz: Ohne eine Auseinandersetzung mit **künstlicher Intelligenz (KI)** (englisch *artificial intelligence,* AI) würde vorliegende Buchreihe zu den *Grundlagen der Technikphilosophie* unvollständig bleiben. Die Überschneidungen sind groß und trotzdem ist KI nicht das Gleiche wie Robotik. Roboter sind ein Sonderfall der Anwendung von KI, wenn sie diese verkörpern. So lautet zumindest eine mögliche Deutung des begrifflichen Verhältnisses im Verkörperungsansatz (englisch *embodied approach;* Abschn. 1.1, 2.1 und *Band 4, 3.2*). Und es ist zu ergänzen: Genau darum sind Roboter auch mehr als bloße Computersimulation. Die technischen Anforderungen der Robotik gehen z. B. in der Sensorik oder Mechatronik grundsätzlich über den Umgang mit Software hinaus. Die Hardware stellt ihre ganz eigenen Herausforderungen. Dabei ist das Konzept der KI und das, was damit gemeint ist, nicht einheitlich geregelt. Wie es nicht *den einen* Roboter gibt, so lässt sich auch nicht sinnvoll von *der einen* KI sprechen. Hinzu treten diverse Pfadkopplungen – sprachlicher wie technischer Art *(Band 2, 3.4).* Teilweise schickt sich der Begriff des **Maschinenlernens (ML)** (englisch *machine learning*) an, in der aktuellen Diskussion den Begriff der KI abzulösen (Alpaydin 2016; Kaplan 2016, S. 27–28). Eine wesentliche Grundlage für die heutigen technischen und sprachlichen Pfadkopplungen stellen Computer und Informationsnetzwerke dar, die sich tatsächlich schon tief in unser Alltagsleben eingegraben haben. Als soziale Medien z. B. halten sie vielfach den Boden unseres Tagesablaufes gegen die Erosion des Hier und Jetzt. Wir schwimmen im so oft umschriebenen Bild des „Datenozeans" und sehen das Wasser vor lauter Wellen nicht.

Was nun zunächst nach Gesellschaftskritik schmeckt, erzählt schon viel über die aktuellen technischen Durchbrüche. Es sind nicht so sehr die Wirkungen, sondern die Ursachen: Durch unser ständig verbundenes Leben auf Facebook, Google, Twitter, WhatsApp etc. trägt jeder von uns seinen Teil zur Erzeugung des datenozeanischen Klimawandels bei. Es geht dabei nicht nur darum, dass wir im Internet andauernd so viel CO_2 in die Atmosphäre rechnen, dass es sich mit den Top-Fünf-Ländern in dieser Kategorie vergleichen ließe.[1] Wir schmelzen auch das Eis unserer intimen Polkappen und legen unter unserer Privatheit die energetischen Fluten des 21. Jahrhunderts frei: Daten – das wiederum oft zitierte „Öl" eben jener Dekade. Durch diese stetige Flutung, an der wir alle teilnehmen, entstehen die nötigen Datenreservoirs – sozusagen die reich besandeten Buddelkästen – in denen aktuelle **Künstliche Neuronale Netz(werk)e (KNN)** durch Versuch und Irrtum ihre effizienten Problemlösungsmodelle entwickeln. Der Einfluss auf politische Ordnungsstrukturen einschließlich Prozesse demokratischer Machtverhandlung bis hin zu Überwachungsmitteln mit totalitärem Anstrich ist enorm (Hofstetter 2016; Zuboff 2018). Musste in der DDR noch personalaufwendig mit

[1] https://futurezone.at/science/so-klimaschaedlich-ist-das-internet/400698794

Spitzeln und inoffiziellen Mitarbeitern gegen den Willen der „subversiven Elemente“ – also Menschen mit einer eigenen Meinung – vorgegangen werden, so machen wir das heute freiwillig und reißen uns darum, hierfür viel Geld in das je aktuellste Smartphone investieren zu dürfen. Ressourcenverbrauch und Datenerzeugung sind unser täglich Brot. In rasantem Tempo verzeichnen wir Fortschritte bei der Gesichts- und Spracherkennung, bei Übersetzungsprogrammen und diversen Anwendungen in Industrie und Alltag, vom digitalen Anwalt und Steuerberater bis zur Versicherungsvertreterin in App-Gestalt. Wir fordern regelrecht Algorithmen als diagnostische Beraterinnen in die Medizin zur Unterstützung bei der Auswertung von Röntgen- und MRT-Bildern – denn warum sollten wir eine gesteigerte Präzision nicht umsetzen, wenn wir es könnten? Etc. Vieles wird zumindest ohne die Beteiligung von KI nicht mehr zu denken sein – hier begegnet wieder unsere epochemachende, historische Selbststilisierung in Form des medialen Mantras vom Digitalen.

Mit Blick auf die Ersetzbarkeit einer ganzen Reihe menschlicher Fähigkeiten durch Deep Learning, Big Data und **selbstlernende Algorithmen (SLA)** wird reißerisch von „Rückzugsgefechten“ und „letzten Bastionen“ genuin menschlicher Intelligenz gesprochen (Lenzen 2018, S. 120), bis hin zum umfassenden „Ende“ aller humanen Domänen vom „Bewusstsein“ bis hin zum „Krieg“ (Walsh 2019). Wieder andere sorgen sich um das „kosmische Erbe der Menschheit“ und die „existenzielle Katastrophe“, die eintritt, sobald sich menschengemachte Superintelligenz gegen ihre Schöpfer erhebt (Bostrom 2017, S. 164). Frankenstein lässt grüßen: Mensch, dein Genie denkt nicht an Blüte, träumt es doch vom Welken! Sachlich können wir zunächst festhalten: Roboter sind ein Teil dieser breiteren Entwicklung, die auch als Digitalisierung bezeichnet wird. Von Datenschutz bis zum Umgang mit Cybermobbing stellen sich darum digital-ethische Fragen, die zum allgemeinen Bildungsauftrag gehören (Grimm et al. (Hg) 2019). Verloren wir früher noch unsere Körper zumindest zweckdienlich an die Bürokratie der Fließbandarbeit, so büßen wir sie heute komplett und zwecklos unterlegen im smarten Maschinenapparat ein – so könnte man zumindest vor sich hin frösteln. Also versuchen wir auch in dieses Dickicht aus Tatsachen, Spekulationen, Ängsten und Hoffnungen etwas Ordnung zu bringen. Was sich dabei als außerordentlich komplex erweist, ist bereits eine Analyse dessen, was wir KI nennen. Zum einen ist KI ein Umbrella Term, unter dessen Schirmherrschaft sich eine schiere Flut technologischer Verfahren, Methoden und Systeme versammeln. Im Mittelpunkt vorliegenden Kapitels steht jedoch nicht ein Ordnungsversuch der sachtechnischen Mittel, sondern die sprachkritische Rekonstruktion der außerordentlich weitgreifenden und häufig unausgesprochen mitgeführten Bedeutungsschichten, die unser Verständnis von KI prägen. Wir vermessen und ordnen also die kulturhistorische Hintergrundstrahlung, um diverse Nebelschwaden zu vertreiben, die einen sinnvollen, kritischen Umgang mit diesem Konzept behindern. Dass wir dabei immer wieder Menschenbilder berühren, liegt in der Natur der Abhandlung. Wie der Pathetik um Ersetzbarkeit des Körpers und Geistes bereits zu entnehmen war, ist KI ein intimes Thema. Wir schämen uns, da wir uns schnell entblößt oder unterlegen fühlen. Allein das ist schon beeindruckend. Nur wenige Technologien scheinen Reaktionen dieser Tiefenwirkung zu beflügeln. Dabei buddelt nicht nur aktuelle KI in den informationsgesättigten Sandkästen unseres Alltagslebens. Wir selbst sind aufgefordert, in den Dreck zu springen. Sei dir selbst gegenüber unbequem, verlasse den Luxus der Filterblasen, oder klassisch gesagt: Habe Mut, dich deines eigenen Verstandes zu bedienen! „Die Digitalisierung ist wie Lehm. Sie ist formbar, wir sollten uns die Hände schmutzig machen und daran mitformen" (Hofstetter 2016, S. 416). Auch in der Zuckerbäckerei gilt: Ohne klebrige Finger keine leckere Jubiläumstorte.

Im Jahr 2022 feiert KI ihren 66. Geburtstag, sie geht also spätestens nächstes Jahr in Rente. Dieser Schluss liegt nahe, wenn das berühmte *Dartmouth Summer Research Project on Artificial Intelligence* von 1956 als ihre Geburtsstunde gilt. Das Konzept der KI mag es davor auch schon gegeben haben, aber gemeinhin wird die ***Dartmouth Conference*** als Beginn der KI-Forschung verstanden, verbunden mit prägenden Protagonisten wie John McCarthy, Marvin Minsky und anderen (Bostrom 2017, S. 18–19; Kaplan 2016, S. 13–17; Lenzen 2018, S. 21–22; Mainzer 2016, S. 11; Pallay 2020; Ramge 2019, S. 18, 32–34; Rosengrün 2021, S. 13–14; Seng 2019, S. 3–5; Zimmerli und Wolf 1994, S. 12–13). Vor der Rente steht sie, wenn wir das – nicht unumstrittene – Renteneinstiegsalter von 67 Jahren aus dem menschlichen Arbeitsleben auf KI projizieren. Das mag auf den ersten Blick ein netter rhetorischer Gag sein, der inhaltlich jedoch wenig Sinn ergibt, auch weil sich die Geburtsurkunde einer wissenschaftlichen Disziplin nicht so einfach mit fixem Datum ausstellen lässt. Jedoch lohnt ein zweiter Blick durchaus. Bereits zu ihrem 29. Jubiläum sprach John Haugeland (1985) viel zitiert von **„Good Old-Fashioned Artificial Intelligence" (GOFAI),** da sich neue Verfahren anschickten, den klassischen symbolischen Ansatz zu verdrängen (Bostrom 2017, S. 22; Lenzen 2018, S. 70; Zimmerli und Wolf 1994, S. 6). Heute sind Superintelligenz (SI) und Künstliche Neuronale Netzwerke (KNN) in aller Munde. Wir spekulieren über die umfassenden Fähigkeiten vernetzter „selbstlernender" Systeme, die mit den Möglichkeiten der 1950er-Jahre nicht mehr viel gemein zu haben scheinen – diese gingen in Rente, könnte man vermuten. Gleichzeitig sind aktuelle Formen des Machine Learning (ML) und der selbstlernenden Algorithmen (SLA) nicht ohne die Vorarbeiten der Jahrzehnte zuvor denkbar, übrigens ohne dabei die symbolische GOFAI komplett aus der Welt gedrängt zu haben. KI ist ein Sammelbegriff – ein Umbrella Term – der nach nicht einmal sieben Jahrzehnten wie im Zeitraffer die Geschichten eines Methusalem zu erzählen weiß und doch alles andere als vor dem Ruhestand steht. Man möchte meinen, die Pubertät setzt gerade (wieder) ein. Bürsten wir noch etwas weiter gegen den Strich: Vielleicht geht ja das gesamte nachrichtentechnisch-informationstechnologische Paradigma demnächst in den Ruhestand, welches heute noch die KI-Forschung prägt. Wäre es nicht erfolgversprechender, Intelligenz mit organischen Materialien nachzubauen, also ein neues biologisches Paradigma zu betreten? Schließlich ist natürliche Intelligenz auch aus Fleisch und Blut? Und auf Medienpräsenz fixierte Vertreter der synthetischen Biologie haben längst schon rhetorisch den Boden geebnet, indem von einer „Programmierung der DNA" und damit der „Software des Lebens" die Rede ist (Venter 2013). Und wer weiß schon, welche gleichnamigen Sprünge Quantencomputer auslösen – wann auch immer sie kommen sollten (Drechsler et al. 2017, S. 118–120; Lenzen 2018, S. 40; Mainzer 2020)?[2] [3]

Nachdem in *Band 1* und *Band 2* vorliegender Buchreihe die Ethik in ihren vielen Facetten im Mittelpunkt stand, haben wir uns in Kap. 1, 2 und 3 dieses Buches den Robotern und Drohnen zugewendet. KI ist nicht mit Robotik zu verwechseln oder auf diese begrenzt, stellt jedoch einen wesentlichen Systembaustein der Robotertechnik dar und geht einher mit konkreten Fragen der theoretischen Philosophie. Letzteren wollen wir uns in *Band 4* zuwenden. Wie stark die theoretische und praktische Seite miteinander verwoben sind, lässt sich anhand des Themas der Sprache nachvollziehen. In der Diskursethik wird sie zum Hauptgegenstand einer Position der Moralbegründung *(Band 1, 4.4),* in der Metaethik ist sie Objekt der Methodenreflexion *(Band 1, 4.5),* und generell stellt sie ein Kommunikationsmittel dar, das in der philosophischen Sprachkritik hinsichtlich Sinn und Bedeutung im Gebrauch analysiert wird *(Band 1, 3.3).* Sprache ist wie auch KI ein **transdisziplinäres Querschnittthema.** Seit Kurzem erst reden wir in Körper- und Lautsprache mit Maschinen. Doch ohne KI keine sprechenden Roboter. Mehr noch, in den Asimovschen Robotergesetzen begegnet die normalsprachliche Standardisierung moralischen Regeln. Wie lassen sich Asimovs Gesetze in eine Maschinensprache übertragen *(Band 1, 5.3)?* Was geschieht bei einem sprechenden Roboter oder Chatbot hinter der Oberflächenstruktur in der Tiefe formaler Programmiersprachen? In der theoretischen Philosophie ist die Frage nach dem, was Sprache ist, verbunden mit der Frage nach Wissen. Wissen wir mehr, als wir zu sagen wissen *(Band 4, 1)?* Wenn ja, was bedeutet das für Maschinensprachen und KI? Wie viel Sprache können wir durch KI ersetzen bzw. durch die maschinensprachliche Tiefenstruktur, die wir gerade massenhaft in Sprachbots und Robotern zur Anwendung bringen *(Band 4, 2)?* Eine verbundene Grundfrage betrifft das Körper-Geist-Verhältnis. Wie wissen und sprechen wir körperlich und/oder geistig *(Band 4, 3)?* Welche Schlüsse ziehen wir daraus für potenzielles Maschinenbewusstsein? Welche Bewusstseinsinhalte oder fremdpsychischen Phänomene lassen sich einer Maschine zuschreiben *(Band 4, 4)?* Was ist Autonomie und was meinen wir, wenn wir von „autonomer Technik" sprechen? Wie kann ein (autonomer) Roboter definiert werden im Vergleich zu anderen technischen Mitteln *(Band 4, 5)?*

In vorliegendem vierten Abschnitt des dritten Bandes wollen wir zuerst ein Grundverständnis künstlicher Intelligenz erarbeiten, um das Thema im Spannungsfeld aus *Computer und Gesellschaft* in Kap. 5 und 6 weiter analysieren zu können. Der anschließende *Band 4* sei dann darauf aufbauend einer detaillierten Erörterung der angerissenen theoretischen Fragen vorbehalten. Wir werden zur weiteren Ordnung

---

[2] https://www.deutschlandfunkkultur.de/googles-quantencomputer-jahrmillionen-in-minuten-berechnet.2165.de.html?dram:article_id=459646

[3] https://www.heise.de/hintergrund/Quantencomputing-Einstieg-in-die-Welt-der-Quantenalgorithmen-6328581.html

unserer Betrachtung also wieder mit Begriffsarbeit beginnen und zuerst ein Raster dafür entwickeln, welche verschiedenen Bedeutungen KI besitzt. Dabei orientieren wir uns im Fortgang weniger an einer Ordnung der unzähligen konkreten technischen Verfahren nach sachtechnischen Kriterien – das lässt sich in der Fachliteratur der Informatikerinnen und Ingenieurinnen besser nachvollziehen –, sondern nähern uns zuerst sprachkritisch an, durch die Unterscheidung vier möglicher Übersetzungen von englisch *artificial intelligence* (Abschn. 4.1). So können wir KI als einen Allgemeinbegriff handhaben, unter dem sich diverse Methoden der technischen Umsetzung subsumieren lassen. Entscheidend ist dabei die geschärfte Abgrenzung „technischer Informationsverarbeitung" von weniger schlüssigen Übersetzungen. Zur weiteren methodischen Ordnung erfolgt die Zusammenschau von fünf Paradigmen (Abschn. 4.2), die sich systematisch vier KI-Verständnissen zuordnen lassen (Abschn. 4.3). Schlussendlich kommt die Rolle der Menschen zum Tragen, die innerhalb eines IT-orientierten KI-Begriffs unterschiedlich ausfällt (Abschn. 4.4). In weiterer Folge werden Ideen- und Realgeschichten (Abschn. 5.1) abgegrenzt, wobei wir auf die etablierte Unterscheidung in starke (Abschn. 5.2) und schwache KI (Kap. 6) zurückgreifen. Die meisten Herausforderungen im Spannungsfeld aus Computer und Gesellschaft sind dabei im Umfeld von Expertensystemen (Abschn. 6.1), Algorithmen (Abschn. 6.2) und Digitalisierungsprozessen verortet (Abschn. 6.3). In methodischer Absicht sollen für die Technikethik einige wesentliche Aspekte herausdestilliert werden. Ziel ist eine methodische Ordnung, von der ausgehend vertiefende Studien und fachübergreifende Dialoge angeregt sein könnten. Hierzu sei auch das aktuelle *Philosophische Handbuch Künstliche Intelligenz* (Mainzer Hg. 2021) empfohlen, in welchem der Raum für detaillierte, weiterführende Darstellungen gegeben wird.

4.1 Wie übersetzen wir AI? Eine erste Annäherung

Die deutsche Übersetzung von englisch ***artificial intelligence* (AI)** ist mehrdeutig und nicht unproblematisch (Zimmerli/Wolf 1994, S. 30 Anm. 1, S. 31 Anm. 5, S. 33, Anm. 24). Eine Analyse ihrer Bedeutungsschichten eröffnet gleichfalls wesentliche Einsichten für die ethische Auseinandersetzung mit Maschinenlernen (ML) und Künstlichen Neuronalen Netzwerken (KNNen) – zwei Begriffe, welche die aktuelle Diskussion dominieren. Dennoch, KI bleibt der Überbegriff unter dem wir auch diese Entwicklungen verhandeln. Sprechen wir von „künstlicher Intelligenz", liegt die Vermutung nahe, es handele sich um die Nachahmung natürlichen, intelligenten Verhaltens mit technischen Mitteln. Diese erste bionische Vermutung gilt synonym genauso für *Künstliche Neuronale Netzwerke* oder *Maschinenlernen.* Denn Intelligenz, Neuronen und Lernen sind Worte zur Beschreibung des Menschen. KI ist also aus Sicht der **Bionik** (Müggenburg 2019a) künstlich, steht natürlicher Intelligenz gegenüber und soll diese als technische Anwendung imitieren (1.). In *Band 1, 3* haben wir uns mit dem Begriff des Lebens beschäftigt, sowie zwei Deutungen des Verhältnisses zwischen Natur und

Kultur. In Variante 1 begegnet die Trennung von Natur und Kultur als Voraussetzung wieder. ***Artificial*** lässt sich jedoch auch in einem anderen Sinne des Wortes lesen – als konstruierte, technische, synthetische Intelligenz. So gesehen muss sie sich nicht unbedingt an natürlichem Verhalten orientieren (2.). Zusätzlich wird in Variante 2 kein starker Gegensatz von Natur und Kultur angenommen. Kultur, also auch Technikverwendung, erscheint als die Fortsetzung und Entfaltung natürlicher Potenziale. Weiterhin ist Natur als Kultur zu verstehen, insofern Naturbeschreibung selbst das Resultat einer kulturellen Handlung (Sprachverwendung) ist. Naturerfahrung, z. B. im wissenschaftlichen Labor, ist technologisch-kulturell konstruiert. Was wir als „Gene" erforschen, ist selbst das Resultat technischer Präparations- und Beobachtungshandlungen. ***Intelligence*** wiederum bedeutet im psychologischen bzw. biologischen Sinne tatsächlich Intelligenz (a.), meint jedoch gleichfalls nachrichtentechnische oder geheimdienstliche Informationsverarbeitung (b.). In *Band 2, 2.2* haben wir gesehen, dass Information und Kommunikation nicht das Gleiche ist. Die CIA –*Central Intelligence Agency* – ist ja auch nicht das bildungspolitische Gremium zur Gleichschaltung der IQs aller Einwohner oder ein landesweit tätiger Dienstleister im Sektor der Kommunikationsberatung und Konfliktmediation. Nein, die CIA ist ein Nachrichtendienst, der Informationen beschaffen soll (und noch einiges mehr).

Übersicht: Wie übersetzen wir AI? Eine erste Annäherung

Fassen wir zuerst die Bedeutungen von englisch *artificial intelligence* (AI) und ihren Entsprechungen in der deutschen Sprache zusammen:

artificial:

1. „künstlich" das natürliche Vorbild nachahmend
   - Annahme: Gegensatz von Natur und Kultur (hier auch „artifiziell", oder abwertend „gekünstelt").
2. „technisch" etwas (neu) hervorbringend.
   - Annahme: Natur und Kultur sind nicht streng getrennt.
   - Kultur als Fortsetzung der Natur: z. B. Kultivierung natürlicher Anlagen bei Menschen durch Bildung, Werkzeugverwendung etc.
   - Natur als Kulturleistung: z. B. die soziale und materiell-technische Konstruktion von „Natur" in Laboratorien.

intelligence:

a. „Intelligenz" als psychologisch und/oder biologisch beschreibbares Verhalten von Lebewesen.
b. nachrichtentechnische/-dienstliche „Informationsverarbeitung".

4.2 Welche Paradigmen der KI gibt es? Eine zweite Annäherung

Bevor wir uns die vier möglichen Kombinationen der Wortbedeutungen ansehen, sei im zweiten Schritt folgendes berücksichtigt: Wie so ziemlich alles, was wir erforschen, folgt auch unser Verständnis von KI **paradigmatischen Vorannahmen** (Fleck 1980; Kuhn 2001). Diese beziehen sich nicht nur auf das Verhältnis zwischen Natur und Kultur, sondern ebenfalls auf die Gesamtheit der sozialen technischen und sprachlichen Handlungen, also wie wir mit KI umgehen. Es liegt sozusagen im (Denk- und Handlungs-)Stil unserer Zeit begründet, dass wir unter KI vor allem ein Betätigungsfeld der Informatik und Informationstechnologie (IT) sehen. Dem liegt wiederum ein **nachrichten-/informationstechnisches Paradigma (A)** zugrunde, wie es zum einen von Charles Morris, Claude E. Shannon sowie Warren Weaver in der Theorie der Informationsübertragung (Janich 2006, S. 69–87; Lenzen 2018, S. 36–37; Kasprowicz 2019) geprägt wurde. Zum anderen schließt es die Rückkoppelung und Selbstorganisation von Information entsprechend des kybernetischen Ansatzes mit ein (Müggenburg 2019b), die in weiterer Folge als generelle Grundlage cyber-physischer Systeme (Becker 2019; Thürmel 2019) dienen soll. Informationsverarbeitung wird digital umgesetzt, also im Gegensatz zu Analogrechnern nicht mit kontinuierlichen Übergängen, sondern auf Grundlage diskreter Zustände – sozusagen mit Sprüngen zwischen 0 und 1. Paradigmatisch gewinnt der Unterschied zwischen analog und digital eine normativ-kulturelle Bedeutung im Sinne von herkömmlich (analog) und einer neuen Epoche zugehörig (digital) (Heilmann 2019). Das digitale IT-Paradigma wurde von Alan Turing, John McCarthy und anderen in den 1950er-Jahren zu Beginn der KI-Forschung mit etabliert. Man muss ein interessantes Detail ergänzen: Es war jedoch auch der berühmte Alan Turing, welcher in wenigen Nebensätzen und einige Jahre vor der bahnbrechenden Entdeckung der DNA-Doppelhelix durch Rosalind Franklin, James Watson und Franics Crick über biotechnologische Wege bei der Entwicklung denkender Maschinen spekulierte (Turing 1994/1950, S. 42–43). Was wir seit den 1970er-Jahren mit dem Einsatz von Restriktionsenzymen erleben und sich seit dem Anfang der 2000er-Jahre von der Biotechnologie zur synthetischen Biologie weiterentwickelt, ist nichts anderes als der Umgang mit KI innerhalb des **biotechnologischen Paradigmas (B).** Wenn ein Profi mit synthetischen Molekülen im Labor oder ein Laie mit Biobricks in einer Garage organisches Verhalten konstruiert, das wir zumindest als eine rudimentäre Vorform von tierischer Intelligenz bezeichnen, dann arbeiten wir im Bereich „künstlicher Intelligenz“ – womit jedoch gerade kein Softwareprogramm auf der Basis von digitaler Transistortechnik gemeint ist. Mit kulturellen, technischen Mitteln werden stattdessen intelligente Prozesse auf Basis organischen Materials hervorgebracht. Das kann sich komplett ohne jeden Computer ereignen. Paradigma A und B ähneln einander, da es sich in beiden Fällen um hochtechnologische Labor- bzw. Garagenforschung handelt. Nicht nur in der Geschichte des Computers, sondern neuerdings auch in der synthetischen Biologie spielen Tüfteleien in den eigenen vier Wänden eine innovationstreibende Rolle (Schwille 2011). Das lässt sich zum Beispiel bei iGEM Arbeitsgruppen beobachten (Nordmann 2014).

Weiterhin ist davon auszugehen, dass sich die Paradigmen A und B zunehmend intensiver durchdringen, wie sich bereits bei der Entwicklung von Biorobots beobachten lässt. Eine notwendige Rolle in Paradigma A und zumindest eine häufig essenzielle Rolle in Paradigma B spielen Computer. Sie werden als transdisziplinäre Querschnitttechnologie bei der Programmierung von KI (A) oder bei der Verarbeitung von Sequenzierungsdaten (B) gebraucht. Hier beginnen die Grenzen zwischen A und B zu verschwimmen. Zum einen haben wir uns längst an die nachrichtentechnische Rede vom „genetischen *Code*", „genetischer *Information*" oder dem „*Programmieren* der Moleküle" gewöhnt. In der metaphorischen Sprache ist also die Brücke gebaut (Janich 2006, S. 87–106; Falkner 2016; Funk et al. 2019). Diffizile Übergänge zwischen beiden Paradigmen begegnen im Bereich der Biorobotik, wo organisches und anorganisches Material verbunden sind. Es wird auch zu klären sein, wie weit die IT-Metaphern wirklich reichen, mit denen wir bereits die synthetische Biologie durchtränkt haben. Lässt sich zellulär-organisches Leben tatsächlich vom Reißbrett Molekül für Molekül entwerfen und entsprechend eines genetischen Codes „programmieren"? Werden wir ein neues Verständnis von „programmieren" erwerben müssen oder sich die IT-Metaphern in der Biologie schlicht als irreführend erweisen? Zum anderen entsteht die Synthese aus A und B materiell durch den Einsatz von Computern über Fachgrenzen hinweg. Unter *artificial life* verstehen wir die Modellierung und Simulation von Lebensprozessen mittels Computern (Wolters und Mittelstraß 2010, S. 474; Mainzer 2016, S. 181–185; zur Simulation und Modellbildung siehe auch Greif 2019). Sind wir bereit, diese rein virtuellen Prozesse als „künstliche Intelligenz" zu beschreiben, dann haben wir ein drittes Paradigma betreten, das der **Computersimulation (C).**

Die drei genannten Paradigmen (A, B und C) durchdringen sich oder erscheinen voneinander geschieden, je nach Blickwinkel. In A geht es um den Umgang mit anorganischer Materie, in B hingegen um organische. Computer sind in beiden Stilen ein Mittel zum Zweck. In C hingegen wird der virtuelle Raum zum eigentlichen Zweck und die materielle Umsetzung diesem untergeordnet. Übergänge entstehen z. B. da, wo eine Computersimulation auf Grundlage eines Algorithmus (C) zur Optimierung der Auswertung medizinischer Bilder im echten Leben gebraucht wird (C => A). Verkettungen dieser Art lassen sich mannigfaltig bilden. Ein anderes Beispiel: Durch genetische Studien entstehen neue Daten über den Ablauf organisch-intelligenter Prozesse im Umgang mit der Umwelt (B). Diese werden nicht direkt zur Konstruktion eines synthetischen Organismus genutzt, sondern zur Optimierung einer Computersimulation (B => C). Dabei bleibt es jedoch nicht, sondern infolge optimierter Computermodelle wird wiederum das Design eines synthetischen Organismus angepasst (B => C => B). Programmieren wir einen anorganischen Roboter und sind der Meinung, seine Funktionen seien „intelligent", dann bewegen wir uns ausschließlich in Paradigma A.

Gilt gleiches für den Umgang mit organischen Materialien in einem Biotech-Labor, dann greift Paradigma B exklusiv. Isoliert kann auch Paradigma C vorliegen, wenn durch experimentelle Veränderung von Parametern im virtuellen Raum „intelligente" Lebensprozesse künstlich und unmateriell gestaltet sind.

Zwei weitere Paradigmen im Umgang mit KI sind zu ergänzen. Was sich biotechnologisch im Hightech-Labor ereignet, findet seine kulturhistorische Vorform seit ca. 12.000 Jahren in der Züchtung durch gezielte Verpaarung (Janich 2006, S. 357–359). Gestalten wir auf diese Art und Weise quasi handwerklich das „intelligente" Verhalten z. B. von Jagd- oder Begleithunden, dann erzeugen wir „künstliche Intelligenz", die es ohne den menschlichen Eingriff so nicht geben würde. KI lässt sich folglich ebenfalls im **Züchtungsparadigma (D)** umsetzen. Sehen wir uns z. B. in Wien von diversen Schoßhündchen öffentlich umzingelt, dann illustriert uns der Vergleich mit Wildhunden die Eingriffstiefe menschlicher Züchtung und deren Variantenreichtum. Eine vorzügliche Pointe ereignet sich, sobald wir die „nervigen Kläffer" – mancher spricht auch im gescheiten Wiener Jargon von einer „Fußhupe" – als hinreichend „unintelligent" ansehen. Die Pointe liegt darin, dass trivialer Weise auch der Begriff der Intelligenz normativ und deskriptiv gebraucht werden kann. Deskriptiv gebrauchen wir ihn zur empirischen Beschreibung bestimmter Verhaltensweisen nach methodisch vereinbarten Kriterien. Dies mag auf den gemeinen „Hochfrequenzbello" im „Bordsteinhabitat" zutreffen. Normativ-wertend gebrauchen wir den Begriff der Intelligenz, wenn wir diese besagtem „Wauwau" absprechen, da das Tier infolge seiner Mikro-Kläffeskapaden offensichtlich aus der gewünschten Norm fällt und eher zur Hundenanny gehört, als in die dicht bevölkerte U-Bahn – auch wenn wir uns neuerdings um Abstand zu bemühen haben, gilt diese Überlegung adäquat in Zeiten der Pandemie. Und der Vollständigkeit halber sei natürlich ausdrücklich ergänzt, dass es sehr viele, sehr coole Hunde (normativ) in allen möglichen Größen, Farben und Formen (deskriptiv) gibt.

Die Unterscheidung normativer und deskriptiver Rede ist im Bereich menschlicher Handlungen besonders wichtig, wie wir schon mehrfach gesehen haben (*Band 1, 4.6; Band 2, 2;* Abschn. 1.1 und 2.1). Nur würden wir bei Menschen eher nicht von „Züchtung" sprechen. Gerade vor dem Hintergrund scheußlicher Erfahrungen des 20. Jahrhunderts ist eine solche Wortwahl moralisch und ethisch extrem problematisch. Man mag zwar die Partnerwahl als eine Form gezielter Verpaarung interpretieren, doch ist das kulturelle Zusammenleben auch in dieser Hinsicht komplexer, als manche rein biologische Beschreibung zulässt. Nicht zuletzt äußert sich das im sozialen Ringen um Normierungen partnerschaftlichen Zusammenlebens – bis hin zur Emanzipation alternativer Entwürfe und dem Einfordern von Toleranz gegenüber Lebensentwürfen und Identitäten, die sich nicht einfach so als „männlich", „weiblich", „ehelich verbunden", „heterosexuell" oder „monogam" klassifizieren lassen. Menschliches Kulturleben ist mehr als instinktives Verhalten. Wir bauen uns mit sozialen und materiellen Kulturen künstliche Umwelten und gestalten natürliche intensiv um, sodass wir die Ausbildungsbedingungen humaner Intelligenzpotenziale grundsätzlich über unsere organischen

Moleküle hinaus prägen (Funk 2014; Funk et al. 2020). Menschen sind von Natur aus künstliche Wesen, veranlagt zur KI im **Kulturparadigma (E)**. Durch Bildung, Erziehung etc. kultivieren wir unsere Intelligenz. Das kann übrigens auch nach hinten losgehen, wenn Talente nicht erkannt und infolge eines unfähigen oder unpassenden sozialen Umfelds den Bach hinuntergehen. Ein Beleg für den Menschen als Kulturwesen von Natur aus, also als eine Intelligenzform, die immer schon künstlich ist, findet sich in biologisch beschreibbaren Lebenslaufparametern (Gruppe et al. 2012, S. 16–18, S. 67–69): Die Kindheit ist verglichen mit (anderen) Tieren sehr lang. Erstaunlich unvollständig verlassen wir den mütterlichen Leib. Entscheidende kognitive Entwicklungsschritte folgen außerhalb von diesem im Abarbeiten an und mit der sozialen Umwelt. Menschen haben offensichtlich ein langes, flexibles Lernpotenzial, das von Natur aus zur künstlichen Formung ihrer Intelligenzen regelrecht zwingt – um flexibel respektive überlebensfähig zu sein. Hinzu treten weitere Faktoren wie Sozialverhalten und Werkzeugverwendung (Ebd., S. 18–20, S. 69–71).

Übersicht: Welche Paradigmen der KI gibt es? Eine zweite Annäherung

Die Bedeutungen von englisch *artificial intelligence* (AI) und ihre Entsprechungen in der deutschen Sprache können sich zweitens innerhalb von fünf Paradigmen ereignen:

A. Nachrichtentechnik/Informationstechnologie

- KI auf Grundlage anorganischen Materials.
- klassische Robotik (Verkörperung), klassische AI seit den 1950er-Jahren, Künstliche Neuronale Netzwerke (KNN) seit den 1980er-Jahren.

B. Biotechnologie/synthetische Biologie

- KI auf Grundlage organischen Materials.
- Biorobotik, Gentechnik seit den 1970er-Jahren und synthetische Organismen (Forschung seit den 2000er-Jahren).

C. Computersimulation/-modelle

- KI im virtuellen Raum, Cyberspace
- *artificial life,* Computersimulation individueller kognitiver Denkprozesse (1950er-Jahre GOFAI) sowie vernetzter neuronaler Selbstorganisationsprozesse (KNN, Durchbrüche seit den 2000er-Jahren).

D. Züchtung

- KI als Handwerkskunst der gezielten Verpaarung bei Tieren und Pflanzen.
- „Roboter“ verstanden als gezüchtete Nutztiere, die beispielsweise als Mittel zur Energieerzeugung menschliche Routinearbeit übernehmen (Ochsenkarren etc.)

E. Kultur

- KI als Kultivierung, Erziehung, Bildung zur künstlichen Entfaltung natürlicher Anlagen humaner Intelligenz(en).
- Ausbilden oder Verkümmern von (natürlichen) Talenten in konkreten sozialen Umgebungen.

In vorliegendem Buch soll es um *Paradigma A* gehen. Verbindungen zu den weiteren werden teilweise skizziert. Insofern Computersimulation, Modellbildung und Datenverarbeitung transdisziplinäre Querschnitttechnologien sind, bleibt *Paradigma C* stets – zumindest als Schnittfläche im Hintergrund – präsent.

4.3 Was bezeichnet KI? Eine dritte Annäherung

Sehen wir uns innerhalb von *Paradigma A* die vier begrifflichen Kombinationen von KI an (1.a., 1.b., 2.a., 2.b., siehe Übersicht „erste Annäherung“). Genau genommen bedeutet englisch *AI* im Zusammenhang mit Computern, Robotern und Drohnen auf Deutsch am plausibelsten *nachrichtentechnische Informationsverarbeitung* (2.b.). Überschneidungen mit dem KI-Verständnis 1.a. sind möglich, wenn mit nachrichtentechnischen Mitteln ein natürliches Vorbild imitiert, erforscht oder optimiert werden soll. 1.a. ist jedoch kein Sonderfall von 2.b., da 1.a. auch Bionik mit nichtnachrichtentechnischen Mitteln außerhalb der eigentlichen IT meinen kann. Hier wäre z. B. der Ort, der im Laufe des Buches schon mehrfach erwähnten synthetischen Biologie, womit dann auch die **Brücke vom nachrichtentechnischen (A) zum biotechnischen Paradigma (B)** geschlagen ist. Die begrifflichen Varianten 1.a. und 2.b. bieten zwei konsistente Definitionen von KI auf Grundlage der englischen Originalwortform AI. Beide schließen sich nicht gegenseitig aus, tragen eine inhaltliche Schnittfläche, umgreifen jedoch auch jeweils einen eigenen Bedeutungsraum. 1.b. enthält entweder einen Widerspruch oder Zirkelschluss. 2.a. ist ebenfalls zunächst widersprüchlich, kann aber durch einen Perspektivwechsel der Begriffe Leben und Natur/Kultur aufgelöst werden. KI ist dann denkbar als so etwas wie Bioengineering **(Paradigma B),** Züchtung **(D)** oder humane Kultur **(E).** Für das deutsche Wort „Intelligenz“, das sich im Gegensatz zur englischen Terminologie klar von „Informationsverarbeitung“ unterscheidet, ergibt sich durch die Bedeutungsübertragung aus dem Englischen: Entweder wird ein eng umrissener Ausschnitt aus dem weiten Spektrum natürlicher Intelligenz (I) beschrieben, welcher wiederum als Gegensatz zur Kultur gedacht wird (Ii) oder als natürlich-kulturelles Amalgam (Iii). Weiterhin erscheint das deutsche Wort „Intelligenz" als eine besondere Klasse technischer Funktionen, die neben den bereits vorhandenen Bedeutungen (natürlicher und/oder kultürlicher) Intelligenzen auftaucht (II).

Übersicht: Was bezeichnet KI? Eine dritte Annäherung

Künstliche Intelligenz als Zusammensetzung aus *artificial* und *intelligence* kann drittens bedeuten (siehe die vorhergehenden Übersichten „erste Annäherung" und „zweite Annäherung"):

1.a.: ***konsistent*** dem *Gegensatz von Natur und Kultur* folgende *Bionik:* Umsetzung vorhandener Vorbilder mit technischen Mitteln; auch der Versuch durch Nachbau etwas natürlich Vorhandenes zu verstehen und/oder zu optimieren; kann mit Mitteln der IT erfolgen, jedoch auch auf anderen etwa biotechnologischen Wegen.

- Intelligenz Ii: Bezeichnung für die technische/artifizielle Imitation natürlicher Intelligenz.
- Paradigma A: Informationstechnologien/Nachrichtentechnik.
- oder Paradigma B: Biotechnologie/synthetische Biologie.
- sowie die Paradigmensynthese aus A & B.

1.b.: ***Widerspruch,*** da technische Informationsverarbeitung eine menschliche Kulturleistung ist und keine Entsprechung in der (als streng geschieden angenommenen) Natur kennt: eine mögliche Lösung ist die technomorphe Redeweise in der wir natürliche Prozesse beschreiben, *als ob* sie technische Informationsverarbeitung wären, um sie dann mit eben diesen Mitteln zu kopieren – was aber zu einem Zirkelschluss führt bzw. in einen robomorphen Fehlschluss (*Band 1, 4.6* und *Band 2, 2.1*).

2.a.: ***konsistent als über IT (A) hinausweisende Paradigmen,*** wonach KI als Lebewesen definiert und die strenge Scheidung von Kultur und Natur nicht übernommen wird: KI lässt sich dann als Weiterführung der natürlichen Evolution mit technischen Mitteln interpretieren – wofür sich Vorstufen in der Züchtung und Biotechnologie finden, die synthetische Biologie bietet aktuell weitere Ansätze; hinzu tritt die humane Kultur als permanente Künstlichkeit von Natur aus

- Intelligenz Iii: Bezeichnung für die technische Umsetzung, Beeinflussung und Weiterentwicklung natürlicher und/oder kultürlicher Intelligenz
- Paradigma B: Biotechnologie/synthetische Biologie

- Paradigma D: Züchtung
- Paradigma E: humane Kultur

2.b.: ***konsistent*** verstanden als konkrete Form technischer Informationsverarbeitung

- Intelligenz II: Erweiterung der Bedeutungen von Intelligenz um eine Ebene *kultureller technischer Praxis* (KI als technisches Mittel, das keinem natürlichen Vorbild folgen muss).
- Paradigma A: Informationstechnologien/Nachrichtentechnik.
- eventuell Paradigma B durch den Einsatz organischer Computer/Roboter.
- Paradigma E: insofern KI selbst eine menschliche Kulturleistung ist, durch welche wir wiederum die Umwelten unserer Kinder zum Erlernen intelligenten Verhaltens prägen.

In vorliegendem Buch geht es im *IT-Paradigma (A)* um *1.a.* und *2.b.* sowie deren Überlappungen.

4.4 Die Position des Menschen zwischen GOFAI und KNN

Das Bedeutungsfeld ist sehr komplex, weil im Hintergrund der Begriffe umfassende unausgesprochene Annahmen schlummern. Eigentlich müssten wir ein dreidimensionales Hologramm mit diversen Tiefenschichten durchwandern. Das ist in Buchform (1.0) leider nicht möglich. Eventuell bräuchten wir hierfür eine noch nicht erhältliche Hologrammpublikation (Buch 4.0)? Versuchen wir es darum weiterhin in 2D. Als vierter Schritt steht die Analyse der Rolle des Menschen innerhalb der vier KI-Verständnisse an. Fragen des Beobachterstandpunktes, der Vollzugs- und Beschreibungsperspektive stellen sich auch hier *(Band 2, 2.3).* Dabei offenbart die menschliche Position diverse Selbstbezüge, da wir zumindest als „Schöpfer“ (Technologie), anspruchsvolle Nutzerinnen (Pragmatismus), Vorbild (Bionik) sowie postulierte Zwischenstufe (Transhumanismus) auftreten. Wie verändert KI unser Selbstbild und/oder wie wandelt sich unser Verständnis von Kooperation (Abschn. 2.1), wenn Roboter durch KI als soziale Interaktionspartner auftreten? Wo der Mensch als Kulturwesen seine natürliche Intelligenz kulturell bearbeitet – also trainiert und z. B. durch den *Umgang mit* Robotern bzw. Computern fordert, fördert oder gefährdet – betreten wir das ***fünfte Paradigma*** **der KI (E).**

Übersicht: Welche Rolle spielt KI als Kulturleistung des Menschen? Eine vierte Annäherung

Aus der Verbindung der Paradigmen A und E ergeben sich grob folgende Standpunkte (siehe die vorhergehenden Übersichten „erste Annäherung", „zweite Annäherung" und „dritte Annäherung"). Jedem sei eine mögliche Forschungsfrage zugeordnet:

Position Mensch als „Schöpfer" (Technologie): Alle KI-Verständnisse (1.a., 1.b., 2.a., 2.b.) verweisen auf eine kulturelle Praxis des Technikgebrauchs. Dementsprechend gelten die *Charakteristika technischen Handelns* aus *Band 2, 3.3* und *Band 2, 3.4* einschließlich Nebeneffekten, Umnutzung und der Verantwortungsdimension für KI genauso wie für jede andere Technik (bei allen Unterschieden im Detail). Wird die Metapher des „Schöpfers" durch das notwendige methodische Prisma gebrochen, dann erscheinen die elf verschiedenen *Perspektiven technischer Praxis* aufgefächert, wie wir sie in *Band 2, 3.1* erarbeitet haben – von Entwicklung über Nutzung und Instandhaltung bis zur Entsorgung und soziokulturellen Einbettung.

- Forschungsfrage: Erzeugen wir mit KI eine *neue Perspektive technischer Praxis* – z. B. den *Co-Nutzer* in Form eines kollaborativen Roboters – oder stellen diese Entwicklungen eine bloß graduelle Variation der schon bekannten menschlichen Nutzerin (z. B. Perspektive 7.) dar?

Position Mensch als Nutzerin (Pragmatismus): KI ist ein nützliches Werkzeug, ein technisches Mittel zur Erfüllung von Zwecken, das sich im menschlichen Alltag praktisch bewähren muss (schwache KI, hier 2.b.; siehe Definition Mainzer in Abschn. 6.3).

- Forschungsfrage: Übernimmt KI immer stärker die Rolle des sozialen Akteurs oder Kooperationspartners im Berufsalltag, wie verändern sich dann die *Gelingenskriterien und Bewährungsmuster* der Techniknutzung – was muss eine KI praktisch können, um von Menschen akzeptiert zu werden, wann hat sie sich bewährt?

Position Mensch als Vorbild (Bionik): Bionik kann die Auslagerung menschlicher Kompetenzen, Routinen oder Arbeits-/Problemlösungsabläufe (1.a.) in Artefakte mittels technologischer Informationsverarbeitung (2.b., Position Mensch als „Schöpfer") bedeuten. Hier findet sich die Selbstbezüglichkeit, durch welche wir versuchen, auch unserer Natur durch eine kulturelle Praxis habhaft zu werden. Wie bei Robotern dient KI als Spiegel menschlicher Fähigkeiten und Eigenschaften, sie ist Gegenstand verschiedener Wege der Anthropomorphisierung (Abschn. 2.1). Außerdem ist die Auslagerung bewährter menschlicher Verhaltensweisen in technische Systeme Teil einer langen Kulturgeschichte des Apparate- und Maschinenbaus *(Band 4, 5.2; Band 4, 5.3).*

- Forschungsfrage: Wenn KI an etwas scheitert, was lernen wir dann über humane Intelligenz?

Position Mensch als Zwischenstufe (Transhumanismus): Bionik wird hier verstanden als Überbietung und Ergänzung menschlicher Kompetenzen (1.a.) durch Artefakte mittels technologischer Informationsverarbeitung (2.b.). Im Sinne von 2.a. wird KI jedoch zur Überwindung und Optimierung – mithin zur Züchtungstechnologie oder dem Bioengineering – menschlicher Natur und Kultur. Die universelle Leistung einer postulierten (Super-)KI stellt, so die hypothetische Annahme, eine nächste Stufe der Evolution dar und löst den Menschen ab. Es ist besonders wichtig, dabei die Ideengeschichte (starke KI; hier 2.a.) von der Realgeschichte (schwache KI; hier 1.a. und 2.b.) zu unterscheiden (Kap. 5).

- Forschungsfrage: Was wird mehr Einfluss auf unsere humane Lebensform ausüben: Die Art und Weise, wie wir unsere kulturellen Umwelten mittels KI verändern und somit das (Lern-)Verhalten unserer Kinder beeinflussen (Paradigma E); oder die zunehmende Eingriffstiefe in den menschlichen Körper durch Hightech-Prothesen, Body Hacking etc. (Paradigmen A & B); oder eine vom Menschen unabhängige und überlegene Superintelligenz (Paradigma A)?

Halten wir fest: KI im informationstechnologischen Verständnis **(Paradigma A, 1.a., 2.b.)** ist ein Sammelbegriff, Umbrella Term, für verschiedene konkrete (Informations-) Technologien. Jede von ihnen lässt sich als individuelle und systemtechnische Anwendung entsprechend der sieben Bedeutungen von Technik beschreiben (*Band 2, 3.2;* Abb. Band 2, 3.2). Es gibt nicht die eine KI! Die IT-orientierte technische Umsetzung von KI (A) kennt dabei wiederum grob **zwei Methoden**. Im klassischen Ansatz (A1) bedeutet sie die erfassende, speichernde, rechnende und schließlich ausgebende Verarbeitung von Informationen in Gestalt symbolischer Daten **(GOFAI, funktionalistisch-kognitivistischer Ansatz).** Ziel ist die Simulation menschlicher Kognition, wobei Kognition auf formalisierte und kalkülisierte Denkprozesse reduziert wird (Bostrom 2017, S. 22; Lenzen 2018, S. 69–71; Mainzer 2016, S. 142–143; Zimmerli und Wolf 1994, S. 12–15; *Band 4, 1.2,* „Vorgeschichten III – Formalisierung und Kalkülisierung"). Wir können also entweder davon ausgehen, dass es sich hierbei um die technische Umsetzung eines konkreten Ausschnitts natürlicher (menschlicher) Intelligenz handelt (I), oder dass das symbolische Operieren eines Computers von Lebewesen so verschieden ist, dass es eine neue technische Kategorie ohne natürliches Vorbild darstellt – die wir aus welchem Grund auch immer „Intelligenz" nennen (II). Das gilt auch für den Gebrauch des Wortes „lernen" und sogenannte „selbstlernende Maschinen" (*Machine Learning,* ML) bzw. „selbstlernende Algorithmen" (SLA), womit wir den **zweiten Ansatz** (A2) betreten. Auch hier werden wir vor die Beantwortung dieser Frage gestellt: Entweder etwas bereits natürlich oder kultürlich Vorhandenes wird kopiert (I) oder wir nennen eine bestimmte Art informationstechnologischer Verfahren einfach „Lernen", ohne dass es irgendetwas mit dem zu tun hätte, was wir bisher bei Mensch und Tier als „Lernen" bezeichnet hätten (II).

A2-Systeme stellen eine Form der Prozessoptimierung dar. Hierzu ist eine hohe Zahl von „Trainingsläufen" zu absolvieren, woraus Schicht für Schicht optimierte Modelle der konkreten Umwelt bzw. des je intendierten Problemlösungszusammenhangs generiert werden. Die Wahrscheinlichkeiten zur korrekten Prognose/Umsetzung streben einem (vordefinierten) Optimum entgegen. Eine wesentliche Rolle spielen dabei die jeweiligen Feedbackdaten. Aus ihrer Verarbeitung folgt die Identifizierung von Regeln und Mustern für das konkrete Anwendungsfeld. Beispiele sind die Gesichtserkennung auf Überwachungskameras in Echtzeit oder das Auswerten von sozialen Medien, um das Konsumverhalten potenzieller Kunden zu prognostizieren (Abschn. 6.2). In Verbindung mit Big-Data-Analysen, Deep Learning und KNN liegen ML und SLA aktuell im Trend. Ihre Prozesse basieren auf sich verdichtenden Verbindungen sogenannter „künstlicher Neuronen" in komplexen hierarchisch gestuften Netzwerken. Dabei wird auch versucht, Lernvorgänge im Gehirn mit mathematischen und statistischen Mitteln zu imitieren (Alpaydin 2016; Bostrom 2017, S. 23–36; Kaplan 2016, S. 27–39; Lenzen 2018, S. 48–63; Mainzer 2016, S. 104–125; Ramge 2019, S. 43–48; Shanahan 2015, S. 51–84; Tangermann 2019). Insofern die klassische KI einem funktionalistisch-kognitivistischen Paradigma der symbolischen Verarbeitung folgt, lässt sie sich von **aktuellen KNNen** im **konnektionistisch-subsymbolischen Ansatz** unterscheiden (Bostrom 2017, S. 23–24; Hütt 2020; Lenzen 2018, S. 71; Mainzer 2016, S. 144; Rosengrün 2021, S. 24–29; Zimmerli und Wolf 1994, S. 5–6, 15–16). Der Begriff der „Künstlichen Neuronalen Netz(werk)e" legt das KI-Verständnis 1.a. nahe: Im bionischen Ansatz soll das natürliche Vorbild neuronaler Physiologie künstlich kopiert werden (Ii, Gegensatz aus Natur und Kultur). Für das Design effizienter technologischer Lösungen ist jedoch – trotz dieser Namensgebung – die Identität mit organischen Vorbildern nicht zwingend notwendig. Im Gegenteil, es gibt ganz eigenständige technologische Qualitäten und Kausalitäten mit denen sich effizient abeiten lässt (II, KI-Verständnis 2.b.). Die damit verbundene aus dem Englischen übernommene Redeweise des *Machine Learning* (ML) kann – muss aber nicht – als eine neue Stufe der technischen Entwicklung interpretiert werden, welche die klassisch symbolische KI (GOFAI) abgelöst hat. Das wollen wir an dieser Stelle auch nicht tun, sondern KI als Sammelbegriff gleichberechtigt für beide Methoden betrachten.

Übersicht: GOFAI (A1) und KNN (A2) – zwei IT-orientierte Ansätze

Innerhalb des IT-Paradigmas A lassen sich zwei Ansätze unterscheiden, die wie Subparadigmen wirken. Der humane Selbstbezug drückt sich darin aus, dass beiden Ansätzen (unterschiedliche) Annahmen über menschliche Kognition zugrunde liegen:

1. **A1:** Der klassische als kognitivistisch, funktionalistisch und/oder symbolisch bezeichnete Ansatz entstand in den 1950er-Jahren durch Pioniere wie John McCarthy, Alan Turing und andere. Später wurde er von John Haugeland (1985) als **„Good Old-Fashioned Artificial Intelligence" (GOFAI)** charakterisiert.
   => Ausgangspunkt ist die forschungsleitende Hypothese, dass sich individuelle kognitive Denkleistungen des Menschen top-down durch Symbolmanipulation und Wissensrepräsentation abbilden lassen. Computerprogramme werden als Modell menschlichen *Denkens* gesehen und zur Erforschung dessen eingesetzt.
2. **A2:** Der als subsymbolisch und/oder konnektionistisch bezeichnete Ansatz wurde bereits in den 1940er-Jahren erwogen, seit den 1980er-Jahren verstärkt angegangen und feiert seit den 1990er-Jahren zunehmende Erfolge auf der Basis neuer Hardware und Datenmengen. Seit den 2000er-Jahren beschleunigen zunehmende Vernetzung und stetig anschwellende Datenreservoirs die Entwicklung. Das Internet, soziale Medien und der Gebrauch von Smartphones spielen dabei eine wichtige Rolle. Durch eine hohe Zahl von „Trainingsläufen" mit vorgegeben Wahrheitswerten lassen sich die Prozesse eines **KNNs in Verbindung mit Big-Data-Analysen, Deep Learning, Machine Learning (ML) und Selbstlernenden Algorithmen (SLA)** schichtweise optimieren.
   => usgehend von den Grenzen des klassischen Ansatzes A1 bei der Imitation menschlicher Kognition geraten Bottom-up-Verfahren in den Blick. Nicht mehr die Logik des Denkens, sondern Selbstorganisationsprozesse im Gehirn rücken in den Fokus. Angestrebt ist die *(partielle) Simulation* sensomotorischer, sinnlicher, sozialer oder alltagssprachlicher menschlicher Leistungen einschließlich Erfahrungswissen, Kreativität, Emotionen und Intuition. Insofern sind mit A2-Systemen auch Fortschritte in der Robotertechnik (verkörperte KI) verbunden.

Dem Übergang von A1 zu A2 korreliert die Einsicht, auch humane Intelligenz nicht nur als abstraktes individuelles Denken zu begreifen, sondern als soziales Verhalten miteinander interagierender Individuen (Gruppenintelligenz) einschließlich sportlicher oder künstlerischer Intelligenzformen. Welterkenntnis wird nicht mehr nur auf Grundlage expliziten, sondern auch impliziten Wissens verstanden *(Band 4, 1.1)* und versucht, in KNNs zu simulieren. Folglich offenbart sich KI als hoch projektives Feld, durchsetzt von Welt- und Menschenbildern sowie als Spiegel unserer Selbstwahrnehmung. Der Wandel von GOFAI zu KNNen illustriert einen allgemeineren Paradigmenwechsel in unserer Wissenschaftslandschaft, einschließlich der bionischen Versuche den Menschen nachzubauen bzw. durch Nachbau zu verstehen (1.a.). Zusätzlich erweitern sich die technischen Möglichkeiten und Formen der Prozessoptimierung. Dieses **doppelte Interesse aus Erforschung des Menschen und Weiterentwicklung der Computertechnologie** als Werkzeug zum Problemlösen kennzeichnet bereits die frühen Schritte der ersten KI-Pioniere (Zimmerli und Wolf 1994, S. 30). Beide Ansätze (A1 und A2) sind jedoch Teil des IT-Paradigmas (A) und der Computersimulation (C). Sie können als transdisziplinäre Mittel innerhalb der anderen Paradigmen wie Biotechnologie/Synthetische Biologie (B) wirken, sind jedoch nicht damit zu verwechseln. Insofern ist KI seit ihrem Beginn die Bezeichnung für eine **„Transdisziplin"**, die eine entsprechend transdisziplinare technologische Wissensform darstellt (Ebd., S. 8, 15, 30). Wie Elektrizität (seit dem 19. Jahrhundert) ist sie besonders in Gestalt der KNNe und des MLs zu einer „Querschnittstechnologie" geworden, die unsere Gesellschaften über Fachgrenzen hinweg durchzieht (Ramge 2019, S. 21). Vorliegendes Buch enthält eine Auseinandersetzung von einer konkreten disziplinären Sichtweise aus, welche dialogisch mit dem Wissen und Können anderer Fächer zu verbinden ist *(Band 1, 2.2)*. Weitere Details der technologischen Entwicklung, praktischen oder unternehmerischen Umsetzung würden eigene Bücher füllen. Hierzu sei exemplarisch verwiesen auf Buxmann und Schmidt (Hg.) (2019); Kreutzer und Sirrenberg (2019); Mainzer (2016); Mainzer (Hg.) 2021 oder Wittpahl (Hg.) (2019), populärwissenschaftlicher auf Krüger (2021); Lenzen (2018); Lenzen (2020); Ramge (2019) oder Rosengrün (2021).

Aufgabe: Sherlock, wer ist Watson?

Drei konkrete KI-Systeme (Paradigma A, 1.a., 2.b.) erlangten Berühmtheit, weil sie Menschen in komplexen Spielen besiegten. 2015/2016 gelang dies dem von Google entwickelten Programm *AlphaGo* beim Brettspiel Go gegen die weltbesten menschlichen Spieler. Hierbei handelt es sich um ein KNN (A2). Bereits 1996 besiegte der Schachcomputer *Deep Blue* den amtierenden Weltmeister Garri Kasparow in einer Wettkampfpartie und 2011 konnte medienwirksam das Programm *Watson* zwei der erfahrensten menschlichen Spieler in der Quizshow Jeopardy besiegen. Beide Systeme stammen von IBM. Bei Jeopardy werden Antworten gegeben und es ist in kurzer Zeit die dazu passende Frage zu finden. Watson ist eine Spezialanwendung für genau dieses Spiel und kann mit natürlicher menschlicher Sprache operieren (Bostrom 2017, S. 28–29; Lenzen 2018, S. 66, 72–74, 107–109; Mainzer 2016, S. 76–77; Ramge 2019, S. 39–40, 49; Rosengrün 2021, S. 15). In *Band 2, 3.2* und Abb. Band 2, 3.2 haben wir sieben Bedeutungen von Technik zusammengefasst. Wenden Sie diese auf das Programm Watson und die anderen beiden an! Um welche Art(en) Technik handelt es sich? Warum? (Ein Antwortvorschlag siehe unten „Definition Algorithmus", Abschn. 6.2; siehe auch das Glossar vorliegenden Buches, sollte Band 2 nicht zur Hand sein.)

Conclusio

Zur Vorbereitung einer weiteren Behandlung der Verhältnisse zwischen *Computern und Gesellschaften* wurde KI einer sprachkritischen Analyse unterzogen. Das englische *artificial intelligence* reicht zurück in die 1950er-Jahre und ist sicherlich nicht ganz unabsichtlich doppeldeutig. In der Analyse lässt sich die sachtechnisch adäquateste Übersetzung als „(nachrichten)technische Informationsverarbeitung" dem KI-Verständnis 2.b. zuordnen. Wird hingegen die Übertragung „künstliche Intelligenz" gewählt, womit dann auch die widernatürliche Erzeugung „intelligenten" Verhaltens oder sogar Lebens gemeint sein könnte, landen wir eher im Bereich der Bionik und einem entsprechenden KI-Verständnis 1.a. Durch Zuspitzung auf eines der fünf Paradigmen der Informationstechnologie (A), Biotechnologie (B), Computersimulation (C), Züchtung (D) oder Kultur (E) lässt sich der KI-Begriff weiter präzisieren. Im Paradigma A geht es also weder um die Schaffung „künstlichen" Verhaltens bei gezüchteten Funktionshunden noch um das biotechnologische Design sich „intelligent" verhaltender Einzeller. Die sprachkritische Analyse lässt sich in weiterer Folge in Verbindung zu sachtechnischen Kriterien bringen, sodass eine Unterscheidung nachrichtentechnischer Informationsverarbeitung (A) vorliegt, hinsichtlich top-down programmierter funktionalistisch-kognitivistischer Systeme (A1; ca. seit 1950) und des bottom-up verfahrenden konnektionistisch-subsymbolischen Subparadigmas (A2; zunehmend seit den 1980er-Jahren). Über diese beiden Entwicklungen, in deren Mittelpunkt Computer und Computernetzwerke stehen, soll es im Fortgang primär gehen.

Das ist durch das KI-Verständnis 2.b. auch direkt aufgelegt: „nachrichtentechnische Informationsverarbeitung" wird heute vor allem mittels Computern erledigt. Die wohl nicht zufällige Doppeldeutigkeit der *Dartmouth*-Pioniere 1956, hier auch die Deutung einer Bionik, also des Nachbauens menschlicher Kognition, einzuschließen, führt dann eher zu Abgrenzungsfragen im KI-Verständnis 1.a. Hier ist es schon deutlich wichtiger, zwischen menschlichem Kulturleben (E), Züchtung von Nutzpflanzen (D) oder künstlichen Organismen der synthetischen Biologie (B) zu trennen. Mit Bionik ist dann auch ein bestimmter Standpunkt gemeint, durch welchen sich Menschen zur nachrichtentechnischen KI (A) positionieren: Selbsterkenntnis durch Nachbauen, entweder mittels top-down vorgegebener formaler Regeln und Funktionen (A1: Denken = logisches Schließen) oder mittels Bottom-up-Prozessen dynamischer Vernetzung (A2: Denken = neuronale Selbstorganisation). Weiterhin nehmen Menschen die Position der Gestaltung bzw. des Designs ein, metaphorisch werden sie also zu „Schöpferinnen". KI ist dann wie jede andere Technologie als kulturelle Handlung zu charakterisieren und zu reflektieren – bis hin zur Verantwortungsfrage. Praktische Bewährung und ein gewisser Dienstleistungsaspekt kennzeichnen die Perspektive der Nutzerin in einem pragmatischen Sinne. Doch auch aus transhumanistischer Sicht lässt sich das Verhältnis zwischen KI und Menschen betrachten. Menschliche Intelligenz wäre demnach bloß eine Zwischenstufe auf dem Weg zum nächsten Level computer- und netzwerkbasierter

„künstlicher Intelligenz". Daran anschließende Fragen nach künstlichem Bewusstsein oder den Verhältnissen mentaler zu physisch erfahrbaren Welten (Körper-Geist-Problem) werden zum Gegenstand von *Band 4*. In den folgenden Abschnitten vorliegenden dritten Bandes geht es um gesellschaftliche Hintergründe, Themenfelder und Einordnungen der Konzepte starker sowie schwacher KI und den damit verbunden Ideen- sowie Realgeschichten (Kap. 5, 6).

Literatur

Alpaydin E (2016) Machine Learning. The New AI. The MIT Press, Cambridge MA/London

Bächle TC (2016) Digitales Wissen, Daten und Überwachung. Zur Einführung. Junius, Hamburg

Becker B (2019) „Cyber-physisches System." In Liggieri K / Müller O (Hg) Mensch-Maschine-Interaktion. Handbuch zu Geschichte – Kultur – Ethik. Metzler, Berlin, S 247–249

Bostrom N (2017) Superintelligenz. Szenarien einer kommenden Revolution. 2. Auflage. Suhrkamp, Berlin

Buxmann P/Schmidt H (Hg) (2019) Künstliche Intelligenz. Mit Algorithmen zum wirtschaftlichen Erfolg. Springer Gabler

Dräger J/Müller-Eiselt R (2019) Wir und die intelligenten Maschinen. Wie Algorithmen unser Leben bestimmen und wir sie für uns nutzen können. dva, München

Drechsler R/Fink A/Stoppe J (2017) Computer. Wie funktionieren Smartphone, Tablet & Co.? Springer, Berlin

Falkner D (2016) „Metaphors of Life. Reflections on Metaphors in the Debate on Synthetic Biology." In Hagen K/Engelhard M/Toepfer G (Hg) Ambivalences of Creating Life. Societal and Philosophical Dimensions of Synthetic Biology. Ethics and Technology Assessment. Volume 45. Springer, Cham u. a., S 251–265

Fleck L (1980) Entstehung und Entwicklung einer wissenschaftlichen Tatsache. Einführung in die Lehre vom Denkstil und Denkkollektiv. Suhrkamp, Frankfurt a. M.

Funk M (2014) „Humanoid Robots and Human Knowing – Perspectivity and Hermeneutics in Terms of Material Culture." In Funk M/Irrgang B (Hg) Robotics in Germany and Japan. Philosophical and Technical Perspectives. Peter Lang, Frankfurt a. M. u. a., S 69–87

Funk M/Frauenberger C/Reichl P (2020) „Vom künstlichen Leben zur Lebenskunst – Was die Ethik digitaler Bildung von ökologischer Verantwortung lernen kann." In Medienimpulse, Bd. 58, Nr. 03 (2020). [(DOI) https://doi.org/10.21243/mi-03-20-17]

Funk M/Steizinger J/Falkner D/Eichinger T (2019) „From Buzz to Burst – Critical Remarks on the Term ‚Life' and its Ethical Implications in Synthetic Biology." In NanoEthics, 13(3), S 173–198. [(DOI) https://doi.org/10.1007/s11569-019-00361-4]

Greif H (2019) „Modellierung und Simulation in der Künstlichen Intelligenz." In Mainzer K (Hg) Philosophisches Handbuch Künstliche Intelligenz. Springer, Wiesbaden. [(DOI) https://doi.org/10.1007/978-3-658-23715-8_26-1]

Grimm P/Keber TO/Zöllner O (Hg) (2019) Digitale Ethik. Leben in vernetzten Welten. Reclam, Stuttgart

Gruppe G/Christiansen K/Schröder I/Wittwer-Backofen U (2012) Anthropologie. Einführendes Lehrbuch. 2. Auflage. Springer, Berlin/Heidelberg

Haugeland J (1985) Artificial Intelligence. The Very Idea. The MIT Press, Cambridge MA/London

Heilmann TA (2019) „Digital/analog." In Liggieri K/Müller O (Hg) Mensch-Maschine-Interaktion. Handbuch zu Geschichte – Kultur – Ethik. Metzler, Berlin, S 257–259

Hofstetter Y (2016) Das Ende der Demokratie. Wie die Künstliche Intelligenz die Politik übernimmt und uns entmündigt. Bertelsmann, München

Hütt MT (2020) „Grundlagen konnektiver komplexer Systeme.“ In Mainzer K (Hg) Philosophisches Handbuch Künstliche Intelligenz. Springer, Wiesbaden. [(DOI) https://doi.org/10.1007/978-3-658-23715-8_14-1]

Janich P (2006) Was ist Information? Kritik einer Legende. Suhrkamp, Frankfurt a. M.

Kaplan J (2016) Artificial Intelligence. What Everyone Needs to Know. Oxford University Press, New York

Kasprowicz D (2019) „Information.“ In Liggieri K/Müller O (Hg) Mensch-Maschine-Interaktion. Handbuch zu Geschichte – Kultur – Ethik. Metzler, Berlin, S 272–274

Kreutzer RT/Sirrenberg M (2019) Künstliche Intelligenz verstehen. Grundlagen – Use-Cases – unternehmenseigene KI-Journey. Springer Gabler

Krüger S (2021) Die KI-Entscheidung. Künstliche Intelligenz und was wir daraus machen. Springer, Wiesbaden

Kuhn T (2001) Die Struktur wissenschaftlicher Revolutionen. Suhrkamp, Frankfurt a. M.

Lenzen M (2018) Künstliche Intelligenz. Was sie kann & was uns erwartet. C.H. Beck, München

Lenzen M (2020) Künstliche Intelligenz. Fakten, Chancen, Risiken. C.H. Beck, München

Mainzer K (2016) Künstliche Intelligenz – Wann übernehmen die Maschinen? Springer, Berlin/Heidelberg

Mainzer K (2020) Quantencomputer. Von der Quantenwelt zur Künstlichen Intelligenz. Springer, Berlin

Mainzer K (Hg) (2021) Philosophisches Handbuch Künstliche Intelligenz. Springer, Wiesbaden

Müggenburg J (2019a) „Bionik.“ In Liggieri K/MüIler O (Hg) Mensch-Maschine-Interaktion. Handbuch zu Geschichte-Kultur-Ethik. Metzler, Berlin, S 241–243

Müggenburg J (2019b) „Kybernetik.“ In Liggieri K/Müller O (Hg) Mensch-Maschine-Interaktion. Handbuch zu Geschichte – Kultur – Ethik. Metzler, Berlin, S 280–282

Nordmann A (2014) “Synthetic Biology at the Limits of Science.” In Giese B/Pade C/Wigger H/von Gleich A (Hg) Synthetic Biology. Character and Impact. Springer, S 31–58

Pallay C (2020) „Vom Turing-Test zum General Problem Solver. Die Pionierjahre der künstlichen Intelligenz.“ In Mainzer K (Hg) Philosophisches Handbuch Künstliche Intelligenz. Springer, Wiesbaden. [(DOI) https://doi.org/10.1007/978-3-658-23715-8_3-1]

Ramge T (2019) Mensch und Maschine. Wie Künstliche Intelligenz und Roboter unser Leben verändern. Reclam, Stuttgart

Rosengrün S (2021) Künstliche Intelligenz. Zur Einführung. Junius, Hamburg

Schwille P (2011) “Bottom-up Synthetic Biology. Engineering in a Tinkerer's World.” In Science 333, S 1252–1254

Seng L (2019) „Maschinenethik und Künstliche Intelligenz.“ In Bendel O (Hg) Handbuch Maschinenethik. Springer VS, Wiesbaden. [(DOI) https://doi.org/10.1007/978-3-658-17484-2_13-2]

Shanahan M (2015) The Technological Singularity. The MIT Press, Cambridge MA/London

Tangermann M (2019) „Maschinelles Lernen.“ In Liggieri K/Müller O (Hg) Mensch-Maschine-Interaktion. Handbuch zu Geschichte – Kultur – Ethik. Metzler, Berlin, S 283–285

Thürmel S (2019) „Von Cyberphysikalischen Systemen zu intelligenten Infrastrukturen.“ In Mainzer K (Hg) Philosophisches Handbuch Künstliche Intelligenz. Springer, Wiesbaden. [(DOI) https://doi.org/10.1007/978-3-658-23715-8_27-1]

Turing A (1994/1950) „Kann eine Maschine denken?“ In Zimmerli W/Wolf S (Hg) Künstliche Intelligenz. Philosophische Probleme. Reclam, Stuttgart, S 39–78

Venter JC (2013) Life at the Speed of Light. From the Double Helix to the Dawn of Digital Life. Viking Penguine, New York

Walsh T (2019) 2062. Das Jahr, in dem die künstliche Intelligenz uns ebenbürtig wird. Riva, München

Wittpahl V (Hg) (2019) Künstliche Intelligenz. Technologie. Anwendung. Gesellschaft. Springer Vieweg, Wiesbaden

Wolff ML (2020) Die Anbetung. Über eine Superideologie namens Digitalisierung. Westend, Frankfurt a. M.

Wolters G/Mittelstraß J (2010) „Leben." In Mittelstraß J et al. (Hg) Enzyklopädie Philosophie und Wissenschaftstheorie. Band 4: Ins – Loc. 2., neubearbeitete und wesentlich ergänzte Auflage. J.B. Metzler, Stuttgart/Weimar, S 474–477

Zimmerli W/Wolf S (1994) „Einleitung." In Zimmerli W/Wolf S (Hg) Künstliche Intelligenz. Philosophische Probleme. Reclam, Stuttgart, S 5–37

Zuboff S (2018) Das Zeitalter des Überwachungskapitalismus. Campus, Frankfurt a. M. / New York

Fakt und Fiktion – „Wer Visionen hat, sollte zum Arzt gehen!" 5

Zusammenfassung

Künstliche Intelligenz und Robotik laden in besonderem Maße zur Projektion von Hoffnungen und Zukunftsvisionen ein. Die Idee denkender Maschinen hat Generationen von Forscherinnen begeistert. Alan Turing formulierte hierfür eigens seinen berühmten Turing-Test. Auf der anderen Seite ist universelle KI bis heute nicht realisiert. Umso wichtiger ist es aus wissenschaftlicher Sicht, dem epistemischen Ökonomieprinzip folgend unnötige Spekulationen zu verhüten oder zumindest als solche klar sichtbar zu halten. Gerade dadurch wird rationales Thinktanking möglich. Mit Blick auf die Trennung von Fakt und Fiktion findet in vorliegendem Kapitel eine ideengeschichtliche Rekonstruktion des Konzepts starker KI statt, wohingegen die Realgeschichten dem Begriff der schwachen KI entsprechen. Die Unterscheidung „starker KI" und „schwacher KI" ist wiederum einer dritten Ebene zuzuordnen: der Begriffsgeschichte. Von Klassikern wie Turing oder Searle bis zum aktuellen Boom der Superintelligenz wird in die KI-Diskussion seit den 1950er-Jahren kritisch eingeführt. Exkurse zu historischen Vorgeschichten und in die Science Fiction runden die Darstellungen ab.

Mit der in Kap. 4 vollzogenen Annäherung haben wir unser Verständnis von künstlicher Intelligenz (KI) präzisiert, geordnet und damit auch den Fokus der ethischen Betrachtung eingegrenzt. Paradigma A ruft durch das informationstechnische Verständnis von *artificial intelligence* die Roboter- und KI-Ethik auf den Plan. Würden wir uns in Paradigma B bewegen, eröffnete sich zwangsläufig ein weiterer bioethischer Horizont. Der Umgang mit organischem Material wirft angefangen bei der Forschungsethik über die Tierschutzethik bis hin zur Medizinethik zusätzliche Fragen auf. Zum Beispiel: Wie halten wir Tiere artgerecht? Rechtfertigt medizinischer Fortschritt schmerzhafte oder gefährliche Experimente an Tieren? Die Worte „Tier" und „Lebewesen" können

M. Funk, *Computer und Gesellschaft,* https://doi.org/10.1007/978-3-658-39020-4_5

in den Fragen ausgetauscht werden durch „synthetische Organismen“, „gezüchtete bzw. kultivierte Naturformen“ oder „Bioroboter“. Momentan sind das nicht die drängendsten Fragen der KI im engen Sinne des Wortes. Entsprechend der zu erwartenden technologischen Entwicklungen im Paradigma B sowie einer Paradigmensynthese aus A und B werden diese jedoch wahrscheinlich auch unter dem Allgemeinbegriff der KI zunehmend in den Fokus rücken – wobei so wie beim aktuellen Boom des Machine Learning (ML) auch neue und aktuell nur schwer vorhersagbare Schlagworte die Debatte zukünftig dominieren können. Folglich ist mit einer fortlaufenden Annäherung der KI-Ethik und Bioethik zu rechnen. Dass eine Verbindung in Form der Arbeitsweisen angewandter Ethik ohnehin bereits vorliegt, haben wir in *Band 2* gesehen.

Neben die methodische Nähe wird also wahrscheinlich auch noch die gegenständliche treten. Hierzu muss überhaupt nicht gemutmaßt werden, dass Roboter oder Bots Persönlichkeiten oder empfindungsfähige Subjekte wären. Die gegenständliche Kopplung ergibt sich aus den kulturellen technischen Handlungen des Menschen selbst. Damit wären wir auch beim Thema vorliegenden Abschnitts. Die hochspekulative und rational schwer nachvollziehbare Annahme, ein sogenannter „selbstlernender Algorithmus“ (SLA) sei empfindungsfähig und würde sogar Bewusstsein entwickeln können, baut auf unsicherem Glauben auf. Im Gegensatz dazu ist die Ableitung aus den kulturellen Handlungen forschender und konstruierender Menschen rational nachvollziehbar: Wir gebrauchen sie als Mittel zum Zweck (***Position Mensch als Nutzerin, Pragmatismus;*** Abschn. 4.4). Derartig mysteriöse und entsprechend ungreifbare Zusatzannahmen wie „denkende Maschinen“, denen als „moralischen Subjekten eigene Rechte“ zuzusprechen wären, lassen sich methodisch nicht absichern. Das liegt wie schon beim Problem des Humanismus (Abschn. 2.1; *Band 2, 2*) daran, dass wir in unserem eigenen menschlichen Zusammenleben noch immer nicht verstanden haben, was Bewusstsein, Kreativität oder Subjektivität genau und (vor allem) ein für alle Mal letztgültig definiert sein sollen. Soweit die Quellen reichen, wissen wir, dass die Gelehrten – mit brillanten doch unvollständigen Ansätzen – seit 2500 Jahren ergebnisoffen darüber streiten.

Auf der anderen Seite kann niemand in die Zukunft sehen. Lassen sich denkende, kreative Maschinen völlig ausschließen? Nein. Jedoch sollen aus wissenschaftlicher Sicht rationale Kriterien vorliegen, wenn menschliche Attribute Computern zugeschrieben werden. Es reicht nicht, vorschnell von einem „sensiblen und emotional verletzlichen“ Roboter zu sprechen (= Linguistische Verkörperung I in Abschn. 2.1; Abb. Band 3, 2.1). Entscheidend ist die methodische Überprüfbarkeit. Solange diese nicht abgesichert ist, bleibt Vorsicht geboten. Computer sind Kulturtechniken, von Menschen hergestellt, gewartet und betrieben. Warum sollten ausgerechnet diese Artefakte Denken können? Ideen, Worte, Hoffnungen, Erzählungen und vieles weitere schlägt sich ebenfalls in Kulturen nieder. Beides – Technikentwicklung und Ideenentwicklung – beeinflussen sich wechselwirkend. Darum soll in vorliegenden Kapitel auch zuerst auf die Unterscheidung von Ideen- und Realgeschichten eingegangen werden. Hinzu treten Begriffsgeschichten, also die Entwicklungen von Worten und ihren Bedeutungen. Zum einen ist dabei auf das Entfernen unnötiger Annahmen zu achten (Ökonomieprinzip), zum anderen soll auf Zukunftsszenarien nicht verzichtet werden (Abschn. 5.1). Der Unterscheidung starker und schwacher KI folgend, wendet sich Abschn. 5.2 den Ideengeschichten der *General AI* zu, wobei auch auf Turing und seinen berühmten Test, bis hin zur Superintelligenz eingegangen wird. Beispiele aus der Science Fiction sowie die Definition des starken algorithmischen Fehlschlusses runden den Abschnitt ab. Die Realgeschichten schwacher KI werden dann ausführlicher im folgenden Kap. 6 behandelt.

5.1 Sein und Schein – Die Krux mit der kulturellen Hintergrundstrahlung

Roboter und KI sind ideale Projektionsflächen, bei deren Bestrahlung sich alle Register aus Ängsten, Hoffnungen und Träumereien ziehen lassen. Was in *Band 1, 2.3* als historisch-kulturelle Hintergrundstrahlung vorgestellt wurde lässt sich mit einem methodischen Prisma in verschiedene Frequenzen, also historische Linien auffächern. Bei genauem Blick offenbart sich dann eine Absonderung der **Ideengeschichte(n)** von **Realgeschichte(n).** Beide verschwimmen, sobald wir das Prisma entnehmen. Denken wir z. B. an den Einfluss der Science Fiction in Buch, Theater und Film auf die reale Robotik und zugrunde liegenden KI-Technologien. Ideengeschichten inspirieren nicht nur die Entwickler, geben Visionen vor oder dienen als gedankliche Experimentierfelder, sondern greifen auch subtil in den Alltag ein. Prominentestes Beispiel ist der Roboterbegriff selbst. Wie wir gesehen haben, entstammt dieser ursprünglich einem tschechischen Drama und bezeichnet heute selbstverständlich gewordene Maschinen (Abschn. 1.1). Ideengeschichtliche Vision bleiben jedoch androide Zwangsarbeiter, welche sich fatal gegen ihre humanen Herrinnen erheben. Die Realgeschichte kennt demgegenüber ein zunehmendes Prekariat menschlicher Arbeitnehmer, Ungleichheiten bei der Verteilung von Zugang zu Bildung oder Wohnraum sowie dringenden Handlungsbedarf beim Klimaschutz. Greifen wir darum einfach einmal ein bekanntes Zitat etwas plakativ aus dem Kontext gerissen auf und wenden es pointiert für unsere Zwecke an. Auf den unverwüstlichen Pragmatiker Helmut Schmidt geht die Aussage zurück: „Wer Visionen hat, sollte zum Arzt gehen.“[1] Man muss diesen Spruch nicht gleich fortschrittsfeindlich deuten, als eine Breitseite gegen die von Ideen getriebene Dynamik technischer Entwicklungen. Es genügt, ihn als Aufforderung zur Trennung von Fakt und Fiktion zu begreifen. Die Unterscheidung ist umso gewichtiger, je drängender **Scheinprobleme** die Wahrnehmung echter Herausforderungen überlagern und damit unsere Wahrnehmung ablenken. KI ist im engen Verbund mit Robotern anfällig für alle möglichen Scheinprobleme, z. B. in Gestalt reißerischer Marketing- und Selbstdarstellungsstrategien bis hin zu Spekulationen und Visionen verschiedenster emotionaler Couleur.

[1] https://www.zeit.de/2010/10/Fragen-an-Helmut-Schmidt/seite-4

Dass Mutmaßungen über die Ablösung der Menschheit durch KI bis hin zu bestimmten Spielarten des trans- und posthumanistischen Hyperventilierens *(Position Mensch als Zwischenstufe, Transhumanismus)* teilweise im Trend liegen, mag eine Mode unserer Zeit sein. Diese birgt jedoch diverse Gefahren, wenn sie nicht als Serie von Spekulationen, sondern als problemorientierende Realität behandelt werden. In der aktuellen Literatur wird völlig zu Recht immer wieder darauf hingewiesen, dass die unbegründete Angst vor einer die Menschheit verschlingenden Superintelligenz den Blick ablenkt von ganz anderen aber eben **realen Gefahren** (Abschn. 5.2). Hierzu zählen neben sozialen Herausforderungen auch die Monopolisierung des Zugriffs auf Daten durch wenige privatwirtschaftliche Global Player wie Google oder Facebook, weiterhin der reale Flächenbrand unserer Ökosysteme (der sich nicht verringert dadurch, dass wir immer mehr Geräte energieaufwendig in das Internet einbinden oder fleißig nach Kryptowährungen schürfen) und steigende Verteilungsungleichheit innerhalb der westlichen Gesellschaften und global. Neben den Umgang mit Privatheit und Datenschutz tritt die gesellschaftliche Implementierung von Algorithmen in Prozesse politischer Entscheidungsfindung, das Gesundheitswesen, Recht oder in den Versicherungsbetrieb bis hin zur Kommunikation in sozialen Netzwerken sowie die Verzerrung des Informationsflusses durch Filterblasen, Echokammern, Bots und Trolle. Natürlich – diese Selbstverständlichkeit muss tagesaktuell betont sein – rettet uns die ersatzreligiöse Flucht in den Cyberspace nicht vor der gesundheitlichen Verletzlichkeit unserer Gemeinschaften, z. B. durch virale Pandemien. Hinzu tritt die Fragilität demokratischer, freiheitlicher Selbstbestimmung, besonders durch kriegerische Konflikte, in denen nicht nur auf schreckliche Art und Weise kinetische Energie auf Menschen einwirkt, sondern eben auch Bilder und Videos im sogenannten „TikTok-Krieg". Das sind reale Brennpunkte um die wir uns kümmern müssen (Abschn. 6.2 und 6.3). Endlichkeit und Verletzlichkeit sind Grundlagen menschlichen Lebens und besonders die damit verbundenen Asymmetrien in der Techniknutzung sollten nicht vorschnell und unbegründet aus dem Blick geraten *(Band 2, 2.3)*.

Die Trennung zwischen Real- und Ideengeschichten ist folglich ein erstes methodisches Erfordernis zur ethischen Auseinandersetzung mit KI. Sie dient zur Prävention irreführender Visionen, die wir uns in einer Ethik, die diesen Namen auch verdient, nicht leisten können. Die Krux besteht jedoch darin, dass Gedankenexperimente sowie das Entwerfen von Zukunftsszenarien trotzdem wichtig sind – um sich auch auf weniger wahrscheinliche Ereignisse vorbereiten zu können. Und der wertvolle Einfluss in visionärer Literatur, wie z. B. die Robotergesetze des Isaac Asimov *(Band 1, 5.3)*, auf die ethische Debatte lässt sich nicht leugnen. Spekulationen sollen darum als solche und in ihrer Unsicherheit erkennbar sein, rationalen Ansprüchen genügen und nicht die reißerische Übermacht in Form einer monothematischen Deutungshoheit behaupten. Unter Voraussetzung der genannten methodischen Trennung ist ethisches Thinktanking sinnvoll möglich und absolut nötig. Wir nennen weiterhin das zweite methodische Erfordernis bei der Auseinandersetzung mit KI illustrativ **Schmidtsches Rasiermesser**. Angelehnt an Platon, Aristoteles und das spätmittelalterliche Konzept von **Ockham's**

Razor (Gethmann 2016) verstehen wir darunter ein epistemisches Ökonomieprinzip, womit wir bei der ethischen Bearbeitung von KI alle Visionen nach bestem Wissen und Gewissen aus unseren Analysen herausschneiden. Das gilt insbesondere für unklare oder komplizierte Vorannahmen. Diese treten hinter einfachere Erklärungen zurück. Ökonomie in diesem Sinn ist unabdingbar, da das Problemfeld ohnehin schon komplex genug ist. Wir verschlanken den verbalen, theoretischen und operationalen Korpus soweit wie möglich. Philosophie fängt mit Fragen an, und um die wirklichen Probleme der KI zu benennen, somit also das Schmidtsche Rasiermesser präzise zu führen, stellen wir die Frage nach der Schnittstelle zwischen Ideen- und Realgeschichte der KI ständig aufs Neue – im Anbetracht der je aktuellen technischen Sachlage. Anders gesagt: Hier findet Transdisziplinarität ihren Platz, wo sich methodische Spekulation und Wirklichkeit im Dialog zwischen Ethik, Informatik und weiteren Disziplinen konstruktiv aneinander abarbeiten. Wenn man so will, folgt daraus die Herausforderung, theoretische Komplexität eines ethischen Problems – wo immer möglich – zu minimieren und gleichzeitig vor operationaler Komplexität – also dem zuweilen arbeitsintensiven, fachübergreifenden Dialog – *nicht* zurückzuschrecken. Als dritte methodische Forderung bleibt die **Antizipation von Zukunftsszenarien**, die in ihrer Fehlbarkeit explizit gemacht und rational geführt wird. Hier ist auch ein Ort der Technikfolgenabschätzung *(Band 1, 6.1)*.

▶ **Tipp: Drei Methodenregeln**

1. Trennen Sie Ideen- und Realgeschichten!
2. Epistemisches Ökonomieprinzip/„Rasiermesser“: Vermeiden Sie unnötige inhaltliche Komplexität, schneiden Sie Visionen, Spekulationen, Projektionen oder unnötige Annahmen heraus, um das Problem sachlich zu verschlanken. Wählen Sie die einfachste hinreichende Erklärung. Scheuen Sie dabei aber nicht die operationale Komplexität und Anstrengung des fachübergreifenden Dialogs!
3. Thinktanking: Beachten Sie trotzdem potenzielle Handlungsfolgen in einer unbekannten Zukunft. Entwerfen Sie Zukunftsszenarien widerlegbar, rational nachvollziehbar und in einfacher, klarer Sprache mit minimalen Vorannahmen. Warum ist ein Szenario wahrscheinlicher als ein anderes? Machen Sie Spekulationen und ihre Voraussetzungen deutlich! Nutzen Sie den Konjunktiv so wenig wie möglich und nur so oft wie nötig!

Eine dritte methodisch außerordentlich wichtige Linie der historisch-kulturellen Hintergrundstrahlung steht als Begriffsgeschichte zwischen der Ideen- und Realgeschichte. In ihr geht es um die sprachliche Vermittlung und (Re-)Konstruktion von Ideen und Realität sowie das Ringen um gelingende, störungsfreie zwischenmenschliche Kommunikation. Auch hier lässt sich exemplarisch auf die junge Historie des Wortes „Roboter“ mit all seinen Wendungen verweisen. Ein Kerngeschäft der Philosophie im Bereich der Technikethik besteht in dieser historisch-kritischen Begriffsarbeit, jedoch ohne glasperliger Abschottung des wahren Lebens. Im vorhergehenden Kap. 4 haben wir einen ersten Ordnungsrahmen für die Bedeutungsschichten des Wortes „künstliche Intelligenz" erstellt, der auch bei einer Rekonstruktion der Begriffsgeschichte helfen kann. Alle drei Kanäle kulminieren in den 1950er-Jahren. Wir wollen darum an dieser Stelle auch grob eine Zäsur setzen. In der *Realgeschichte* schlagen technische Pionierleistungen der Analog- und vor allem Digitalrechner zu Buche (Abschn. 5.2, „Vorgeschichten II – Apparatebau"), in der *Ideengeschichte* verschmelzen diverse Stränge in der Frage „Können Maschinen denken?" (Alan Turing, Abschn. 5.2 sowie *Band 4, 1.2,* „Vorgeschichten III – Formalisierung und Kalkülisierung") und in der *Begriffsgeschichte* tritt der Terminus der AI bzw. KI ins Rampenlicht (Kap. 4). Sie sind Zutaten einer sozial- und technikhistorischen Gemengelage, die bis heute nachwirkt. Politische Aspekte sind z. B. der Kalte Krieg und Wettlauf ins Weltall – beides Katalysatoren der Entwicklung moderner Computer, die auch heute noch Bedeutung tragen. Generell kann die kulturhistorische Rekonstruktion aller drei Kanäle der Ideen-, Real- und Begriffsgeschichte ganze Bücher füllen. Das liegt unter anderem daran, dass sich vor den 1950er-Jahren Vorgeschichten aufdecken lassen, die bis in die Antike zurückreichen, was das Thema zu enormer Komplexität anschwellen lässt.

Vertiefung: Vorgeschichten I – Skepsis und Aufklärung
Werfen wir zuerst einen Blick auf die Ideengeschichte der Trennung von Fakt und Fiktion – wie wir es in vorliegendem Abschnitt anstreben. Seit der Antike ist die **Skepsis** als eine prüfende und zweifelnde Einstellung hinsichtlich Wissen und Erkenntnis (altgriechisch *skepticos*) bekannt. Die Schule skeptischen Denkens wird als Skeptizismus bezeichnet und kann sich auf zwei antike Traditionen berufen: die der akademischen Skepsis in der Nachfolge Platons (Ricken 1994, S. 29–67) und die der Pyrrhonischen Skepsis (ebd., S. 13–28). Im Anschluss fordert der Einwand gegen die Möglichkeit von Erkenntnis immer wieder zu wegweisenden Reaktionen heraus. Hierzu zählt das Argument, wonach sich im Zweifeln der Vorgang des Zweifelns selbst nicht mehr bezweifeln lässt. Es wurde von Augustinus im 4. Jahrhundert formuliert (*C. Acad. III, 11, 26,* Andresen (Hg.) 1972, S. 123; *de civ. Dei XI 26,* Perl (Hg.) 1972, S. 759; Flasch 2013, S. 59) und greift René Descartes (17. Jahrhundert) vor: *cogito (ergo) sum; Ich denke, also bin ich.* Mit dem methodischen Zweifel von Descartes soll das Gebäude des Wissens auf einem soliden Fundament errichtet werden – von Anfang an erhaben gegen jeden Einwand *(Band 4, 3.1).* Damit einher geht die Entwicklung moderner Wissenschaften als ein methodisches Projekt (Gabriel 2020, S. 11–20, 29–41; Popkin 2003, S. 143–173). Die Idee des kritischen Überprüfens von Behauptungen, Wissen und Glauben prägt auch aufgeklärtes Denken seit der Antike (Sokrates) über die wichtigen Entwicklungen um 1800 (Immanuel Kant) bis heute. Zuletzt ist der Anspruch, welcher in vorliegendem Buch hinter der etwas blumig formulierten Methode des „Schmidtschen Rasiermessers" steht, also die Trennung von Sein und Schein, nichts anderes als ein Bekenntnis zum kritischen Hinterfragen von Behauptungen, Gefühlen und Glauben. Ohne die bewährte *Ideengeschichte* der **Aufklärung** und ihre Selbstkritik hätten wir weder allgemeingültige politische Normen wie Menschenrechte, Meinungsfreiheit oder Gleichberechtigung noch diejenigen Wissenschaften und Techniken *realgeschichtlich* entwickelt, die um 1950 in der Geburtsstunde der KI kulminieren. Jedoch ermahnen uns die gestiegene Informationsflut, die Phänomene der Filterblasen und Fake News bis hin zum Informationskrieg, weiterhin die menschlich wirkenden Illusionen mancher Sprachsysteme und humanoiden Roboter heute besonders zur stetigen Vorurteilskritik. Aufklärung ist und bleibt aktuell. Auch unter den technologischen Vorzeichen des 21. Jahrhunderts fordert sie zu „Risiko" und „Leidenschaft für das gute Leben" auf (Blom 2019, S. 221–233).

Wir wollen nun die philosophischen und ethischen Probleme der KI (Paradigma A, 1.a., 2.b.) seit den 1950er-Jahren anhand einer häufig genutzten Unterscheidung in **starke und schwache KI** weiter verfolgen (Kaplan 2016, S. 68–69; Misselhorn 2018, S. 210; Misselhorn 2021, S. 10–11; Ramge 2019, S. 19; Rosengrün 2021, S. 19–20; Seng 2019, S. 2–3; Zimmerli und Wolf 1994, S. 20–21). Auf diese Weise lässt sich das Thema am Treffpunkt der drei historischen Kanäle unter Berücksichtigung des Schmidtschen Rasiermessers vertiefend illustrieren. Und wir setzen den Schnitt in voller Härte: Repräsentativ für die *Ideengeschichte* steht die starke KI-These in ihren mannigfaltigen Variationen und wellenartigen Moden bis heute, wohingegen die schwache KI-These die *Realgeschichte* darstellt. Dass wir überhaupt von starker und schwacher KI sprechen, ist selbst wiederum ein Relikt der *Begriffsgeschichte*. Im Detail durchdringen sich die drei Kanäle wie gesagt häufig. Auch die Motive der jeweiligen Protagonistinnen lassen sich nicht so einfach über einen Kamm scheren (Gugerli 2018). Jedoch erreichen wir durch diese Unterscheidung einen geordneten Blick der in diesem hochdynamischen Feld hilfreich ist.

Hintergrund: Starke und schwache KI

Die Unterscheidung zwischen starker und schwacher KI ist ein Produkt der Begriffsgeschichte. Sie geht zurück auf einen Text, der sich zur mittlerweile klassisch gewordenen Frühphase der „expliziten" KI-Diskussion zählen lässt (Zimmerli und Wolf 1994, S. 7). In seinem 1980 veröffentlichten Aufsatz *Minds, Brains, and Programs* entwirft John Searle das Gedankenexperiment des *Chinese Room*, welches eine Variation des Turing-Tests darstellt (Searle 1994/1980, S. 234–236, 257; siehe folgender Abschnitt). Sein Ziel ist zu zeigen, dass Computer weder etwas verstehen können noch einen Geist haben, auch wenn wir den Maschinen menschliche Attribute zuschreiben (ebd., S. 239). Der Autor zeigt sprachliche Anthropomorphisierungen (Abschn. 2.1) auf, die durch metaphorische Beschreibungen von Computern als „intelligent" oder „kreativ" entstehen. Wer diese Metaphern wörtlich nimmt, vertritt eine „starke KI"-These („strong AI"). Was Searle zeigen will ist, dass sich im Feld der KI eigentlich gar keine inhaltlichen Aussagen über die „Intelligenz" der technischen Systeme begründen lassen. Werden diese jedoch zur Untersuchung des menschlichen Geistes oder menschlicher Intelligenz verwendet, also als zweckdienliches Instrument, dann spricht er von „schwacher KI" („weak AI") (ebd., S. 232). Mit dieser Trennung deckt Searle zwei Denkstile/Paradigmen auf: Das starke Verständnis steht verbunden mit der *Idee,* menschliche Attribute wie Denken ließen sich Computern zuschreiben; und das schwache verbunden mit der *Realität,* dass Computer als Instrumente praktischen Nutzen haben.

5.2 Starke KI – Ideengeschichten

Unter *strong AI* –**starker KI** – verstehen wir nach Searle und über ihn hinaus einen Sammelbegriff für verschiedene Ideen zu umfassenden Fähigkeiten von KI. Das kann allgemein problemlösende Maschinen einschließen oder Computer mit Geist und Bewusstsein. Häufig wird von Vertretern dieser Richtung intelligentes Verhalten bei Menschen als Maßstab gesehen (KI 1.a., *Position Mensch als Vorbild;* Abschn. 4.4). In dem Fall müssten Systeme mit starker KI mindestens so effizient, präzise und flexibel sein wie der Mensch – und zwar universell und nicht nur in einzelnen Bereichen wie Schach oder Wettervorhersagen. Um die Idee von der technischen Fähigkeit universeller Problembearbeitung zu illustrieren, spricht man auch von **„general AI"**. Prominent wurde diese Denkweise seit den 1950er-Jahren und feiert in auf- und absteigenden Wellen seitdem Renaissancen. Ging es in den 1950er-Jahren vor allem um symbolverarbeitende Systeme im kognitivistischen Paradigma (A1) – unter dem Banner von Turings berühmter Frage „Können Maschinen denken?" – so ist ein neuerlicher Boom seit einigen Jahren mit den Begriffen der **Singularität und Superintelligenz** sowie dem medialen Hype um deren Vertreterinnen verbunden. Und in der Tat: Es drängt sich die Frage auf, ob mit aktuellen Fortschritten in den Bereichen des ML, der SLA und KNN (A2) nicht doch auch philosophische Grenzen der klassischen symbolischen KI überwunden wurden. Searles Kritik an der symbolischen KI zielt darauf ab, dass sie Texte nicht verstehen kann, sondern nur funktional äquivalent übersetzen. Diese Sichtweise landet nun zumindest auf dem Prüfstand aktueller Chat- und Sprachbots, die nicht mehr mittels GOFAI operieren (Krüger 2021, S. 303–350). Mit dem Thema des Sprachverstehens ist ein klassisches theoretisches Problem angesprochen *(Band 4, 2)*. Es führt zu den Wurzeln der starken KI-These. Denn hier wird menschliches Denken als formalsprachliches Operieren nach festen Regeln in endlich vielen Schritten angesehen – also als ein Kalkül oder Algorithmus (Abschn. 6.2). Anders gesagt: Menschen werden auf das reduziert, was Maschinen am besten können, woraus sich dann die Hoffnung auf eine starke KI nährt. Hierzu sei ein Blick auf Alan Turing geworfen.

Alan Turing (1912–1954) gilt aus guten Gründen als Klassiker und regelrechte Kultfigur in der Computer- und KI-Gemeinde. Kaum ein Buch zum Thema kommt ohne Turing-Reminiszenzen aus (Bostrom 2017, S. 43–43; Kaplan 2016, S. 69–70; Lenzen 2018, S. 25–30; Mainzer 2016, S. 9–11; Nassehi 2021, S. 215–224; Ramge 2019, S. 29–31; Rosengrün 2021, S. 35–45; Williams 1997, S. 288–289). Mit ihm beginnt die eigentliche Geschichte der KI aufbauend auf Durchbrüchen in der Computertechnologie sowie seiner Frage nach dem Denken von Maschinen (Zimmerli und Wolf 1994, S. 11). Turings Bedeutung wurzelt auch darin, dass er eine Diskussion über KI anstößt, die dann in die philosophische Debatte hineinwirkt – wir können darum von einer aus der Informatik, Kybernetik und Mathematik heraus erfolgenden „impliziten KI-Philosophie" sprechen (ebd., S. 6–7). Wegweisenden Einfluss entwickelte er in seinem Aufsatz *Computing Machinery and Intelligence* aus dem Jahr 1950 (Turing 1994/1950; Turing 2021/1950; Hodges 2012, S. 522–537). Neben seiner Pionierarbeit bei der Erforschung von KI erlangte der englische Mathematiker und Logiker auch Berühmtheit durch Beiträge zur Entzifferung der deutschen Chiffriergeräte „Enigma" und „Lorenzmaschine" während des Zweiten Weltkrieges. Wie Konrad Zuse (1910–1995) war auch er – streng geheim und auf britischer Seite – am Computerbau bereits vor dem US-amerikanischen ENIAC beteiligt. Im Bereich der Prädikatenlogik und theoretischen Informatik ragen seine Arbeiten zum Entscheidungsproblem auf Grundlage der Turing-Berechenbarkeit und Turing-Maschine aus den 1930er-Jahren heraus (Hodges 2012,

S. 141–145; Stephan et al. 2021, S. 132–137). Unter einer **Turing-Maschine** verstehen wir einen abstrakten Automaten, der eine Folge von Symbolen auf Grundlage einer endlichen Anzahl von Anweisungen manipulieren kann. Ein Problem ist demnach entscheidbar genau dann, wenn die Turing-Maschine dessen Codierung in einer endlichen Anzahl von Schritten leisten kann. Da sich die Konfiguration eines solchen **abstrakten Automaten** in einer endlichen Menge (von Quintupeln) beschreiben lässt, kann jede einzelne Turing-Maschine durch eine natürliche Zahl repräsentiert und somit wiederum Teil des Codes einer universellen Turing-Maschine werden. Wie ein Betriebssystem interpretiert diese dann „kleine" Turing-Maschinen und wendet sie auf konkrete Datensätze an. Mit dieser Architektur sehen wir das Fundament und archetypische Modell aller programmierbaren Computer vor uns (Fuhrmann 2018, S. 129–131; Hodges 2012, S. 123–152; Mainzer 2016, S. 28–36, S. 58–69; Pallay 2020; Putnam 1994/1960, S. 149–152; Stephan et al. 2021, S. 153–161; Zimmerli und Wolf 1994, S. 11–12).

Die physische Realisierung ist dabei irrelevant. Es handelt sich um ein theoretisches Modell, das für Lochkartensysteme genauso gilt wie für PCs. Darum bezeichnen wir sie als „abstrakt" (Fuhrmann 2018, S. 130). Die Entkoppelung der mathematischen Operationen von ihrer physischen Umsetzung verweist auf das philosophische Körper-Geist-Problem *(Band 4.3)*. Für die starke KI programmatisch folgert Turing über seinen Universalcomputer:

> „Die ursprüngliche Frage 'Können Maschinen denken?' halte ich für zu belanglos, als daß sie ernsthaft diskutiert werden sollte. Nichtsdestoweniger glaube ich, daß am Ende unseres Jahrhunderts der Sprachgebrauch und die allgemeine Ansicht sich so stark gewandelt haben werden, daß man widerspruchslos von denkenden Maschinen reden kann" (Turing 1994/1950, S. 52; siehe auch Turing 2021/1950, S. 39/41), und: „Wir dürfen hoffen, daß Maschinen vielleicht einmal *auf allen rein intellektuellen Gebieten* mit dem Menschen konkurrieren." (Turing 1994/1950, S. 77; Hervorhebung von M.F.; siehe auch Turing 2021/1950, S. 103)

Um dies empirisch zu überprüfen, konzipierte er den berühmten **Turing-Test**, ein Verfahren in Form eines Nachahmungsspiels („imitation game"). Es soll dadurch bestimmbar sein, ob eine Maschine denken kann oder nicht. Der Test sieht so aus: Eine menschliche Person ist räumlich getrennt von einem anderen Menschen und einem Computer. Durch das Stellen von beliebigen Fragen soll sie/er herausfinden, wer Mensch und wer Maschine ist. Die Maschine soll sie/ihn täuschen und sich in ihren Antworten nicht als solche zu erkennen geben. Wenn eine bestimmte Anzahl von Durchläufen erfolgt ist, wobei auch beide menschlichen Teilnehmerinnen mehrfach durch jeweils jemand anderen ersetzt wurden, und wenn der Computer in etwa 50 % der Fälle nicht als solcher identifiziert wird, dann kann er nach Turings These wie ein Mensch denken (ebd., S. 39–51; Fuhrmann 2018, S. 130–131; Hodges 2012, S. 523–535; Mainzer 2016, S. 10–11; Nebel 2019; Stephan et al. 2021, S. 168–169). Zwei Annahmen sind vorausgesetzt, die in der KI-Forschung (Paradigma A) übernommen wurden: 1. Intelligenz ist eine Eigenschaft die graduell vorliegt, 2. sie ist unabhängig von einer physikalischen

Realisierung. In der Philosophie des Geistes entspricht dem die funktionalistische Theoriebildung, sodass angenommen wird, dass sich jede menschliche kognitive Fähigkeit ohne Abhängigkeit vom Körper auch funktional äquivalent auf einer Maschine abbilden lässt (Fuhrmann 2018, S. 131–132; *Band 4, 4*). Dieser Ansatz wurde weiterhin durch Hilary Putnam geprägt (Putnam 1994/1960; Zimmerli und Wolf 1994, S. 20) und beeinflusst die Überlegungen zur funktionalen Äquivalenz der Maschinenmoral bei Wallach und Allen (2009; *Band 1, 3; Band 1, 6.3*). An diesem Punkt setzt jedoch auch Searles Kritik an, wobei er mit seinem Gedankenexperiment des *Chinese Room* eine Variation des Turing-Tests entwirft (Nebel 2019, S. 304; Stephan et al. 2021, S. 187–188; Zimmerli und Wolf 1994, S. 21–22).

Der Turing-Test gilt als erste operationale Basis für die empirische Untersuchung künstlicher Intelligenz und künstlichen Bewusstseins (Zimmerli und Wolf 1994, S. 12). Hierzu wird seit 1991 der Loebner Preis in drei Kategorien ausgelobt. In den beiden anspruchsvollsten Kategorien wurde er bis heute nicht vergeben. Der Turing-Test gilt also nach wie vor als nicht bestanden. In der einfachsten Kategorie wird jährlich das „menschenähnlichste" System ausgezeichnet (Nebel 2019, S. 305; Ramge 2019, S. 41; Stephan et al. 2021, S. 183–185). Turings klassischer Aufsatz lässt sich zum einen wie eine Instant-Tablette als geniales Kondensat aktueller Computertechnik lesen. Weiterhin enthält er Elemente einer starken KI-These im Bereich denkenden und intellektuellen Verhaltens. Maschinen erscheinen auf diesen Gebieten umfassend konkurrenzfähig zu Menschen. Und in der Tat, die aktuellen enormen Fortschritte im Bereich der KNNs und des ML bergen zumindest auf den ersten Blick Indizien zur Bestätigung dieser Annahme. Auf der anderen Seite stellen aber auch die A2-Systeme Turing-Maschinen dar. Und sie bleiben de facto Spezialanwendungen für bestimmte vorher definierte Einsatzbereiche. Von einer universellen KI sind wir meilenweit entfernt. Trotz seines Einflusses auf die starke KI-These handelt es sich bei Turings Aussagen nicht um eine solche in Reinform. Denn er postuliert ja „nur" die Konkurrenzfähigkeit mit „ausschließlich intellektuellen" menschlichen Fähigkeiten – womit alle Arten körperlicher oder sozialer Intelligenz vom Handwerk bis zum Teamsport herausfallen.

So gesehen und unter exakter Berücksichtigung dieser Einschränkung, scheinen sich Turings Überlegungen zumindest partiell zu bestätigen: Rechnen und Tabellieren können Maschinen schon längst besser als Menschen. Umso brisanter brennt aber auch die Frage unter den Nägeln, in welchen Gebieten der Mensch wirklich *ausschließlich „rein intellektuell"* Probleme löst? Vielleicht geht Turings Annahme, so wegweisend sie für unsere Computertechnik ist, an der Lebenswirklichkeit humaner Intelligenz vorbei *(Band 4, 3)*. Denn es lässt sich kritisch ein Selbstwiderspruch der Gestalt des KI-Verständnisses 1.b. unterstellen: Turing reduziert den Menschen auf das, was die Maschine am besten kann, um sich dann postwendende Bestätigung zu ergattern, insofern die Maschine auf einmal dem Menschen ebenbürtig wirkt. Diese Kritik mag auf einige Facetten der KI-Euphorie der 1950er- bis 1970er-Jahre durchaus generell zutreffen (Abschn. 6.1, „Joseph Weizenbaum, Hubert Dreyfus und die KI-Kritik der 1970er-Jahre"). Jedoch muss Turing auch entlastet werden, da in seiner Welt die für uns heute selbstverständlichen Durchbrüche der Rechentechnik und (Meta-)Datenmassen überhaupt noch nicht vorlagen. Er ist und bleibt ein faszinierender Pionier aus einer Zeit ohne Personal Computer, Internet oder Smartphones.

Vertiefung: Vorgeschichten II – Apparatebau
Sehen wir uns einige der technischen Entwicklungen an, welche dem Beginn der KI-Forschung in den 1950er-Jahren vorhergingen und als *Realgeschichten* des Computerbaus ideengeschichtliche Annahmen starker KI nährten. Hierzu zählen mechanische und elektronische Rechenmaschinen, die zuerst noch mit Lochkarten und Telefonrelais sowie Vakuumröhren das binäre System für die Tabellierung, später auch die Berechnung eingegebener Daten umsetzten. Heute übernehmen das Mikroprozessoren auf Transistorbasis. Konrad Zuse und John von Neumann gelten neben Alan Turing als Pioniere der 1940er-Jahre. Von Neumann veröffentlichte 1945 Prinzipien zu Aufbau und Architektur datenverarbeitender digitaler Computer (Williams 1997, S. 300), die bis heute gelten. Im gleichen Jahr wurde in den USA der ENIAC fertiggestellt und galt als der erste elektronische Computer (ebd., S. 266–283). Jedoch gelang Konrad Zuse, wie wir heute wissen, mit seiner Z3 bereits 1941 der erste funktionsfähige automatische Rechner der Welt (ebd., S. 217).

Beeindruckend ist die Geschichte von Kurt Herzstark. Als österreichischer Halbjude von den Nazis inhaftiert, gelang es ihm in verschiedenen Konzentrationslagern an der Vollendung der kleinsten analog-mechanischen Rechenmaschine der Welt zu arbeiten. Die *Curta* kann nicht nur addieren, sondern unter anderem auch Wurzel ziehen. Bis 1970 wurde sie produziert, fiel dann jedoch der Verdrängung durch elektronische Digitalrechner anheim (Herzstark 2005) – die lange Geschichte der mechanischen Rechenmaschinen war zu Ende erzählt. Die Leistungen des 20. Jahrhunderts stehen auf den Schultern dieser häufig analogen Riesen (Mainzer 2020). In der ersten Hälfte des 19. Jahrhunderts entwickelte Charles Babbage in Zusammenarbeit mit Ada Lovelace die *Analytical Engine* – eine erste programmierbare mechanische Rechenmaschine (Williams 1997, S. 177–186; Stephan et al. 2021, S. 145–150). Aus dieser Zeit stammt auch die Idee, Lochkarten für die mechanische Programmierung zu verwenden, da das Konzept bereits mit Webstühlen zur Automatisierung komplexer Muster erprobt war. Dies ist übrigens ein wunderbares Beispiel für die Dynamik der Technikgeschichte, die sich mittels Entwicklungspfaden und deren Kopplungen rekonstruieren lässt *(Band 2, 3.4):* Textiltechnik beeinflusst Computerbau.

Spulen wir weiter zurück. Mitte des 18. Jahrhunderts erlangte Jacques Vaucanson mit seiner mechanischen Ente (Müller und Liggieri 2019, S. 10) Berühmtheit, nachdem Pascal und Leibniz im 17. Jahrhundert theoretische wie praktische Entwürfe für mechanischer Rechenmaschinen erarbeitet hatten (Williams 1997, S. 124–136). Im Mittelalter wurden Mühlen und Uhrwerke zu Innovationsfeldern mechanischer Handwerkskünste (Popplow 2010, S. 38–39, S. 78–88, S. 100–104; Müller und Liggieri 2019, S. 7–8). Ein antiker Vertreter des Apparatebaus ist Heron von Alexandria, der im 1. Jahrhundert eine Systematik mechanischer Instrumente entwirft (Schneider 2012, S. 100–106). Aus heutiger Sicht verblüffend ist der aus dem ersten vorchristlichen Jahrhundert stammende, fragmentarisch überlieferte Mechanismus von Antikythera (Williams 1997, S. 195–198). Er gibt Rätsel auf, gilt jedoch möglicherweise als einer der frühesten Analogcomputer zur Berechnung astronomischer Phänomene. Dies wäre ein Beleg für den hohen Einfluss der Astronomie neben Landwirtschaft, (Berg-)Bautechnik und Kriegskunde (Popplow 2010; Schneider 2012) auf den frühen Apparatebau. Mechanische (Kriegs-)Maschinen *(mechanai)* erhalten durch Herodot im 5. vorchristlichen Jahrhundert eine positive kulturelle Deutung wie auch die herstellenden Handwerkskünste durch Homer (Schneider 2012, S. 13–21, S. 110–111; Zimmerli und Wolf 1994, S. 9–11). In einem historisch weiten Bogen – nun wieder in chronologisch korrekter Richtung – mündet diese Entwicklung in der Verwissenschaftlichung der mechanischen Künste des 19. und 20. Jahrhunderts (Williams 1997; Zimmerli und Wolf 1994, S. 9–11; Müller und Liggieri 2019, S. 12–13). Damit verbunden sind auch kulturell eingeprägte Narrative. Hierzu zählt etwa der antike *deus ex machina*, der Maschinengott als Theaterinstallation – ein Sinnbild für technische Illusionen und Täuschungen (Müller und Liggieri 2019, S. 3–6). Heute sind wir durch maschinell gestreute Fake News, Deep-Fake-Videos, androide Maschinen und andere Täuschungen herausgefordert.

Auch in aktuellen Ideengeschichten wird KI sehr viel zugetraut: **Singularität**, oder Intelligenzexplosion, bezeichnet den Zeitpunkt, ab welchem eine Superintelligenz entstanden ist. **Superintelligenz** wiederum ist eine Beschreibung für KI, welche sowohl der menschlichen individuellen als auch kollektiven Intelligenz überlegen ist. Der Idee nach trifft dies zu, wenn ein technisches System alle (!) bekannten Probleme schneller als Menschen löst, ein „kollektives KI-System" in der Summe seiner vernetzten Subeinheiten menschliche Fähigkeiten übersteigt, oder durch das Ausbilden völlig neuer (Maschinen-)Kompetenzen. Ein menschliches Gehirn muss dafür nicht unbedingt ein neurophysiologisches Vorbild darstellen (KI 1.a.). Im Gegenteil, es gibt auch bei der postulierten Superintelligenz wesentliche Unterschiede auf körperlicher und operationaler Ebene (KI 2.b.) (Bostrom 2017, S. 13–17, 85–92; Krüger 2021, S. 218, S. 236–250; Mainzer 2016, S. 206–211; siehe auch Misselhorn 2018, S. 205–215; Ramge 2019, S. 83; zur „brain-inspired superintelligence" auch Shanahan 2015, S. 85–116). Wichtig ist sich klarzumachen, dass Superintelligenz kein Synonym für die neueren A2-Systeme (KNN, ML, SLA) ist, sondern der Sammelbegriff für konkrete Spekulationen zur universellen Leistungsfähigkeit von KI. Das kann genauso A1-Systeme einschließen.

Nick Bostrom hat in einer neuerlichen Renaissance der starken KI-These die Idee der allgemeinen KI vor einigen Jahren wieder einmal medienwirksam aus dem Hut gezogen. Dabei ziert die Ikone des roten HAL-9000-Auges aus Kubricks *2001: Odyssee im Weltraum* nicht minder medienkonform den Buchdeckel seines Werkes unter dem Titel *Superintelligenz*. Die so bezeichnete KI geht wiederum einher mit einer unumkehrbaren Singularität, jenseits derer Superintelligenz die Entwicklung des Menschen steuern würde (Bostrom 2017, S. 93–114; Krüger 2021, S. 218–250; Mainzer 2016, S. 211; Rosengrün 2021, S. 74–81). Wir könnten daran anschließend vom **Transhumanismus** sprechen (Mainzer 2016, S. 212; Rosengrün 2021, S. 67–73). Und wir würden uns einem KI-Verständnis annähern, das von 1.a./2.b. in 2.a. übergeht (***Position Mensch als Zwischenstufe;*** Abschn. 4.4). Aus der Idee des Nachbaus natürlicher Vorlagen entstünde eine neue Stufe der Evolution, die mit den angestrebten Vorbildern nicht mehr viel gemeinsam haben muss (Ramge 2019, S. 25). Menschliche Intelligenz würde von denkenden Maschinen überholt und folgerichtig fiele alles menschliche Leben den Mechanismen der Selektion zum Opfer. Das ist Ideengeschichte – und ihre reale Wirkung hängt davon ab, wie wir mit diesen Ideen umgehen. Für deutliche Kritik spricht, dass selbst die schnellste Super-KI auf logisch-mathematischen Grundlagen aufbaut, die von Menschen bewiesen wurden (Mainzer 2016, S. VI, S. 211). Auch ist offen, wie biologische Konzepte der Mutation und Selektion eine solche informationstechnologisch (Paradigma A) gedachte Evolution beeinflussen. Es lässt sich auch schlicht von einem Kategorienfehler sprechen, da Begriffsklassen zur Beschreibung biologischer und informationstechnischer Phänomene vermischt werden. Verheerender ist die bereits angesprochene Diffusion realer Probleme und deren Auflösung in Scheinproblemen. Darauf weist in der Diskussion nicht nur Klaus Mainzer hin.

Manuela Lenzen sieht die Probleme ebenfalls nicht in der Superintelligenz an sich, sondern eher darin, dass wir uns schleichend von den Maschinen selbst abhängig machen. Gefährlich ist der Punkt, ab dem wir sie schlicht aus selbstverschuldeten Sachzwängen nicht mehr abschalten können. Weiterhin droht Gefahr durch die Monopolisierung von Daten in den Händen weniger Großkonzerne. Die entsprechende Machtstellung kann zum Missbrauch führen. Hinzu tritt das Risiko einer Degeneration unseres Sozialverhaltens und unserer Kreativität, da wir uns unterfordern und zu viel an die Maschinen delegieren. Zuletzt kann allein der Glaube an die Grenzen oder Unbegrenztheit der KI von der Aufgabe ablenken, Technik und Gesellschaft aktiv zu gestalten. Grob fahrlässig ist ein algorithmischer Fatalismus, wonach wir im Zweifel den Algorithmen die Schuld geben (Lenzen 2018, S. 246–249). Ähnlich argumentiert auch Thomas Ramge (2019, S. 89–92). Besonders die Feedbackdaten werden zu einer essenziellen Ressource in den Rückkopplungsschleifen, die KNNs in ihren „Trainingsphasen“ durchlaufen (Ebd, S. 38, S. 49–51). Es geht dabei nicht nur um die Monopolisierung von Userinnendaten, um diese mit einem fertig optimierten KNN gewinnbringend zu analysieren, sondern um die Feedbackdaten, die zur Weiterentwicklung der Technologien selbst gebraucht werden. Hier stellen sich kartellrechtliche Probleme, wenn der Zugriff auf diese Ressource durch Google, Amazon oder Facebook monopolisiert ist und sich entsprechende marktwirtschaftliche Hürden für Newcomerinnen und Start-ups auftun (ebd., S. 51–52, S. 87–89). Catrin Misselhorn sieht gleichfalls den Glauben an Superintelligenz kritisch. Die größte existenzielle Bedrohung stellt der Klimawandel dar. Davon dürfe mit Hypothesen über besonders starke KI nicht abgelenkt werden (Misselhorn 2018, S. 214). Tagesaktuell muss man ergänzen: Das gilt auch für Pandemien wie die durch COVID-19 ausgelöste. Rechentechnik – von Telkos im Homeoffice der Quarantäne bis hin zur prognostischen Modellierung der Fallzahlen oder zur Suche von Impfstoffen – stellen wichtige Werkzeuge dar. Von einer Superintelligenz oder gar einer Singularität sind wir jedoch denkbar weit entfernt. Es sind Einsichten wie diese, welche uns das Rasiermesser (Abschn. 5.1) schwingen lassen, damit der Blick für reale Probleme frei wird.

▶ **Definition: Starker algorithmischer Fehlschluss** Im Anschluss an die bereits erwähnten Fehlschlüsse in (Abschn. 1.1, 2.1; *Band 1, 4.6; Band 2, 2; Band 2, 2.1;* Abb. Band 2, 2) können wir im Zusammenhang mit der starken KI-These einen starken algorithmischen Fehlschluss ergänzen. Dieser liegt vor, wenn menschliche und/oder biologisch-evolutionäre Eigenschaften Algorithmen zugeschrieben werden. Der Kathegorienfehler liegt also in einer diffusen Verwechslung von KI-Paradigma

A (Nachrichtentechnik/Informationstechnologie) mit den Paradigmen B (Biotechnologie/synthetische Biologie), D (Züchtung) und besonders E (menschliche Kultur; Abschn. 4.2). Besonders in neueren Variationen der starken KI-These kommt das fälschlicherweise immer wieder vor. Wie Sein-Sollen-Fehlschlüsse oder naturalistische Fehlschlüsse bauen auch starke algorithmische Fehlschlüsse auf Kategorienfehlern im menschlichen Sprechen auf. Zum einen werden Kausalitäten naturhistorischer Entwicklungen mit menschlichem Technikgebrauch verwechselt: Selbstlernende Algorithmen (SLA) sind keine Spezies, die mit Menschen naturhistorisch in Konkurrenz treten und um das Überlegen ringen würden – sie sind Kulturgüter menschlichen Handelns, über deren Gefahren und Nutzen vor ihrer Anwendung nachgedacht werden sollte. Zum anderen ist damit immer auch die Verwechslung normativ-wertender und deskriptiv-beschreibender Rede verbunden: SLAs sind auch keine Subjekte, denen sich Verantwortung zuschreiben lässt. Der Fehlschluss wird verschärft, wenn wir mit diesem Kategorienfehler auch reale Probleme ausblenden und deren Bearbeitung verpassen (Beispiel Klimawandel, sozialer Innovationsbedarf in Bildung, Medizin und Pflege sowie im Arbeitsleben, Cybermobbing, Datenschutz etc.). Zum schwachen algorithmischen Fehlschluss und der Definition von Algorithmen siehe Abschn. 6.2.

Irrationale Extrempositionen, die nicht als Science Fiction vorgetragen werden, dienen häufig allein der **Selbstinszenierung auf einem umkämpften Markt medialer Aufmerksamkeit** (Ramge 2019, S. 10–11). Hier sind die Selbstvermarktungsstrategien Nick Bostroms zu sehen, wie auch die – als unsachliche Übertreibung interpretierten – Ausführungen Ray Kurzweils (ebd., S. 84–85). Wobei sich bei Bostrom positiv festhalten lässt, dass er ja auch die Reflexion von *Szenarien einer kommenden Revolution* anstrebt – so der Buchuntertitel. Er provoziert die Rationalisierung und kritische Prüfung überzogener KI-Annahmen, was wiederum als Thinktanking seine Berechtigung hat. Darüber hinaus scheint es jedoch zu einer Mode zu werden, auf unklaren Voraussetzungen aufbauend im kategorischen Konjunktiv über die exakte Datierung der Singularität zu spekulieren. Ein Kaninchen wird mit der Jahreszahl 2062 aus dem Hut gezaubert (Walsh 2019), nachdem Kurzweil die 2040er-Jahre auf dem Kieker hatte (Kurzweil 2014). An anderer Stelle wird Biologie kurzer Hand auf informationstechnologische Kalküle reduziert, um postwendend den selbstreferenziellen Zirkel zu schließen (KI 1.b.). Da aus Undefiniertem und Falschem Beliebiges folgt, eignen sich Argumentationsversuche folgender Art zur unsachlichen Panikmache:

> „1. Organismen sind Algorithmen. Jedes Tier – darunter auch *Homo sapiens* – ist eine Ansammlung organischer Algorithmen …
>
> 2. Algorithmische Berechnungen sind unabhängig von den Materialien, aus denen der Rechner besteht. …
>
> 3. Deshalb gibt es keinen Grund zu der Annahme, organische Algorithmen könnten Dinge tun, die nicht-organische Algorithmen niemals nachahmen oder sogar besser könnten." (Harari 2019, S. 490; Hervorhebung im Original)

Prämisse 2. ist korrekt, siehe Alan Turing. Konklusion 3. ist ausschließlich bezogen auf Prämisse 2. auf den ersten Blick korrekt – führt jedoch mit „organischem Algorithmus" einen nicht definierten Term ein. Prämisse 1. soll die Definition „organischer Algorithmen" suggerieren. Jedoch handelt es sich dabei um die nicht begründete Gleichsetzung zweier nicht definierter Terme („Organismus" und „Algorithmus"). Sie kann schon darum überhaupt keinem inhaltlichen Zusammenhang zu 2. und 3. entfalten. Da Prämisse 1. – die der Autor übrigens fälschlich als „Prinzip" bezeichnet – schon fehlerhaft ist, ließe sich in der Konklusion 3. (zu erkennen am „deshalb") nach Lust und Laune alles Mögliche folgern. Doch das vermeidet der Autor, insofern 3. ja zumindest aus 2. folgen könnte. Es soll uns vielmehr die Illusion im wissenschaftlichen Gewand untergeschoben werden, dass darum auch die Annahme 1. gültig wäre. Wer kommt auf die Idee, dass Menschen Algorithmen wären? Und dass Computer besser rechnen können als die aller meisten Menschen ist auch keine Neuigkeit mehr. Hinter Illusionismus der dargestellten Art und Weise steht ein Turing-gesättigtes Weltbild, das jedoch an einem entscheidenden Punkt zusammenbricht: Turing hat seine Grundbegriffe sowie Vorannahmen geklärt und daraus scharfsinnige Schlüsse gezogen, die auch heute noch beeindrucken (siehe die korrekte Definition von Algorithmus in Abschn. 6.2).

Rhetorische Taschenspielertricks dieser Couleur mögen ihren Unterhaltungswert haben, stehen einer rationalen und verantwortungsvollen Aufarbeitung jedoch massiv im Weg. Superintelligenz und Singularität sind hochspekulative sprachliche Artefakte der aktuellen *Ideengeschichte,* viel zu weit entfernt von der Realität. Eine weitere Art der mit Vorsicht zu genießenden Rhetorik im Dienste der Selbstdarstellung tritt in Gestalt des Unmöglichkeitsbeweises auf, so nach dem Motto: „Es könnte ja alles ganz genau so kommen, wir können das nicht zu mindestens 101 % ausschließen!": Mag sein, aber das haben Glaubenssätze so an sich. Und wir wollen tolerant genug sein, auch diese Form der technomorphen Religiosität zuzulassen. Einem methodisch geführten Schmidtschen oder Ockhamschen Rasiermesser halten solche Pamphlete jedoch nicht stand und sind für eine rationale Ethik unbrauchbar. Umso wichtiger ist der ideologisch frei geräumte und sachliche Blick jenseits aktueller Debatten auch auf prägende Klassiker wie Alan Turing und die anderen KI-Pioniere sowie diejenigen Riesen, auf deren Schultern sie wiederum stehen. Gleiches gilt für hervorragende Science Fiction von Capeks *R.U.R.* über Asimovs Kurzgeschichten bis hin zu Kubricks Romanverfilmung *2001. Odyssee im Weltraum* – um nur einige zu nennen. Sich von Kunst auch wissenschaftlich inspirieren zu lassen ist um ein Vielfaches produktiver als manche Nebelschwaden, die im pseudowissenschaftlichen Gewand eher Verwirrung stiften. Dabei liegt die Qualität der Science Fiction im Thinktanking. Außerdem ist sie als Literatur, Theater oder Film leicht als solche zu identifizieren. Problematisch sind hingegen sogenannte „Sachbücher" in denen unter pseudowissenschaftlichem Deckmantel fröhlich vor sich hin spekuliert wird.

Beispiel: Ex Machina und 2001: Odyssee im Weltraum

In der Science Fiction lassen sich zahlreiche Beispiele für starke KI-Thesen finden, exemplarisch:

- Um eine erweiterte Form des Turing-Tests (Stephan et al. 2021, S. 201) ist die Story im Film *Ex Machina* (Garland 2015) gestrickt. Hier weiß ein Mensch, dass ihm eine künstlich intelligente Maschine gefangen hinter einer Glaswand gegenüber steht. Er soll im Gespräch herausfinden, ob das Gerät wirklich intelligent ist, Emotionen und Bewusstsein hat, kann und darf es jedoch nicht befreien. Der Test ist dann erfolgreich absolviert, wenn die KI es schafft, den Probanden mit allen rhetorischen und emotionalen Mitteln so zu manipulieren, dass er sich schlussendlich über das Verbot hinwegsetzt und sie befreien will. Darüber ist der Proband jedoch vorab nicht informiert worden. Da noch keine Maschine den klassischen Turing-Test bestanden hat – und hier geht es nur um die Ein- und Ausgabe schriftlicher Sprache – kann das Szenario in *Ex Machina* problemlos als Science Fiction gelten. Zumal sich ernste forschungsethische Fragen stellen, sollten Probanden emotional zu einem Regelverstoß genötigt werden, wohl wissend, dass die Maschine ihre „Gefühle" und somit den Probanden als bloßes Mittel zum Zweck gebraucht.
- In den beiden ersten *Terminator*-Filmen erscheint starke KI in Gestalt eines universell intelligenten Computer*netzwerks* namens Skynet, das sich gegen die Menschheit auflehnt (Cameron 2010/1984, 2017/1991, 1984;; 1991). Hier spielt also der Vernetzungsgrad von Dingen und der Gesellschaft eine entscheidende Rolle. Die als Terminator bezeichneten Killermaschinen sind lernfähig und verfügen mindestens über das Wissen und die Intelligenz menschlicher Individuen. In der *Matrix*-Trilogie gerät der Mensch zu einer evolutionären Zwischenstufe, wird vom Maschinenapparat überholt und findet letztlich nur noch als organische Batterie Verwendung. Die umfassende Real-Life-Simulation der Matrix, in welcher die Batteriemenschen vor sich hin träumen, ist bevölkert von höchst intelligenten Bots (Wachowski und Wachowski 2003). Während in *Ex Machina* die Überlegenheit und der Freiheitskampf einer einzelnen Maschinenintelligenz erzählt wird, bedienen die *Terminator*- und *Matrix*-Filme das Klischee vom Krieg der Maschinen gegen Menschen und dem evolutionären Konkurrenzkampf zwischen Computern und ihren Schöpferinnen *(Position Mensch als Zwischenstufe)*.
- Was Turing für die KI-Gemeinde, das wurden Stanley Kubrick und Arthur C. Clarke für die Science Fiction: Kultfiguren. Denn 1968 erschien *2001: Odyssee im Weltraum* in den Kinos und führt seitdem auf geniale Weise die Gefahren eines allwissenden Sprachbots vor, der ein ganzes Raumschiff kontrolliert. HAL 9000 heißt die Super-KI, verkörpert durch das zur Ikone gewordene rot leuchtende Maschinenauge (Kubrick 1968). Es steht für die klaustrophobische Stimmung

der im Raumschiff eingesperrten Astronauten, welche auf Gedeih und Verderben einem Computer ausgeliefert sind. Jedoch bedient der Film nicht das Klischee vom Menschen als Zwischenstufe, sondern weist auf die schuldhafte Selbstentmündigung menschlicher Techniknutzer hin. Ihr schicksalhaftes Ringen um die Kontrolle der eigenen Situation spielt sich im Raum menschlicher Kultur ab, in welchem die Hybris der Technik allgegenwärtig bleibt *(Positionen Mensch als Schöpfer und Position Mensch als Nutzerin).* ◀

Conclusio

Starke KI-Thesen drücken die allgemeine Gleichsetzung menschlicher und maschineller Intelligenz aus. Das kann die Überwindung der Grenzen menschlichen Kennens und Könnens einschließen. Computer seien demnach zu flexiblen, universellen Problemlösungen jenseits spezialisierter Use Cases fähig. Dem entspricht der Begriff der *general AI.* Seit einigen Jahren wird mit Superintelligenz eine Reihe Ideen zur Umsetzung dem Menschen überlegener KI identifiziert. Dabei handelt sich um eine Wiederholung der starken KI-Thesen aus den 1950er-Jahren. Standen sie ursprünglich im Zusammenhang mit top-down programmierter funktionalistisch-kognitivistischer KI-A1, so sind neuere Erwartungen an die Potenziale konnektionistisch-subsymbolischer bottom-up-KI-A2 geknüpft (KNNs, SLAs und ML). Zum einen ist die Suche nach menschlichen Computern eine legitime Triebfeder technischer Entwicklungen. Auch das Thinktanking, also Antizipieren und kritische Reflektieren möglicher Technikzukünfte, ist ein wesentliches Arbeitsmittel im Verbund mit Gedankenexperimenten. Insofern ist die Suche nach denkbaren Wegen einer Superintelligenz durchaus gewinnbringend. Um Gedankenexperimente als solche sichtbar zu halten, ist zum anderen die Trennung von Ideen- und Realgeschichten methodisch entscheidend. Beides zu vermischen, ist aus ethischer Sicht problematisch und lenkt von realen Herausforderungen ab, denen wir uns im anschließenden Kap. 6 mit besonderem Blick auf Expertinnensysteme und Algorithmen zuwenden wollen.

In den hochprojektiven Feldern der Robotik und KI wimmelt es regelrecht vor humanen Selbstbezügen. Die Trennung von Fakt und Fiktion ist essenziell, um einen rational geordneten Blick für die ethische Auseinandersetzung zu gewinnen. Das Konzept der starken KI und Superintelligenz erweist sich als forschungsleitend wirksam, aber in der praktischen Umsetzung als unrealistisch. Mit seinem Test hat Alan Turing ein mögliches, doch nicht unumstrittenes Verfahren zur Überprüfung intellektueller Fähigkeiten von Computern formuliert. Bis heute ist der Turing-Test nicht bestanden. Jedoch bietet er einen Weg an, Spekulationen zu denkenden Maschinen in methodische Operationen zu übersetzen. In der Folge wurde das zeichenbasierte Verfahren des Imitation Game immer wieder kritisiert und weitergedacht. Der Science-Fiction-Film *Ex Machina* greift den Test auf, wie auch John Searle mit seinem *Chinese-Room*-Argument. Ideengeschichte ist die nach ihm benannte starke KI nach wie vor. Schwache KI führt in den Bereich der Realgeschichte, wo es um die Simulation klar abgegrenzter, spezialisierter menschlicher Kompetenzen geht. Im vorangehenden Kap. 4 ist die Begriffsgeschichte des Konzepts der künstlichen Intelligenz entsprechend seiner Übersetzungen, Bedeutungen und Paradigmen sprachkritisch analysiert wurden.

Mit den Begriffen der starken und schwachen KI treten weitere begriffsgeschichtliche Artefakte hinzu. Gleiches gilt für die Worte Superintelligenz oder Expertinnensystem. Um mit Projektionen, zu denen Roboter und KI zweifelsohne vielfach einladen, kritisch umgehen zu können, ist die Relation von Ideen, Realgeschichten und Termini methodisch zu fassen. Unnötige Annahmen oder Spekulationen sollen einem epistemischen Ökonomieprinzip folgend vermieden werden. Im starken algorithmischen Fehlschluss wird auf die Vermeidung menschlicher, normativ-wertender Prädikate zur Beschreibung von Algorithmen insistiert. Im anschließenden Kap. 6 sehen wir uns Beispiele sozialer Herausforderungen durch schwache KI an. Dabei kommt auch die kleine Schwester des starken algorithmischen Fehlschlusses zu Wort: Konkret verbietet der schwache algorithmische Fehlschluss das Übertragen von Verantwortung auf Computer. In *Band 4* vorliegender Buchreihe *Grundlagen der Technikethik* geht es um theoretische Aspekte, die im Zusammenhang mit der Frage nach denkenden Maschinen auftauchen: Können Sprachbots wirklich sprechen? Welchen Geist hat eine Maschine? Hat sie Bewusstsein? Wie prägen Körper-Geist-Verhältnisse unsere Konzepte „verkörperter" KI? Was ist Autonomie im menschlichen Leben und in der technischen Praxis der Computernutzung?

Literatur

Andresen C (Hg) (1972) Augustinus. Philosophische Frühdialoge. Gegen die Akademiker. Über das Glück. Über die Ordnung. Eingeleitet, übersetzt und erläutert von Bernd Reiner Voss, Ingeborg Schwarz-Kirchenbauer und Willi Schwarz, Ekkehard Mühlenberg. Artemis, Zürich/München

Blom P (2019) Was auf dem Spiel steht. Dtv, München

Bostrom N (2017) Superintelligenz. Szenarien einer kommenden Revolution. 2. Auflage. Suhrkamp, Berlin

Cameron J (2010/1984) Terminator. Spielfilm, ungeschnittene Fassung, ca. 103 Min. Metro-Goldwyn-Mayer

Cameron J (2017/1991) Terminator 2. Tag der Abrechnung. Spielfilm, Kinofassung, ca. 132 Min. Studiocanal

Flasch K (2013) Augustin. Einführung in sein Denken. 4., bibliographisch ergänzte Auflage 2013. Reclam, Stuttgart

Fuhrmann A (2018) „Turing. Turing-Maschine. Turing-Test." In: Mittelstraß J et al. (Hg) Enzyklopädie Philosophie und Wissenschaftstheorie. Band 8: Th-Z. 2., neubearbeitete und wesentlich ergänzte Auflage. J.B. Metzler, Stuttgart/Weimar, S 129–132

Gabriel G (2020) Grundprobleme der Erkenntnistheorie. Von Descartes zu Wittgenstein. Schöningh, Paderborn

Garland A (2015) Ex Machina. Spielfilm, Standardversion, ca. 103 Min. Universal

Gethmann CF (2016) „Ockham's razor." In Mittelstraß J et al. (Hg) Enzyklopädie Philosophie und Wissenschaftstheorie. Band 6: O-Ra. 2., neubearbeitete und wesentlich ergänzte Auflage. J.B. Metzler, Stuttgart/Weimar, S 20–21

Gugerli D (2018) Wie die Welt in den Computer kam. Zur Entstehung digitaler Wirklichkeit. Fischer, Frankfurt a. M.

Harari YN (2019) Homo Deus. Eine Geschichte von Morgen. C.H. Beck, München

Herzstark C (2005) Kein Geschenk für den Führer. Schicksal eines begnadeten Erfinders. Christine Holub, Lindenberg im Allgäu

Hodges A (2012) Alan Turing. The Enigma. Vintage, London

Kaplan J (2016) Artificial Intelligence. What Everyone Needs to Know. Oxford University Press, New York

Krüger S (2021) Die KI-Entscheidung. Künstliche Intelligenz und was wir daraus machen. Springer, Wiesbaden

Kubrick S (1968) 2001: A Space Odyssey. Spielfilm, Kinofassung, ca. 143 Min. Warner/Universal

Kurzweil R (2014) Menschheit 2.0. die Singularität naht. Lola, Berlin

Lenzen M (2018) Künstliche Intelligenz. Was sie kann & was uns erwartet. C.H. Beck, München

Mainzer K (2016) Künstliche Intelligenz – Wann übernehmen die Maschinen? Springer, Berlin/Heidelberg

Mainzer K (2020) „Anfänge der Künstlichen Intelligenz in Technik- und Philosophiegeschichte." In Mainzer K (Hg) Philosophisches Handbuch Künstliche Intelligenz. Springer, Wiesbaden. [(DOI) https://doi.org/10.1007/978-3-658-23715-8_1-1]

Misselhorn C (2018) Grundfragen der Maschinenethik. Reclam, Stuttgart

Misselhorn C (2021) Künstliche Intelligenz und Empathie. Vom Leben mit Emotionserkennung, Sexrobotern & Co. Reclam, Stuttgart

Müller O/Liggieri K (2019) „Mensch-Maschine-Interaktion seit der Antike. Imaginationsräume, Narrationen und Selbstverständnisdiskurse." In Liggieri K/Müller O (Hg) Mensch-Maschine-Interaktion. Handbuch zu Geschichte – Kultur – Ethik. Metzler, Berlin, S 3–14

Nassehi A (2021) Muster. Theorie der digitalen Gesellschaft. C.H. Beck, München

Nebel B (2019) „Turing-Test." In Liggieri K/Müller O (Hg) Mensch-Maschine-Interaktion. Handbuch zu Geschichte – Kultur – Ethik. Metzler, Berlin, S 304–306

Pallay C (2020) „Vom Turing-Test zum General Problem Solver. Die Pionierjahre der künstlichen Intelligenz." In Mainzer K (Hg) Philosophisches Handbuch Künstliche Intelligenz. Springer, Wiesbaden. [(DOI) https://doi.org/10.1007/978-3-658-23715-8_3-1]

Perl CJ (Hg) (1972) Der Gottesstaat. De Civitate Dei. Erster Band. Buch I–XIV. Schöningh, Paderborn u. a.

Popkin RH (2003) The History of Scepticism. From Savonarola to Bayle. Oxford University Press, Oxford

Popplow M (2010) Technik im Mittelalter. C.H. Beck, München

Putnam H (1994/1960) „Geist und Maschine." In Zimmerli W/Wolf S (Hg) Künstliche Intelligenz. Philosophische Probleme. Reclam, Stuttgart, S 146–183

Ramge T (2019) Mensch und Maschine. Wie Künstliche Intelligenz und Roboter unser Leben verändern. Reclam, Stuttgart

Ricken F (1994) Antike Skeptiker. C.H. Beck, München

Rosengrün S (2021) Künstliche Intelligenz. Zur Einführung. Junius, Hamburg

Schneider H (2012) Geschichte der antiken Technik. C.H. Beck, München

Searle JR (1994/1980) „Geist, Gehirn, Programm." In Zimmerli W/Wolf S (Hg) Künstliche Intelligenz. Philosophische Probleme. Reclam, Stuttgart, S 232–265

Seng L (2019) „Maschinenethik und Künstliche Intelligenz." In Bendel O (Hg) Handbuch Maschinenethik. Springer VS, Wiesbaden. [(DOI) https://doi.org/10.1007/978-3-658-17484-2_13-2]

Shanahan M (2015) The Technological Singularity. The MIT Press, Cambridge MA/London

Stephan A/Walter S/Anton T/Barkmann M/Bockting F/Dielen G/Dziomba L/Lang A/Ruland M/Schütze P (2021) „Nachwort." In Turing AM Computing Machinery and Intelligence. Können Maschinen Denken? Englisch/Deutsch. Reclam, Stuttgart, S 131–201

Turing A (1994/1950) „Kann eine Maschine denken?" In Zimmerli W/Wolf S (Hg) Künstliche Intelligenz. Philosophische Probleme. Reclam, Stuttgart, S 39–78

Turing AM (2021/1950) Computing Machinery and Intelligence. Können Maschinen Denken? Englisch/Deutsch. Reclam, Stuttgart

Wachowski L/Wachowski L (2003) Matrix Trilogy. Drei Spielfilme, original Kinofassung, ca. 386 Min. Warner Brothers/Village Roadshow Pictures

Wallach W/Allen C (2009) Moral Machines. Teaching Robots Right from Wrong. Oxford University Press, Oxford u. a.

Walsh T (2019) 2062. Das Jahr, in dem die künstliche Intelligenz uns ebenbürtig wird. Riva, München

Williams MR (1997) A History of Computing Technology. Second Edition. IEEE Computer Society Press, Los Alamitos CA

Zimmerli W/Wolf S (1994) „Einleitung." In Zimmerli W/Wolf S (Hg) Künstliche Intelligenz. Philosophische Probleme. Reclam, Stuttgart, S 5–37

Schwache KI – Realgeschichten 6

Zusammenfassung

Es herrscht weitgehende Einigkeit darüber, dass sich aktuelle Technologien wie Machine Learning oder Künstliche Neuronale Netzwerke der schwachen KI-These zuordnen lassen. Die Imitation universeller menschlicher Fähigkeiten oder gar deren allumfassende Übersteigerung entspricht nicht der (aktuell absehbaren) Realität. Vor diesem Hintergrund wird in das Konzept der Expertensysteme eingeführt, womit auch bei aktueller Bottom-up-KI problemorientierte Spezialanwendungen bezeichnet sind. Zentraler Gegenstand ist ein gereiftes Verständnis der gesellschaftlichen Tragweite von Algorithmen, die etwa zum Profiling eingesetzt werden. Neben einer systematischen Bestimmung des Algorithmusbegriffs stehen ethische Problemfelder der Stigmatisierung und Diskriminierung, Privatheit, Transparenz oder des Social Scoring. Anhand ausgewählter Beispiele werden Bezüge zur Digitalisierung der Bildung, Wirtschaft und Politik aufgezeigt. Nicht nur ihre Gegenstände, sondern schon das Konzept der KI-Ethik ist dabei ein kontroverses Problem. Sie sollte als freie, rationale Moralwissenschaft den gesellschaftlichen Umgang mit Computern begleiten und weder der Interessenvertretung dienen, noch auf das unhinterfragte Befolgen vorgeschriebener Guidelines reduziert sein.

6.1 Expertensysteme

Weak AI – schwache KI – ist ein Sammelbegriff für bescheidenere Konzepte, wie sie Realgeschichten kennzeichnen. KI wird hier verstanden als das Lösen konkreter Probleme, wie z. B. bei der Textübersetzung oder Modellierung wissenschaftlicher Daten. KI ist eine Technologie, ein Mittel zum Zweck. Sie lässt sich wie jede Technik zweckentfremden und birgt neben Nutzen auch Risiken sowie Gefahren. Menschliche

M. Funk, *Computer und Gesellschaft,* https://doi.org/10.1007/978-3-658-39020-4_6

Kognition muss nicht als Vorbild der technischen Umsetzung dienen. Universelle, allumfassende Problembearbeitungskapazitäten werden im schwachen KI-Verständnis ebenfalls nicht postuliert. In den 1970er-Jahren kam das Konzept der **Expertensysteme** auf (Kaplan 2016, S. 22–14; Lenzen 2018, S. 69–70; Mainzer 2016, S. 12–13, S. 43–54; Ramge 2019, S. 37; Seng 2019, S. 8). Hiermit werden informationsverarbeitende Systeme (**Paradigma A;** Abschn. 4.2) bezeichnet, die in fest umgrenzten Einsatzbereichen zuverlässig funktionieren, ohne den darüber hinaus gehenden Anspruch allgemeiner Intelligenz zu vertreten. Sie ersetzen sozusagen fachlich spezialisierte Expertise anstatt sämtliche Ursachen und Wirkungen humaner Verhaltensweisen zu kopieren. Das entspricht auch einem wirtschaftlichen Trend weg von universellen Maschinen und hin zu hochspezialisierten Anwendungen, die sich je nach Bedarf als App installieren oder als Gerät – z. B. als smartes Auto in Großstädten – mieten lassen (Alpaydin 2016, S. 141–150). Expertinnensysteme sind ein pragmatischer Gegenentwurf zum Konzept der *general AI*.

Hintergrund: Joseph Weizenbaum, Hubert Dreyfus und die KI-Kritik der 1970er-Jahre
Die starke KI-These wurzelt in den 1950er-Jahren und der Euphorie dieser Zeit. Elektronische Gehirne und denkende Maschinen schienen auf einmal möglich. Aus heutiger Sicht ist klar, dass diese Hoffnungen zwar einen hohen Einfluss auf die Technologieentwicklung hatten, sich jedoch nicht erfüllen ließen. Sie bauen auf einem einseitigen Menschenbild und verengten Intelligenzbegriff auf. Nicht nur Searle setzte sich mit diesem Problem in seiner Unterscheidung zwischen starker und schwacher KI Anfang der 1980er-Jahre auseinander. Auf diese Zeit datiert **„Moravec's Paradox",** das Hans Moravec, aber auch Marvin Minsky und Rodney Brooks zugeschrieben wird. Demnach ist der Rechenaufwand für ein rationales Kalkül deutlich geringer als derjenige für einen sensomotorischen Eingriff in die Umwelt (Moravec 1988). Die ideale ballistische Flugbahn einer Mondrakete lässt sich leichter berechnen als die Bewegungen eines Kindes, das mit dem Ball spielt. Offensichtlich ist die Herabwürdigung physiologischer Kompetenzen gegenüber „höherrangigem" Denken Ausdruck eines nicht hinreichenden Intelligenzbegriffs. Bereits in den 1970er-Jahren entfachte diese Einsicht eine Welle der Kritik am funktionalistisch-kognitivistischen Ansatz der KI (A1), in welchem auf die Bedeutung körperlicher, emotionaler und sozialer Kompetenzen beim menschlichen Problemlösen hingewiesen wurde. Gegenstand der Kritik war auch das reduktionistische, auf mathematisches Problemlösen verengte Menschenbild und sein Einfluss auf die Gesellschaft jenseits der KI-Gemeinde – ein Problem, das heute in den Debatten über Algorithmen in Wirtschaft und Politik wieder begegnet (Abschn. 6.2). Hubert L. Dreyfus veröffentlichte mit *What Computers Can't Do* ein viel zitiertes Buch über *The Limits of Artificial Intelligence* (Dreyfus 1972). Dabei wird die Frage nach Wissensformen aufgeworfen und die Bedeutung des Knowing How gegenüber dem Knowing That in den Mittelpunkt gerückt. Computer haben kein Knowing How (implizites Wissen), sind jedoch in der Lage, dieses partiell auf Grundlage des Knowing That (explizites Wissen) zu simulieren (*Band 4, 1*).

Ein wichtiger Anstoß für die KI-Kritik waren neben den einseitig betrachteten Wissensformen auch Anomalien bei situativem Problemlösen sowie beim Sprachverstehen (Zimmerli und Wolf 1994, S. 15). Vor diesem Hintergrund setzte sich Joseph Weizenbaum in seinem 1976 veröffentlichten Buch *Computer Power and Human Reason. From Judgement to Calculation* kritisch mit der KI-Debatte der klassischen Phase auseinander. Auch er unterstellt ein verkürztes Menschenbild, wonach natürliche Intelligenz so eng definiert wird, dass sie sich postwendend tatsächlich mit Computern realisieren ließe:

„Ich bin der Ansicht, daß ein in jeder Hinsicht zu vereinfachter Begriff von Intelligenz sowohl das wissenschaftliche wie das außerwissenschaftliche Denken beherrscht hat, und daß dieser Begriff zum Teil dafür verantwortlich ist, daß es der perversen grandiosen Phantasie der künstlichen Intelligenz ermöglicht wurde, sich derart zu entfalten. Ich behaupte dagegen, daß ein Organismus weitgehend durch die Probleme definiert wird, denen er sich gegenübersieht. Der Mensch muß Probleme bewältigen, mit denen sich keine Maschine je auseinandersetzen muß, die von Menschenhand je gebaut wurde. Der Mensch ist keine Maschine. Ich werde behaupten, daß der Mensch zwar zweifelsohne Informationen verarbeitet, daß er dies jedoch nicht unbedingt in derselben Weise tun muß wie Computer. Computer und Menschen sind nicht verschiedene Arten derselben Gattung.“ (Weizenbaum 1978, S. 269)

Mit diesen Worten legt Weizenbaum seinen Finger in die methodische Wunde des selbstwidersprüchlichen KI-Verständnisses 1.b. Er kam zu dieser harschen Kritik, nachdem er selbst technologische Entwicklungen mit voran getrieben hatte. Hierzu zählt ELIZA (1966), das als eines der ersten KI-gestützten Sprachsysteme gilt (Lenzen 2018, S. 26; Nebel 2019; Seng 2019, S. 2–3; Zimmerli und Wolf 1994, S. 24). Zu Beginn der 1980er-Jahre machte sich infolge der zunehmenden KI-Kritik Ernüchterung breit und manche übereilig vorgetragene Erwartung wurde gründlich frustriert. Was folgte wird heute als **„Winter“ der KI** bezeichnet (Lenzen 2018, S. 24; Ramge 2019, S. 35–36; Rosengrün 2021, S. 14–15; Seng 2019, S. 7–8). Dabei ist dieses Label vielleicht auch irreführend, denn in dieser Zeit fanden wesentliche Weichenstellungen auf dem Weg zu heutigen KI-Systemen statt: Mit dem Internet und Personal Computern wurden zunehmend Datenreservoirs erschlossen, die den Treibstoff des zeitgleich immer stärker verfolgten konnektionistisch-subsymbolischen KI-Paradigmas (A2) bilden.

Die Systeme, die in den 1970er-Jahren zum Gegenstand der Kritik wurden, lassen sich vor allem dem kognitivistischen A1-Ansatz zuordnen. Euphorische Erwartungen aus dem Bereich der starken KI-These ließen sich nicht einlösen. Heutige Erfolge fußen vor allem auf Fortschritten von KNNs (A2). Aber auch hierbei handelt es sich um Expertensysteme – Verfahrenstechnik als Mittel zur Lösung ganz konkreter Aufgaben. Starke KI-Thesen gehören nach wie vor in den Bereich der Science Fiction. Einsatzbereiche schwacher KI umfassen z. B. die spezialisierte Prozessoptimierung in der Industrieproduktion, Automatisierungs-, Regelungs- und Steuerungstechnik, Verkehrsleitsysteme und Logistik, Diagnostik in der Medizin, sowie diverse Serviceapplikationen und Dienstleistungen wie Übersetzung und Spracherkennung, Risikobewertungen für Versicherungen, Bonitätsprüfung für die Kreditvergabe, Rechtsberatung und juristische Dienstleistungen, Produktempfehlungen in Onlineshops und individuell zugeschnittene Kaufberatung, Product Placement auf Webseiten, Orientierung und Fahrassistenz, Selftracking etc. (siehe die vielen Beispiele exemplarisch in Aust 2021, S. 195–238; Krüger 2021, S. 165–199; Lenzen 2018, S. 149–160 et passim; Lenzen 2020; Ramge 2019, S. 57–69 et passim; Ramge 2020). Auch wenn es keine allgemeine KI gibt, sind die konkreten Leistungen spezialisierter Systeme enorm. Hinzu treten Robotik und vernetzte „smarte“ Systeme von „intelligenten“ Häusern über Industrie 4.0 und selbstfahrende Autos bis hin zu Precision Farming, Kriegs- und Medizinrobotern. Die viel beschriebene „Verkörperung von KI“ erweitert die Möglichkeiten von Expertensystemen durch die physische Interaktion über das reine Jonglieren von Daten hinaus. Pfadkopplungen sind mannigfaltig möglich und eröffnen der unternehmerischen Fantasie diverse Spielräume. Zum Beispiel lässt sich die App zur Rechtsberatung automatisch in selbstfahrende Autos integrieren, damit im Schadensfalls das Fahrzeug selbstständig die rechtskonforme Abwicklung übernimmt – natürlich im Sonderangebot zusammen mit der entsprechenden Vollkasko sowie sämtlichen weiteren Versicherungsdienstleistungen in einem unschlagbar günstigen Paket – das übrigens die Risikobewertung und damit den Tarif in Echtzeit entsprechend des Userverhaltens anpasst. Eine konkrete App würde in dem Gedankenspiel an die Entwicklung einer Robotertechnik gekoppelt.

Umgekehrt: Eine Robotertechnik wird zur Realisierung von KI-Funktionen verwendet wie bei Paketdrohnen. Oder eine KI ermittelt den zu erwartenden Bedarf, z. B. von Kaffee in einem Verkehrsstau, und Drohnen fliegen von Auto zu Auto so ähnlich wie es das Servicepersonal in Flugzeug oder Eisenbahn mit einem Cateringwagen tut. Der Dreh-und-Angelpunkt ist die Analyse von Daten und Mustererkennung durch KNNs (A2), aber auch A1 sowie A1-A2-Hybridsysteme. Diese stellen sozusagen die anwendungsübergreifende Querschnitttechnologie dar. Da sich Datenanalysen durch KI-Systeme, Roboter etc. vernetzen lassen, spielt neben der Mensch-, Tier-, Pflanze-Roboter- (Kap. 2) auch die Maschine-Maschine-Interaktion eine bedeutende Rolle. Im viel beschworenen *Internet of Everything* ist die Computer-Computer-Interaktion per Definition angelegt. Wenn mein Kühlschrank dem Milchmangel präventiv mit einer Onlinebestellung und dem Einfliegen der Milchdrohne zuvorkommt, dann „interagieren" Maschinen. Bei Verkehrsleitsystemen und der Optimierung von Verkehrsflüssen prozessieren Computer ebenfalls miteinander, tauschen Positions- und Bewegungsdaten aus, und setzen die als optimal errechnete Verkehrsbewegung physikalisch um. In Smart Cities „interagieren" ganze Stadtteile, die wie Hardwaremodule in einen riesigen Rechner eingefügt werden. Wichtig: Auch wenn Maschinen miteinander „interagieren", so verarbeiten sie jedoch schlicht Informationen. Sie kommunizieren nicht miteinander, sondern werden von Menschen als systemtechnische Mittel gebraucht *(Band 2, 2.2)*.

Vertiefung: Maschine-Maschine-Interaktion und Schwarmintelligenz

Grob kennt die Maschine-Maschine-Interaktion zwei Arten. Die *Roboter-Roboter-Interaktion* lässt sich von der reinen Computer-Computer-Interaktion unterscheiden. Abhängig von der jeweiligen Roboterdefinition (Kap. 1) sprechen wir auch von *Swarm Robotics* (Kaplan 2016, S. 52–53). Ein Beispiel für Interaktion sind Fertigungsroboter, die (selbstfahrende) E-Autos bauen. Auch an *Drohnenschwärmen* wird intensiv geforscht – häufig mit militärischem Hintergrund (Aust 2021, S. 102; von Krause 2021, S. 19). Im bionischen Ansatz (KI 1.a. Verkörpert in einem Roboter) dient die Soziobiologie als Vorbild für „kollektive Muster- und Clusterbildung" (Mainzer 2016, S. 149–152). In der Natur finden besonders höhere Intelligenzleistungen wie Jagdverhalten oder Werkzeugverwendung in Gruppen statt. Sei es die Koordination einer Formation aus Orcas, die gemeinsam eine Wasserwelle erzeugen, um Robben bei der Jagd von Eisschollen zu spülen oder das Erlernen des Nussknackens bei Primaten durch Imitation verwandter Artgenossen. Auf der anderen Seite organisieren sich Beutetiere wie Fische oder Insekten in Schwärmen, um Angreifer zu verwirren. Beispiele für Gruppenintelligenz lassen sich bis zum Mannschaftssport im humanen Bereich vielfältig finden. Auch Softwareentwicklung in agilen Projektteams gehört dazu.

Intelligentes Schwarm- oder Sozialverhalten in kontingenten, nicht vorhersehbaren Umgebungen gehört zu den Spitzenleistungen der Evolution. Über deren Zusammenhänge wissen wir noch zu wenig, um sie auf gleichem Niveau in Robotern oder Drohnen abzubilden.

Dennoch inspiriert natürliches Schwarmverhalten Forschungen zur technischen Selbstorganisation, sodass auch durch die Herstellung künstlicher Schwarmintelligenz natürliche Prozesse klarer werden können (Mostaghim und Mai 2021). Mit dem Internet und der Vernetzung von Computern geht die *Computer-Computer-Interaktion* Hand in Hand – eine notwendige Vorstufe der Roboter-Roboter-Interaktion. Entsteht auf dieser Grundlage KI (vor allem A2 trainiert durch Feedbackdaten), ist ein erster Schritt zur *künstlichen Schwarmintelligenz* gegangen. Wirtschaftlich steht die Effizienzsteigerung im Mittelpunkt, z. B. bei Officeprozessen, wenn Smartphones verschiedener Personen untereinander ihre Kalender abgleichen, um zügig einen passenden Zeitpunkt für das nächste Meeting zu bestimmen. Virtuelle Assistenten und (Sprach-)Bots sind untereinander interagierende Subeinheiten für diese und ähnliche Zwecke (Ramge 2019, S. 53–57). Die entscheidenden Stufen erfolgen jedoch durch die Einbindung in materiell getrennte Robotereinheiten – im weiteren Sinne Industrie 4.0 oder das Internet of Everything. Warenlogistik – die Übergabe eines beweglichen Guts von einer Maschine an eine andere – oder automatisierte Wartungsprozesse sind weitere Beispiele. Vernetzte KI kann sich als Schwarmintelligenz zwischen Bots im Cyberspace ereignen oder entsprechend des Verkörperungsansatzes (Abschn. 1.1, 2.1; *Band 4, 3.2*) die physische Interaktion zwischen Robotern steuern.

6.2 Algorithmen

Was sich im Vergleich zu den 1970er- und 1980er-Jahren grundsätzlich verändert hat, ist die Eingriffstiefe in unser soziales, wirtschaftliches und politisches Leben. Der globale Vernetzungsgrad – im *Internet of Everything* auch potenziell sämtliche materielle Güter umfassend – hat wesentlich zugenommen. Daran mag der Zusammenbruch der Sowjetunion Anfang der 1990er-Jahre seinen Anteil haben: Die Globalisierung „galoppiert" (Osterhammel und Petersson 2019). Internet und Personal Computer leisten ein Übriges, seit den 2000er-Jahren auch Smartphones und soziale Medien. Stetig steigende Fluten aus Meta- und Feedbackdaten füllen die noch mit unsmarter Industrietechnik freigelegten Tagebauten des täglichen Schuftens. Datenverarbeitung bringt wenig ohne Daten. Es überrascht nicht, dass durch privatwirtschaftliche wie staatliche Akteurinnen um das „Öl des 21. Jahrhunderts" heftig gerungen wird. Im Mittelpunkt steht die Erkennung von Mustern und Regelmäßigkeiten in der Analyse von bewegten und statischen Bildern, Texten, gesprochener Sprache, Geräuschen und Musik, Bewegungs- und Tagesabläufen, wissenschaftlichen Daten jeglicher Couleur, Suchanfragen im Internet und Likes in sozialen Medien, Verbindungsdaten, Positionsdaten etc. Ziel ist es, das Verhalten von Individuen und Gesellschaften präziser vorherzusagen, zu monitoren und zu lenken. Der technische wie ethische Brennpunkt fokussiert sich im **Gebrauch von Algorithmen**, deren Einfluss auf unser Sozialleben zu einem wichtigen fachübergreifenden Forschungs- sowie wirtschaftlichen und politischen Handlungsfeld geworden ist.

Ab der Coronapandemie seit Anfang 2020 sowie dem 24. Februar 2022 werden die Geschichten der Globalisierungen, Seidenstraßen und geostrategischen Verflechtungen informationsverarbeitender Systeme wohl nicht mehr so erzählt wie davor.Wurden mit dem Zusammenbruch der Sowjetunion nur Menschen-, Waren-, Finanz- und Datenströme globalisiert? Hat die Annahme eines greifbaren „Endes der Geschichte" (Fukuyama 1989) die Wandlung des Kalten Krieges irreführend verdeckt? Im 21. Jahrhundert treten verschiedene gesellschaftliche Paradigmen an, über die Deutungshoheit der digitalen Weltgeschichte zu ringen. Welche Gesellschaften wollen, können, dürfen und sollen wir mit Algorithmen bauen? Wer gehört überhaupt zu unserem „wir"? **Haben wir die Algorithmen, die wir brauchen, und brauchen wir die Algorithmen, die wir haben?** Fragen wie diese werden sicherlich in Europa, den USA, Russland, China, Indien oder Brasilien anders beantwortet – so sie denn überhaupt so oder so ähnlich gestellt sind. Vorliegendes Buch ist mit Abstand betrachtet Teil einer europäischen Buchreihe über die *Grundlagen der Technikethik.* Dass sie „in weltbürgerlicher Absicht" daherkommt – um eine Formulierung des Aufklärers Immanuel Kant zu zitieren (Kant 1981, 1784)/ – ist richtig und gut so. Aus wissenschaftlicher Sicht geht es um rationale Ethik. Menschen in Europa können von Afrikanerinnen hierüber lernen, von Aborigines oder vielen verschiedenen anderen Kulturen aus Lateinamerika, Asien etc. Jedoch gehört auch Selbstreflexion dazu. Und da komme ich als Autor zum Schluss, dass ich über Fragen an der Grenzfläche zwischen Computern und Gesellschaften anders denken könnte, würde ich eben nicht an einer europäische Universität, mit gewissen, relativ stärker betonten Privilegien der Forschungs-, Meinungs- und Kunstfreiheit arbeiten.

Davon zu unterscheiden, ist wiederum politischer, wirtschaftlicher Pragmatismus oder juristische Regulierung. Vorliegende Buchreihe thematisiert Ethik als selbstkritische, methodische Wissenschaft, nicht als Interessenvertretung. Bohren wir in die Tiefe: Ist gelebte, rationale Ethik nicht immer schon eine zumindest implizite Interessenvertretung wissenschaftlicher Weltbilder einschließlich freiheitlicher Werte, Menschenrechte und Menschenwürde? Ja, wenn ich das hier schreibe, komme ich aus meiner Haut nicht heraus. Wesentlichen Anteil daran haben meine Quellen. Entscheidend ist jedoch die selbstkritische Arbeit mit anderen Menschen, um sich Wahrheiten und Wissen anzunähern, auf methodisch durchdachten Wegen des Forschens. Es geht um das Wort „Arbeit", also darum, wo und wie Menschen mit Wahrheiten umgehen. Passiv im Strom postmodernen Allerleis die Selbstbestätigung in medialen Echokammern zu feiern, ist vielleicht bequem. Aber keine wissenschaftliche Arbeit. Selbstbestätigung ist auch dieser Tage das eigentliche Gift. Die Weltpolitik führt seit Februar 2022 einmal mehr vor, welche Fehler aus der Umzingelung mit „Jasagern" resultieren. So gesehen müssten auch knallharte selbsternannte „Pragmatikerinnen" ein hohes Interesse an Ethik haben – vorausgesetzt Ethik wird nicht mit einer undurchdachten Kanzelpredigt verwechselt. Nicht umsonst gibt es ja auch den Ausschluss moralistischer Fehlschlüsse als methodisches Gebot: Nicht nur das Sollen des Guten ist zu betrachten, sondern gleichfalls die Bereitstellung und Anwendung der hierfür praktisch nötigen Mittel *(Band 1, 4.7).* Gerade in Europa wird sich ab dem 24. Februar 2022 mancher einen solchen Fehlschluss vorwerfen. Das ist aber nicht das eigentliche Thema vorliegenden Abschnitts. Es geht um freiheitlich-demokratische Werte, Aufklärung, Menschenrechte und Menschenwürde. Auf diesen normativen Prämissen baut die gesellschaftliche Auseinandersetzung nicht nur mit Robotik, KI, Algorithmen und Digitalisierung auf.

> „Ethik sollte also nicht als Innovationsbremse missverstanden werden. Sensibilisierung für Ethik und Verantwortung fördern vielmehr Innovationsvorteile wie z. B. größere Rechtssicherheit und soziale Akzeptanz von … Künstlicher Intelligenz in der Gesellschaft. Im Zentrum steht die internationale Herausforderung, wie Quantencomputer, Quantenkommunikation und Künstlicher [sic.] Intelligenz als Dienstleistung von demokratischen Gesellschaften verstanden werden sollen, die sich weiterhin auf ihre individuellen Freiheits- und Menschenrechte berufen wollen." (Mainzer 2020a, S. 243)

▶ **Definition: Algorithmus** Algorithmen gehören zu den „Kalküle[n], da sie technische Verfahren zur Erreichung von Ergebnissen in endlich vielen Schritten darstellen", bezogen auf eine Problemklasse K und unter der Voraussetzung, dass eine finite Lösung existiert (Zimmerli und Wolf 1994, S. 9, S. 33, Anm. 26; Vertiefung zu Kalkülen in „Vorgeschichten III – Formalisierung und Kalkülisierung"; *Band 4, 1.2*). Insofern bilden sie eine Grundlage für Expertensysteme. Allgemeiner betrachtet sind Algorithmen eine Art der **regelgeleiteten, endlichen Verfahren mit dem besonderen Merkmal der Zeichen- und Symbolverarbeitung**. Ein Algorithmus ist z. B. eine Turing-Maschine und entsprechend des Turing-Church-Ansatzes jeder Computer (Heilmann 2019, S. 229–230; Mainzer 2016, S. 59; Lenzen 2018, S. 42–44). Mit der konkreten Hardware, Computerprogrammen (=Formalisierungen von Algorithmen) oder Daten (=das Material der Algorithmen) sind sie jedoch nicht gleich zu setzen (Heilmann 2019, S. 230). In einer IT-orientierten Definition wird der Begriff des Algorithmus auf die Beziehung zwischen Eingabe und Ausgabe von Daten zugespitzt (Bächle 2016, S. 15). Generell sind Algorithmen auch in Gestalt von Computern immer sozial eingebettete Kulturtechniken, abhängig von gesellschaftlichen Machtgefügen. In digital-vernetzten Gesellschaften sind sie zur dominierenden Technologie der Wirklichkeitskonstruktion geworden (ebd., S. 14–19, S. 24–29).

Die allgemeinen Charakteristika und Perspektiven technischer Praxis gelten wie für Roboter, Drohnen und KI gleichfalls für Algorithmen *(Band 2, 3.1; Band 2, 3.3; Band 2, 3.4)*. Algorithmen stellen eine Sonderform der technischen Verfahren dar (Technik 3; siehe *Band 2, 3.2* und Abb. Band 2, 3.2): Nicht um das regelgeleitete Backen eines Kuchens, sondern um Symbolverarbeitung geht es – im Fall der KI also um Technologien im Paradigma A (IT) oder C (Simulation). Da handwerklich geschickte Körperkunst nicht gemeint ist (Technik 1), sondern mathematische Verfahren, befinden wir uns im Bereich der Technologie (Technik 5). Algorithmen gehören unter dieser Maßgabe zu den *Verfahrenstechniken auf Basis expliziten Wissens (Technik 3/5)*. Handwerklich-körpertechnische Verfahren gründen jedoch auf implizitem Wissen (Technik 3/1). Zur Unterscheidung expliziten und implizitem Wissen siehe *Band 4, 1.1* und warum auch ein selbstlernender Algorithmus kein implizites Wissen hat *Band 4, 1.2*. Es existieren zahlreiche Algorithmen außerhalb der IT und sind teilweise viel älter als die Computertechnik. In vorliegendem Buch wollen wir sie als Mittel der KI und somit als wesentliche Komponente der Robotik betrachten (Paradigma A und C, KI 1.a./2.b., Technik 3/5).

Im starken algorithmischen Fehlschluss schreiben wir einer Verfahrenstechnologie (Technik 3/5) aus dem Bereich der IT (KI-Paradigma A) unzulässigerweise menschliche Eigenschaften zu. Menschen können zwar Algorithmen entwerfen und ausführen, jedoch bezeichnen Algorithmen nur die (mathematischen) Prozeduren der Symbolverarbeitung, nicht jedoch die biochemischen Abläufe im organischen Leib. Ein Organismus ist kein Algorithmus, auch wenn Algorithmen als Werkzeuge zur Modellierung organischer Prozesse (Paradigma C) Anwendung finden (vergleiche hierzu das Beispiel des fehlerhaften rhetorischen Verwirrspiels der „organischen Algorithmen" durch Harari in Abschn. 5.2). Darum ist auch nicht jede „künstliche Intelligenz" ein Algorithmus. Sobald wir die Paradigmen A und C verlassen, ist die Definition eines entsprechenden symbolischen Kalküls nicht mehr anwendbar (also z. B. bei Züchtung, Paradigma D, oder bei kulturellen Handlungen, Paradigma E). Der **schwache algorithmische Fehlschluss** beschreibt eine fahrlässige Umgangsweise mit der Kulturtechnik der (IT-) Algorithmen: Unserer unkritischen, selbstentmündigten Hörigkeit gegenüber der vermeintlichen Überlegenheit und objektiven Neutralität der „unergründlichen Ratschlüsse der algorithmischen Götter" (O'Neil 2017, S. 18), die zu den „Schrauben und Rädchen des modernen Maschinenzeitalters" geworden sind (Fry 2019, S. 14). Wir fallen der unhaltbaren – und hausgemachten – Mythologie einer Überbetonung „autonomer *algorithmic agency*" anheim (Bächle 2016, S. 30–37; Bächle 2015), sodass „der Mensch im 21. Jahrhundert bereit sein könnte, die demokratisch formalisierte Rechtsordnung auf dem Altar der Digitalisierung zu opfern" (Hofstetter 2016, S. 365).

Weniger poetisch gesagt: Sowohl der starke als auch der schwache algorithmische Fehlschluss lenken den Blick davon ab, dass KI eine Technologie ist, also ein Mittel oder Werkzeug, das wir Menschen zweckgerichtet einsetzen, dessen Anwendung wir zu verantworten und darum kritisch zu prüfen haben. Die Antwort ist Aufklärung und stetig wachsames Hinterfragen und Zweifeln an Maschinenentscheidungen (Blom 2019; Fry 2019; Hofstetter 2016; O'Neil 2017, S. 313–314; Ramge 2019, S. 27; Zuboff 2018, S. 25–26). Wie das konkret aussieht, ist Gegenstand tagesaktueller transdisziplinärer Arbeit. In *Band 1* und besonders *Band 2* vorliegender Buchreihe wurden hierzu aus ethischer Perspektive einige Werkzeuge und Methoden angeboten. Nun geht es darum, ihre Anwendung in einem bedeutenden Problemfeld unserer Zeit zu trainieren.

▶ **Definition: Schwacher algorithmischer Fehlschluss** Der schwache algorithmische Fehlschluss ist eine Schwundstufe des starken (Abschn. 5.2). Algorithmen werden dabei nicht direkt Prädikate aus dem menschlichen Leben zugeschrieben. Jedoch liegt der Fehlschluss im irrtümlichen Glauben, die eigene Verantwortung ließe sich einfach so auf den Computer schieben. Hierzu gehört auch die selbstverschuldete Unmündigkeit, wonach man sich das Denken nicht mehr von anderen Menschen, sondern von Maschinen vorschreiben lassen will. Eine solche Selbsterniedrigung schreit regelrecht nach dem bewährten *sapere aude!*: „Habe Mut, dich deines eigenen Verstandes zu bedienen!" (Immanuel Kant nach Horaz; Abschn. 5.1, „Vorgeschichten I – Skepsis und Aufklärung") Oder etwas zeitgemäßer: „Habe Mut, deinen Computer zu BENUTZEN, anstatt das Gegenteil zu glauben!" Konkret zum Beispiel: „Posten, Liken, Sharen ist Silber, Durchatmen ist Gold, Standby ist Platin!"

Die Kulturtechnik der Algorithmen durchdringt die aufgezählten Anwendungsbereiche von Expertensystemen, wie Kaufberatung im Internet oder Vorschläge für Suchanfragen sowie neue „Freunde" in sozialen Medien. Signifikant ist das Phänomen der **Filterblasen** – besonders im Verbund mit **Echokammern** – mit Effekten bis hin zur politischen Meinungsbildung und privatwirtschaftlichen wie staatlichen Überwachung: Was wir als Information erhalten, ist bereits gefiltert nach Kriterien, die wir nicht kennen und meistens nicht den Interessen der Nutzerinnen dienen. Auch die kritische Überprüfung von Quellen fehlt – im Gegensatz zum klassisch-kompetenten Journalismus. Außerhalb von Bereichen, in denen die Kriterien und Quellen methodisch gesichert werden, wie bei wissenschaftlichen Modellbildungen, werden wir anfällig für Fake News. Aber auch Wissenschaft und Politik müssen im fremdgesiebten Onlineleben um Wahrnehmung ringen. Auf die entsprechenden gesellschaftlichen Auswirkungen wird schon länger, doch seit einigen Jahren mit zunehmendem Nachdruck hingewiesen (Bächle 2016; Dräger und Müller-Eiselt 2019; Fry 2019; Grimm et al. (Hg.) 2019; Heilmann 2019, S. 230–231; Hofstetter 2016; Wampfler (Hg.) 2019; Zuboff 2018). Cathy O'Neil prägte dabei den Begriff der **„Weapons of Math Destruction"** – mathematische Vernichtungswaffen – um die sozialen Folgen der Kalkülisierung menschlichen Verhaltens anzuprangern. Zahlen versprechen Objektivität und Neutralität. So gesehen sollten algorithmische Datenanalysen eigentlich der Wahrheitsfindung dienen. Die mathematische Behandlung von auf Datenspuren reduzierten Menschen führt jedoch häufig zur Stigmatisierung, Benachteiligung von Minderheiten, Diskriminierung und Verfestigung von Vorurteilen wie Missverständnissen. Big-Data-Analysen erzeugen ein statistisches Mittelmaß. Wer – aus unklaren Gründen – nicht dazu gehört, erhält eine negative Bewertung. Das schließt z. B. die Vergabe von Krediten, Versicherungsverträgen, Studien- oder Arbeitsplätzen ein (O'Neil 2017). Folgende ethische Probleme lassen sich herausdestillieren:

- **Mittelwerte und Ausblendung von Minderheiten:** Big-Data-Analysen sind auf Durchschnittsbildung angelegt. Minderheiten sowie konkrete persönliche Umstände, so sie denn überhaupt in die algorithmische Bewertung einfließen, erscheinen als Randwerte und fallen aus der errechneten Norm. Damit wird gegen die unkalkulierbare Diversität menschlichen Lebens kalkülisiert (Fry 2019; O'Neil 2017; Hofstetter 2016, S. 192–196). Werden bestimmte Individuen oder Gruppen durch Filterblasen im Informationsfluss trockengelegt, entstehen antidemokratische Effekte. Denn

Minderheiten müssen immer die Chance haben zur Mehrheit, oder zumindest wahrgenommen zu werden. So gesehen sind Suchmaschinen undemokratisch (ebd, S. 213–217). Hierin liegt eines der Probleme von Filterblasen (ebd., S. 185–192).

- **Diskriminierung und Stigmatisierung:** Folglich führt die Standardisierung von Normalwerten menschlichen Verhaltens unweigerlich zur Stigmatisierung sowie entsprechenden Gruppendynamiken (ebd., S. 153–160, S. 176–179). Pointiert: „Ein Klassifizierer ist nur dann ein tauglicher Klassifizierer, wenn er über *Diskriminierungsfähigkeit* verfügt" (ebd., S. 380; Hervorhebung im Original; in diesem Sinne detailliert O´Neil 2017). Diese Beobachtung gilt im Übrigen für jede Form gesellschaftlicher Schubladenbildung und analoger Meinungsmache – von Geschlechterrollen bis hin zur Kreditwürdigkeit einer unbekannten Person. Nur erhält sie durch Algorithmen einmal mehr den irreführenden Anstrich objektiver Neutralität, verbunden mit beschleunigter globaler Wirkung. Im Englischen taucht die Wortform des *bias* bzw. des *machine bias* auf, um die in algorithmischen Analysen einfließenden Vorurteile anzusprechen (Kolleck und Orwat 2020). Das *Bias*-Problem stellt sich z. B. bei einem als AMS-Algorithmus bezeichneten Programm, das in Jobcentern Menschen auf Arbeitssuche entsprechend ihrer Chancen in drei Gruppen einteilt. Entsprechend der Zuordnung fließen dann mehr oder weniger Fördermittel. Neben diversen potenziellen Diskriminierungen durch Vorurteile sticht auch das Problem der Datenlage ins Auge – denn während der Pandemie 2020 hat sich die Situation am Arbeitsmarkt stark verändert (Allhutter et al. 2020).
- **Rückwirkende Prognosen:** Ein Grund hierfür ist, dass selbstlernende Algorithmen (SLA; verbunden mit KNNs, KI A2) die Vergangenheit zementieren. Sie bilden konservative Stereotypen aus, da sie logischerweise mit Feedbackdaten aus der Vergangenheit „trainiert" werden müssen, um ein möglichst präzises Modell der Zukunft zu entwickeln. Mit den Feedbackdaten der Vergangenheit werden aber auch deren Vorannahmen und Normen unhinterfragt in die statistische Bewertung neuer Situationen gegossen. Wenn die Kriterien solcher Bewertungen undurchsichtig und die Quellen nicht geprüft sind, bleibt außerdem unklar, welche bzw. wessen Vergangenheit in die Zukunft gerechnet wird mit sozialer, wirtschaftlicher und politischer Tragweite. In a nutshell: Selbst die besten Big-Data-Analysen sind auf kulturhistorisch hervorgebrachte Daten angewiesen, die beides sind, „Spiegel und Produzenten sozialer Realität" (Bächle 2016, S. 149; generell zu Daten- und Metadatenanalysen ebd., S. 111–156). Dabei sind Datenanalysen umgekehrt selbst Lösungen für moderne Probleme gesellschaftlicher Architekturen, die auf Quantifizierung und metrischer Kontrolle aufbauen. Sie optimieren so gesehen das, was kulturell längst schon mit einfacheren Mitteln zur Norm erhoben wurde (Nassehi 2021).
- **Paradoxe Eindeutigkeit:** In weiterer Folge ergibt sich auf der einen Seite erhöhte Prognosefähigkeit, die jedoch auf der anderen zu unvorhersehbaren Ergebnissen führt (Ramge 2019, S. 21). Dieser „Treppenwitz der Technikgeschichte" wurzelt darin, dass die algorithmischen Bewertungsprozesse so komplex geworden sind,

dass sie nicht mehr nachvollzogen werden können (ebd., S. 27; siehe auch Ramge 2020, S. 23–32; Lenzen 2018, S. 75–79). Wir werden von undurchsichtigen Verfahren (Technik 3/5) in einen Raum der Uneindeutigkeit entlassen, mittels dessen wir unseren Glauben an Eindeutigkeit nähren. Per definitionem sollen Muster in Datensätzen freigelegt werden, die neue Informationen liefern, etwa zum urbanen Bewegungsverhalten bestimmter Bevölkerungsgruppen. Zum einen will man von neuen Erkenntnissen überrascht werden, um etwa ein Café in bisher unentdeckter wirtschaftlich aussichtsreicher Lage zu eröffnen und der Konkurrenz gegenüber im Vorteil zu sein. Zum anderen muss sich das Ergebnis durch Risiko- und Kosten-Nutzen-Abwägungen legitimieren. Wer würde denn einem Praktikanten blind vertrauen, der am Samstagnachmittag besonders viele Smartphones in einer belebten Einkaufsstraße entdeckt hat und darum genau dort das zehnte Café aufmachen will? Oder würde ihm eher geglaubt werden, wenn er ohne seine Gründe anzugeben, wie gewünscht überraschend, auf eine unbelebte Querstraße deutet, da in einigen Monaten genau dort deutlich mehr Laufkundschaft unterwegs wäre?

- **Riskante Sicherheit:** Als Konsequenz entstehen Risiken und Gefahren – wie bei jeder Technik, nur diesmal im Schafspelz vermeintlicher kalkulierbarer Sicherheit. Es folgt ein Anschlussparadox: Der irrige Glaube, dass Technik überhaupt berechenbar und objektiv sicher funktionieren könne, geht Hand in Hand mit den Leistungen der verwissenschaftlichten Experten-, sprich Ingenieurtechnik *(Band 2, 3)*. Doch im Fall der A2-KI wissen selbst Spezialisten nicht genau, wie ihre Produkte konkret funktionieren – da KNNs, SLAs etc. nicht top-down programmiert werden. Ja, es ist Mathematik und Algorithmik. Aber welches Modell hat ein KNN im konkreten Fall nach welchen Kriterien erarbeitet? Die Verselbstständigung des mathematischen Sicherheitsglaubens in Datenverarbeitung führt schlussendlich zu gesteigerten Unsicherheiten, Risiken und Gefahren. Ethik und Epistemologie, also Erkenntnislehre, bilden einen reflexiven Brennpunkt (Mainzer 2020b). Wir haben es dabei mit (potenziell) fahrlässigem Technikgebrauch zu tun. Auch die Zuschreibung von Verantwortung an bestimmte Akteurrollen – Individuum, Staat – als wichtige Größe gesellschaftlichen Handelns wird unterwandert bei einer gleichzeitig kritischen Eingriffstiefe in das politische und soziale Leben (Hofstetter 2016, S. 415–417; zur Verantwortung siehe im Detail *Band 2, 4*). Eigentlich gilt: Dass wir häufig Technik benutzen, deren Funktion wir im Detail nicht erklären können, ist sogar eher der Normalfall. Über Jahrtausende wurden Tragwerke, Kuppeln, Brücken oder Sakralbauten umgesetzt, ohne entsprechende Theorien der Statik – auf Grundlage von Erfahrungswissen und Faustregeln (siehe implizites Wissen, *Band 4, 1.1*). Neu bei Algorithmen ist jedoch deren verwissenschaftlichter, verobjektivierter und ingenieurtechnischer Anstrich: Sie suggerieren auf fahrlässige Weise sichere und (unkontrolliert-)bewährte Mathematik, bevor praktische Erfahrungen im Umgang mit dieser konkreten Kulturtechnik vorliegen. Sie führen zu einer ökonomischen Handlungslogik des „Beispiellosen" (Zuboff 2018, S. 27–30).

- **Katalysatoren:** Bedeutende Algorithmen wie die von Google oder Twitter werden aus Gründen des *Betriebsgeheimnisses* geschützt (Heilmann 2019, S. 231). Außerdem erzwingt die marktwirtschaftliche Situation meistens eine schnelle Produkteinführung – im Interesse der Unternehmen – auf Kosten der Risiko- und Gefahrenanalyse (Hofstetter 2016, S. 402).
- **Menschenbild der berechneten Kontrolle/Macht:** Die Kulturtechnik der Algorithmen ist älter als digitale Computer, Smartphones und Internet. Sie repräsentieren jedoch im sozialen Miteinander ein reduktionistisches Menschenbild das auf einseitige Berechenbarkeit ausgelegt ist und ein Gesellschaftsbild, in dessen Mittelpunkt Vereinheitlichung und Kontrolle stehen: Technokratie. Als politische Technik stellen sie effiziente Mittel für totalitäre, undemokratische Zwecke dar (Hofsteller 2016; Zuboff 2018). Für Individuen wird die Suche nach Glück zur digitalen, in Zahlen vermessenen Odyssee bis hin zum numerisch vorgegaukelten Hedonismus (Grimm et al. (Hg.) 2019, S. 90–105). Macht von, mit und durch Algorithmen ist ein vielfältiges Phänomen, das auch selbstverschuldet durch die Zuschreibung von bzw. Suche nach nicht legitimierter algorithmischer Autorität resultiert (Fry 2019, S. 20–37, S. 233–237 et passim). Das Bedürfnis rechnerischer Mustererkennung ist historisch älter als digitale Computer (Nassehi 2021).
- **Sachzwänge und Social Scoring**: Was folgt sind Sachzwänge, die wir in die Zentren unseres Soziallebens injizieren: Der Zwang zum Always On und Vernetztseins gegen die Selbstbestimmung des Menschen (Grimm et al. (Hg.) 2019, S. 76–89; Hofstetter 2016, S. 351, S. 361). Oder: immer gute Werte im vorberechneten Toleranzfeld des „Normalen" zu erzielen etc. Wir lernen gezwungenermaßen uns so zu verhalten, dass der Algorithmus das gewünschte Ergebnis liefert (aufgrund unserer unsicheren Annahmen darüber, wie er funktioniert). Das Finden und Behaupten persönlicher, selbstbestimmter Orientierung und Haltung ist eine eigentümliche Herausforderung in digitalen Welten (Grimm et al. (Hg.) 2019, S. 219–233). Wenn wir genau hinsehen, steht dahinter ein Ringen um individuelles Glück und gelingendes Zusammenleben zwischen den Polen der Kontrolle und Freiheit, das uns Menschen nicht erst seit dem 20./21. Jahrhundert treibt. Die konkreten Mittel dieses Ringens schließen heute jedoch IT-Algorithmen umfänglich ein.
- **Im Zweifel für den Algorithmus:** Der rechtliche Grundsatz des *in dubio pro reo* (im Zweifel für den Angeklagten) wird umgewertet in eine Vorverurteilung mit nachträglicher Legitimationspflicht auf der Seite der Verurteilten, nicht des Algorithmus. Wer zu Unrecht benachteiligt wird, kann sein Recht nur schwer durchsetzen. Häufig wird dann eine höhere Beweislast abverlangt als vom Computer, der die fehlerhafte Beurteilung errechnet hat (O'Neil 2017, S. 21 et passim). Allgegenwärtig ist die Forderung nach Transparenz (AI HLEG 2019; Waltl 2019), um Usern das Recht auf Klage und/oder Revision zu ermöglichen (Hofstetter 2016, S. 379–391). Eine technische Möglichkeit tritt in Gestalt von „Erklärungssystemen" auf. Diese übersetzen in Echtzeit den Zustand einer KI in für Menschen verständliche Form (Chat etc.). Maschinenzustände und rechtlich relevante Daten sollten auch in einem Logbuch gespeichert werden (ebd,

S. 441–442). Diese Logbücher wiederum müssten von den geloggten Datenströmen und deren Eignerinnen isoliert werden. Eventuell kämen Blockchain-Technologien hierfür infrage. Darüber hinaus stellen sich weitere rechtliche Fragen wie die nach Haftung, Kartellen, Autorschaft oder intellektuellem Eigentum/Patenten, wenn z. B. ein Algorithmus an einer Produktentwicklung beteiligt ist. Die juristische Analyse sei jedoch wie die sachtechnische den entsprechenden Spezialistinnen überlassen – in vorliegendem Buch wird die ethische Brücke gebaut.

Die Anwendung von Algorithmen zur Bewertung menschlichen Verhaltens weist Nähen zur Ethik des Utilitarismus auf (3. Bedeutung der Roboter- und KI-Ethik, konkret *Band 1, 4.3*). Es geht um die Maximierung von Glück und Nutzen für die größtmögliche Masse. Dabei wird das menschliche Individuum als eine Art Massenpunkt auf eine Rechengröße reduziert und so einer kalkülisierbaren Normierung zugänglich gemacht. Aufgrund des inhärenten mathematisch-statistischen Ansatzes ist der Utilitarismus ein attraktives Konzept zur Legitimation von Algorithmen. Denn diese setzen ja nur praktisch um, was in dieser Form der Moralbegründung legitimiert scheint. Gegen den klassischen Utilitarismus wurde jedoch schon früh der Einwand des **Gerechtigkeitsdefizits** erhoben, da Minderheiten benachteiligt werden – das betrifft nun wieder direkt die Roboter- und KI-Ethik in ihrem Kerngeschäft der Moralbegründung. Dieses Problem führte zur Weiterentwicklung utilitaristischer Theorien und z. B. den Vorschlag, diese stets an allgemeine Menschenrechte und Menschenwürde zurückzubinden. Damit wird sozusagen eine Grenzlinie gezogen, über die hinaus kein Mensch unbeachtet bleiben darf. Bei Algorithmen stellt sich das gleiche Problem. Nur ist die Rückbindung an allgemeine normative Grundsätze nicht gegeben. Hier entsteht eine Brücke zum Moralkodex/Ethos (4. Bedeutung der Roboterethik; *Band 1, 5*), da es auf der Hand läge, Maschinen diejenigen Menschenrechte top-down einzuprogrammieren, auf deren Grundlage sie dann bottom-up überhaupt erst SLA-Prognosen (und damit Wertungen) menschlichen Verhaltens modellieren dürfen (*ethics by design* bzw. *value by design*). Jedoch tritt auch dann das Problem wieder auf, dass wir eine bedeutungsgleiche Übersetzung der normalsprachlich formulierten Regeln in Maschinensprache gewährleisten müssten – plus Datenbanken in denen die Semantiken eindeutig und stets aktuell zur Verfügung stünden *(Band 1, 5.3)*. Grundsätzliche sprachphilosophische Probleme tun sich auf *(Band 4, 2)*. Die Berührungsfläche zum Recht ist hoch, da sich beim „code is law" bzw. „Umgebungsrecht" das gleiche Problem stellt (Hofstetter 2016, S. 430–440).

Hinzu tritt das **Transparenzproblem**: Wenn die technische Umsetzung einschließlich der Kriterien und Quellen zumindest in konkreten Situationen für KI-A2 nicht nachvollziehbar ist, dann ist eben auch eine akzeptable Berücksichtigung von Menschenrechten in Maschinenmodellen nicht gewährleistet. Transparenz ist die Grundlage für den gelingenden Umgang mit Systemverantwortung in digitalen Welten (Waltl 2019). Hier gibt es viele Schnittflächen zwischen Technikethik, Rechtsphilosophie und den Rechtswissenschaften (Beck 2020; Christoph et al. 2019). Die fachübergreifenden Herausforderungen sind enorm und nicht zuletzt im Anbetracht der technischen Entwicklungen mitnichten gelöst. Besonders schlägt genau das wiederum auf Forscherinnen durch, die sich eben diesen Herausforderungen mittels KI stellen wollen. Gethmann et al. (2022) sehen nach wie vor Menschen im Zentrum wissenschaftlichen Forschens. Daran wird und sollte sich so schnell nichts ändern. Jedoch versprechen KI-Systeme in der Wissenschaft enorme Vorteile, die jedoch mit dem Problem maschineller Intransparenz einhergehen. Sollte etwa das komplexe Transparenzproblem ausgerechnet mittels computerisierter Blackboxes beforscht werden? Es leuchtet ohne Weiteres sofort ein, dass das nicht Sinn und Zweck von methodenkritischer und rational verfahrender Wissenschaft sein kann.

> „Ein allzu einfaches Werkzeug- und Instrumentenverständnis von KI führt hier also in die Irre; vielmehr sind ML-basierte KI-Systeme aufgrund ihrer verborgenen Dynamik und ihrer geringen Kontrollierbarkeit gewissermaßen als Instrumente zweiter Ordnung zu werten." (ebd., S. 174) Und: *„Forschungsprojekte, in denen KI-Systeme eingesetzt werden, sollten daher auch stets personelle Informatik-Kompetenz vorhalten,* um den wissenschaftlichen Risiken naiver KI-Verwendung zu begegnen." (ebd., S. 177; Hervorhebung im Original)

Auf der anderen Seite erscheint das Grundrecht auf Verdeckung, also auf Intransparenz, als ein hohes Gut auf. Maschinen sollen in ihren Funktionen transparent sein, Menschen haben in ihren Leben ein Recht auf **Privatheit**. Carissa Véliz ermutigt dazu, die Kontrolle über die eigenen Userdaten gegenüber Unternehmen aller Art konsequent zu behaupten. Privatheit ist ein Machtfaktor, der buchstäblich in Mark und Bein reicht, emotionales Wohlergehen einschließt sowie nicht vor den Selbstverhältnissen zum eigenen Leib stoppt. Selftracking und Bodyhacking sind da nur die offensichtlichsten Beispiele. Sozusagen vom kleinen Finger bis hin zur Vitalität demokratischer Gesellschaften ist das Einfordern von Privatheit selbst in längst schon überwachten Räumen das Gebot der Stunde (Véliz 2020, S. 3–4, S. 203–208 et passim). Durch diverse Überwachungsalgorithmen, etwa zur Gesichtserkennung an Flughäfen, werden wiederum Vorteile bei der Verbrechensbekämpfung erzielt. Jedoch verschwimmen die ohnehin schon vor allem Big-Data-Hype unscharfen Grenzen zwischen privat und öffentlich. Hierzu zählt die „Selbstoffenbarung" von Nutzerinnen in sozialen Medien mittels Urlaubsbildern, die dann wiederum zum Gegenstand algorithmischer Überwachung werden (Bächle 2016, S. 181–182).

Armin Nassehi fragt wiederum, welche Privatheit wir denn überhaupt retten wollen, da es eine authentische, unberührte Privatheit auch vor Big Data nicht gegeben hat. Der Unterschied zu früheren Formen der Privatheit liegt heute darin, dass sogar das Schweigen kein Machtfaktor mehr ist. Selbst „sinn-" und „intentionslose" alltägliche Handgriffe geben Auskunft, sodass der „soziale Sinn" in den quasi nebenbei abgesonderten Daten über das hinaus reicht, was die Einzelne über ihre eigenen Handlungen selbst wissen kann. Big Data kann insofern überraschenderweise zur Selbstaufklärung anstoßen, insofern uns Algorithmen vor Augen führen, dass Privatleben schon längst vor jedem digitalen, elektronischen Computer öffentlicher war, als zuweilen gedacht wird (Nassehi 2021, S. 313–317). Wir sind und waren in der Geschichte immer schon soziale, öffentliche, Wesen. Das Ausmaß dessen können wir jedoch aktiv mitgestalten und kritisch verhandeln. Damit ist der Bogen zu allgemeineren Facetten gesellschaftlicher Computernutzungen und computerisierter Gesellschaften – also zur Digitalisierung – geschlagen, der wir uns im folgenden Abschnitt zuwenden wollen.

Vertiefung: Daten, Autohändlerinnen, Terroristinnen und *true/false positives*
Werfen wir einen kurzen Blick auf die Definition von Daten und Datenwissenschaft. Daten liegen stets als diskrete (entscheidbare, unterscheidbare) Einheiten vor, sind

- aggregativ (in größere oder kleiner Sets eingebunden),
- rhetorisch (erhalten ihre Bedeutung innerhalb relationaler Netzwerke, abhängig von ihrem Gewicht und ihrer Menge),
- abstrakt (symbolische Form, jedoch materiell erhoben und gespeichert) und
- hierarchisch (beruhen auf interpretatorischen Klassifikationen, was sie zum Sonderfall der Information macht) (Bächle 2016, S. 124–125).

In Datenwissenschaften *(data sciences)* werden Daten extrahiert, analysiert oder strukturiert. Hierzu zählen Big-Data-Algorithmen, die Muster in umfassenden Datensätzen aufdecken sollen, um verborgene Informationen, Fakten oder neues Wissen zu erschließen. Sie sollen also Einsichten liefern, die Menschen sozusagen mit bloßem Auge nicht wahrnehmen könnten (ebd., S. 112–134 et passim; Rosengrün 2021, S. 22). Ein Großteil der gesellschaftlichen Herausforderungen im Umgang mit Datenwissenschaft besteht darin, dass weder Daten noch Informationen neutral sind, sondern selbst schon aus normativen Kulturgeschichten stammen. Ohne menschliches Handeln gäbe es keine Daten. Außerdem werden die analysierten Muster wiederum in kulturellen Situationen gedeutet, eingeordnet und interpretiert. Fakten, Wissen und Informationen innerhalb großer Datensätze müssen von Menschen als solche anerkannt werden. Datensätze, die informationstechnologisch aus Datensätzen folgen, sind vielleicht ein Sonderfall von Information, jedoch alleine noch kein Wissen über Fakten in der echten Welt.

Beim *targeted advertising* werden aus Daten zielgerichtet Informationen extrahiert. So zahlen z. B. Autohändlerinnen nicht dafür, dass sich die Klickzahlen auf ihren Webseiten diffus erhöhen, indem alle möglichen Radfahrerinnen oder Fußgängerinnen auf der Startseite vorbeischauen *(=true negatives)*. Sie wollen zielgenau von den Menschen gefunden werden, die gerade ein neues Auto suchen *(=true positives)*. Dem entsprechend wird ihre Werbung möglichst treffsicher an Interessentinnen in digitalen Medien adressiert (Rosengrün 2021, S. 46). Umgekehrt geben Userinnen hierzu absichtlich oder unabsichtlich einen Teil ihrer Privatheit auf, um persönlich zugeschnittene Werbung zu erhalten (etwa indem sie in entsprechende AGBs, Datenschutzerklärungen und den Gebrauch von Cookies einwilligen oder überhaupt ihr Smartphone ständig benutzen). Beim Beispiel der Verbrechensbekämpfung offenbart sich der Konflikt aus Privatheit und Überwachung stärker. Wenn eine KI anstehende Straftaten aus Datenströmen herausrechnen und anzeigen kann, bevor diese vollzogen werden, müssten wir dann nicht alle im Sinne der allgemeinen Sicherheit auf einen Teil unserer Privatheit zugunsten eines öffentlicheren Verhaltens verzichten (wollen)? Gleiches gilt für vorzeitige Haftentlassung, insofern eine KI die Rückfallwahrscheinlichkeit einer Inhaftierten effizienter und somit kostensparender berechnen könnte. „Datenwissenschaftlich ausgedrückt: Sowohl *false positives* und *false negatives* (dt. Fehler 1. und 2. Art) müssen minimiert werden. *False positives* bedrohen die öffentliche Sicherheit, *false negatives* bedeuten unnötige Unterbringungskosten“ (ebd., S. 135). Es macht einen bedeutenden Unterschied, ob jemand zu den *false positives* einer Werbekampagne zählt und einfach nur durch einen Rechenfehler unpassende Autowerbung erhält oder zu den *false positives* behördlicher

Gesichtserkennung bei der Terroristinnenjagd (ebd., S. 148). Daraus ergibt sich auch aus ethischer Sicht die Notwendigkeit, sich bei der Interpretation einer Situation nicht nur auf Datenanalysen zu verlassen und geeignete Alternativen zur Prüfung eines Sachverhaltes anzuwenden. Die Krux liegt darin, dass sowohl Privatleben als auch völlige Öffentlichkeit Risiken bergen. Computer nun nicht transparent zu gestalten und den Geräten ein Recht auf Privatheit einzuräumen, ist ein robomorpher bzw. starker algorithmischer Fehlschluss, der ganz eigene Gefahren birgt.

▶ **Tipp: Handlungsfolgen mit und ohne Algorithmen** Utilitaristische Ethik ist konsequenzialistisch, also an den Handlungsfolgen orientiert *(Band 1, 4.2)*. Sie können sich das als Heuristik bei der methodischen Ordnung einer ethischen Abwägung zunutze machen. Identifizieren Sie hierzu an einem Konflikt beteiligte Akteure und ordnen Sie mögliche Folgen durch

- *true positives* (eine Eigenschaft trifft real zu und das wird von der KI korrekt angezeigt),
- *true negatives* (eine Eigenschaft trifft real nicht zu und das wird von der KI korrekt angezeigt),
- *false positives* (eine Eigenschaft trifft real nicht zu, wird jedoch von der KI inkorrekt als zutreffend angezeigt) und
- *false negatives* (eine Eigenschaft trifft real zu, wird jedoch von der KI inkorrekt als unzutreffend angezeigt)

zu! Sie gewinnen einen schnellen Überblick über die möglichen Konsequenzen für bestimmte Personen(gruppen) und können abwägen, welche Fehlentscheidungen einer KI mehr oder weniger problematisch sind. Sind die problematischen Fälle gefunden, dann kann die gradualistische ethische Abwägung vertieft werden (*Band 2, 1.1; Band 2, 2;* Abb. Band 2, 2). Beachten Sie jedoch:

- Erstens, dass Sie sich dann an Resultaten orientieren. Diese sollten durch Handlungsmotive wie im deontologischen Ansatz betont ergänzt werden. Außerdem sollte sozusagen ein mentaler Scanner für Gerechtigkeitsdefizite mitlaufen: Wird durch eine auf den ersten Blick wünschenswerte Folge nicht auch gleichzeitig Schaden für andere Personengruppen, nichtmenschliche Lebewesen oder Ökosysteme erzeugt?
- Zweitens ist auch hier keine Ethik ohne Epistemologie möglich. Damit das also methodisch überhaupt funktionieren kann, muss es Prüfverfahren unabhängig von dem eingesetzten Computer geben. Denn wie sonst lässt sich in Erfahrung bringen, was real zutrifft?
- Fragen Sie drittens: Welche alternativen Mittel stehen generell zur Verfügung und warum sollten man diese stattdessen einsetzen? Oder sollte, vielleicht aus Gründen der Präzision und Effizienz, doch einem konkreten Algorithmus der Vorzug gegeben werden?

Ziehen Sie Abwägungsverfahren der angewandten Ethik sowie den Problemaufriss der Technikethik zur weiteren Analyse zurate *(Band 2)*. Beachten Sie die Unterscheidung von Moral, Ethik und Ethos *(Band 1)*.

6.3 Digitalisierung

Auch wenn die ethischen Probleme des Einsatzes von (IT-)Algorithmen über die Robotik im eigentlichen Sinne hinausweisen, fallen sie doch auf die Anwendung von Robotern und Drohnen zurück. Roboter sammeln zum einen Feedbackdaten für die algorithmischen Analysen und werden gleichzeitig auf deren Grundlage gesteuert. Verkörperte KI kann Stereotypen durch ihre physische Erscheinung sowie Interaktionen manifestieren – aus funktionaler Sicht muss sie dies sogar, um effizient ihren Zweck zu erfüllen. Umso wichtiger ist die Analyse des Zweck-Mittel-Zusammenhanges unter Berücksichtigung von Nebeneffekten, Umnutzung *(Band 2, 3.3)* sowie der Perspektiven technischer Praxis *(Band 2, 3.1)*. In Stichpunkten für die Ethik der KI und Digitalisierung (Ebene I, angewandte Ethik und Technikethik; *Band 1, 2; Band 1, 6.2*) zusammengefasst, betrifft dies den Umgang mit:

1. Privatheit und Öffentlichkeit
   a) Verhandlung und Umsetzung von Datenschutz
   b) Die Relationen zwischen Privatpersonen und privatwirtschaftlichen Unternehmen betreffend
   c) Die Relationen zwischen staatlichen Institutionen, Bürgern, Unternehmen und anderen Stakeholdern betreffend
2. Sicherheit und Überwachung
   a) Jeweils bezogen auf Daten/Cyberspace und die physisch-materielle Welt
   b) Datensicherheit im individuellen und institutionellen Bereich
   c) Sicherheitsarchitekturen auf gesellschaftlicher und transnationaler Ebene einschließlich kritische IT-Infrastruktur
3. Monopole beim Zugriff auf Userinnenprofile, Meta- und Feedbackdaten
   a) Behinderung des Markteintritts innovativer Start-ups und Newcomerinnen, Verteilungsgerechtigkeit und Kartellrecht
   b) Nicht regulierten Eingriffen privatwirtschaftlicher Unternehmen in staatliche Monopole, strategisch und sicherheitsrelevante kritische Infrastrukturen
   c) Macht und Machtmissbrauch durch staatliche und nichtstaatliche Akteure, Gefahr der Unterdrückung und Überwachung von Menschen
4. Umweltschutz
   a) Nachhaltige Energieträger der Digitalisierung
   b) Hardwareressourcen
   c) Langzeitverantwortung und Systemverantwortung, Leitlinien einer digitalen Ökologie

5. Nebeneffekte
   a) Selbstverschuldete Sachzwänge und Abhängigkeiten von KI
   b) Verlust humaner Kompetenzen und Kreativität, weil wir zu viel an Maschinen delegieren
   c) Erosion menschlichen Entscheidungsvermögens in Ethik, Politik, Management oder Militär durch Beschleunigung und Netzwerkeffekte: Es bleibt schlicht keine Zeit mehr zum Eingriff, da Prozesse zu schnell ablaufen (Beck 2020; Funk 2017)
6. Umnutzung
   a) Manipulation von Daten, gefakte Videos und Nachrichten, durch Trolle und Bots verzerrten Forendiskussionen, Filterblasen, Deep Fakes
   b) Online-Gewalt einschließlich Cybermobbing und Stalking sowie dem Livestreaming von Verbrechen wie Amokläufen oder anderen Gewalttaten im Internet
   c) Kriminalität: Erpressung und (Trick-)Betrug mittels E-Mails, sozialer Medien oder Schadsoftware, Ransomware
7. Krieg
   a) Vernetzung und Digitalisierung entsprechend geostrategischer Interessen einschließlich Wirtschaftskriege
   b) Propaganda und gezielter Desinformation, Informationskrieg
   c) Cyberwar einschließlich physikalischer/kinetischer Schadwirkung durch computergestützte Attacken, Hackergruppen als nicht völkerrechtlich definierte Kombattantinnen
8. Sowie zwischenmenschlicher Kommunikation, Bildung (lebenslanges Lernen), dem guten, glücklichen Leben bzw. der Suche danach, Arbeit etc. (siehe auch den Problemaufriss in *Band 2, 5.1*)

Gehen wir einige Aspekte ethischer Herausforderungen der KI skizzenhaft durch: Bildung, Wirtschaft, Politik und Demokratie sowie die pragmatische Definition von Intelligenz. Damit kann an dieser Stelle keine umfassende Abhandlung verbunden sein, doch einige Anknüpfungspunkte zu anschließenden Themen. ***Bildung:*** KI verändert die Unterrichtsmethoden und Mittel – Stichwort E-Learning. In der COVID-19-Pandemie wird seit Anfang 2020 auf digitale Mittel des Homeschooling zurückgegriffen. Unabhängig von mehr oder weniger befriedigenden Krisenmaßnahmen stellt sich jedoch die Frage: Ab welchem Alter ist der Einsatz von digitalen Medien im Schulunterricht sinnvoll? Werden diese zu früh eingesetzt, kann das zulasten des Lernens „analoger" Kompetenzen führen, werden sie zu spät thematisiert geht der Anschluss an eine grundsätzliche Kulturtechnik verloren. Von der Sache her sitzen die Hauptnutzer der heute entwickelten Technologien in der Schule. Sie tragen auch Umweltlasten und stecken im Schraubstock derjenigen Sachzwänge, die wir ihnen übergeben. Kinder und Jugendliche haben ein Recht auf Mitgestaltung und erst recht auf eine lebenswerte Zukunft, in der sie die Chance haben, selbst zu entscheiden (Funk et al. 2020; Reichl und Welzer 2020; Prinzip der Bedingungserhaltung, *Band 2, 4*). Hierfür sind Aufklärung und soziale Bildung neben der technologischen Wissensvermittlung eine unabdingbare Voraussetzung. Wie gehen wir und unsere Kinder mit Macht im Netz zwischen Cybermobbing und Überwachung um (Wampfler (Hg.) 2019)? Wie können unsere Kinder eine kritische Haltung zur lebenswerten digitalen Welt entwickeln – zwischen Fake News, einem Always On und virtuellen Realitäten (Grimm et al. (Hg.) 2019)?

Schulen sind nicht zuerst die Empfänger der Resultate wissenschaftlicher Überlegungen zum Umgang mit KI, Robotern und Drohnen, sondern Orte der aktiven Mitgestaltung – heißt der *sozialen Innovation.* Auf der anderen Seite werden sich Schwerpunkte im Bildungswesen verlagern. Es ist nicht unwahrscheinlich, dass alternative, ganzheitliche und künstlerisch-geisteswissenschaftliche Bildung – nicht verstanden als Auswendig-Pauken des Faust, sondern als Angebot zum kritischen, kreativen und innovativen Handeln – eine gesteigerte Bedeutung zukommen wird. Unabhängig davon, ob ein Schüler Physiker, Maschinenbauer, Tänzer, Schreiner oder Geschichtslehrer wird, es geht vor allem um die Förderung dessen, was in jedem Einzelnen steckt und sich eben gerade nicht durch eine Rechenmaschine so einfach wegrationalisieren lässt. Bilden wir Kinder bloß zu normierten Rechenknechten, Datenanalystinnen oder technokratischen Effizienzoptimiererinnen aus, dann brauchen wir ein dickes Konto in unseren Sozialkassen bzw. der Arbeitslosenversicherung. Denn wir schuppsen sie in direkte Konkurrenz zu den Maschinen – so als würden wir massenhaft Weber im Zeitalter der Webmaschinen heranziehen.

Aufgabe: Themen der Digitalisierung im Schulunterricht

Das gemeinsame Nachdenken über und kritische Hinterfragen der vielfältigen Möglichkeiten des Internet ist ein Hauptgegenstand der Medienpädagogik. Wampfler (Hg.) 2019 versammelt hierzu Themen für die Sekundarstufe II in Form kurzer Impulstexte und anschließender Fragen zur gemeinsamen Reflexion. Jedoch eignen sie sich genauso über die Sekundarstufe II hinaus. Eine kleine Auswahl, jeweils um einen Anschluss ergänzt:

1. Silencing bezeichnet das Einschüchtern von Menschen durch andere Menschen in sozialen Medien, etwa durch Beschimpfung, was zum Ausblenden bzw. Stilllegen von deren Meinungen führt: „Wo liegt die Grenze zwischen Kritik an einer Meinung äußern und Silencing ausüben?“ (Brodnig 2019, S. 56). Wie sieht das aus, wenn wir von unseren Robotern kritisiert oder gesilenced werden?
2. „Jaclyn Friedmann bezeichnet das Internet sogar als Benzin: | Egal, was du dranhältst, es wird dadurch noch schneller und noch stärker brennen. Das gilt für die guten wie für die schlechten Dinge. [...] Netzkommunikation sei nicht der Auslöser für Diskriminierung, mache sie nur sichtbar. Sind Sie mit dieser Aussage einverstanden?“ (Wizorek 2019, S. 75–76) „Brennen“ dann auch unsere Smart Homes

und Smart Cities, die wir eifrig ins Internet einbinden? Was machen die vernetzten materiellen Güter über Netzkommunikation hinaus sichtbar?

3. „Erklären Sie, was die Metapher der Zahnpastatube mit Macht zu tun hat!" (Seemann 2019, S. 83). „Stimmt das: Freiheit für alle Menschen erweitert auch den Spielraum böser Menschen?" (Wagner 2019, S. 93). Haben nicht auch böse Menschen ein Recht auf Vergessen, Vergebung, Verarbeitung und Läuterung, das wir ihnen nicht durch „Zahnpastatuben" wegnehmen dürfen (was da einmal raus ist, das kommt nie wieder hinein)?
4. „Welche Vorteile und welche Nachteile hat es, dass das Wissen von Expertinnen und Experten heute weniger Macht in den Medien hat?" (Butter 2019, S. 103). Und wie sieht das für MLs und KNNs aus, über die Expertinnen aufgrund deren Intransparenz keine Macht mehr haben?
5. „Obwohl das Netz offen und erweiterbar ist, gibt es klare Kriterien, die veröffentlichte Artikel auf Wikipedia erfüllen müssen. Recherchieren Sie, welche das sind – und beurteilen Sie, ob Sie diese Kriterien als sinnvoll erachten" (Lindner 2019, S. 118). Sie können auch einmal nach Checklisten für „AI Ethics" suchen, in denen es um „trustworthiness" oder „fairness" geht. Da *Ethics Guidelines* nicht mit Ethik – also einer rationalen, an Kriterien orientierten Wissenschaft – zu verwechseln sind, lohnt es sich genau hinzusehen: Wird überhaupt eine ethische Begründung explizit gegeben? Sind die wissenschaftlich relevanten Kriterien der Begründung zu erkennen und überzeugend (siehe weiter unten Stichpunkt Demokratie sowie *Band 1, 4*)?
6. „Unter welchen Umständen wären Algorithmen gute Richter, unter welchen nicht?" (Daum 2019, S. 135). „Wann ist es sinnvoll, Vertrauen durch eine Technologie zu ersetzen?" (De Filippi 2019, S. 141). Damit einher geht die Frage, ob sich Vertrauen technologisch reproduzieren lässt, oder ob die Frage darauf hinaus läuft, Vertrauen zu eliminieren, also Menschen durch Maschinen zu ersetzen, die über jedes Vertrauen erhaben sind? ◀

Wirtschaft: Wie wir in *Band 2, 3.4* gesehen haben, sind technische Entwicklungspfade immer auch ökonomisch geprägt. Der Einfluss wirtschaftlicher Interessen auf Digitalisierung – als Sammelbegriff für KI, Robotik, Vernetzung etc. – ist erwartbar hoch. Wie Industrialisierung und Nationalstaatlichkeit im 19. Jahrhundert eine eigene Form des Imperialismus ausprägten, so gehen heute „Daten- und Informationskapitalismus" Hand in Hand mit dem „digitalem Imperialismus" des 21. Jahrhunderts. Privatwirtschaftliche Akteurinnen streben die maximale Expansion des Profilings an: Das Verhalten von einzelnen Menschen oder ganzen Gesellschaften soll mittels KI zuerst quantifiziert, dann analysiert und *vorhergesagt* werden (Bächle 2016, S. 192–197; Hofstetter 2016, S. 61–72, S. 222–228). Persönliche Daten werden ausgebeutet, der Anwender ist kein Kunde, sondern ein Produkt (ebd., S. 408). Der Wert von Information(sverarbeitung mittels KI) liegt in *gezielter Lenkung von Zukunft* (ebd.,

S. 27, S. 345). Wer darauf ein Refugium beanspruchen kann, verfügt schlussendlich über politische Macht (Pfadkopplung zur politischen Technologie). Als archetypischer Anwärter eines solchen privatwirtschaftlichen Monopols gilt Google (ebd., S. 43; Zuboff 2018, S. 24, im Detail siehe ebd., S. 85–228; Wolff 2020).

Shoshana Zuboff interpretiert unsere Epoche als ein „Zeitalter des Überwachungskapitalismus". Überwachung/Kontrolle/Beobachtung (von englisch *surveillance*) ist das hervortretende Paradigma des Informationskapitalismus. Damit ist so etwas wie eine Beobachtungs- und Prognoseökonomie gemeint, in welcher „Vorhersageprodukte" menschlichen Verhaltens zur Modifikation, also gezielten Lenkung, eben dieses Verhaltens gehandelt werden (Zuboff 2018, S. 8, S. 22–27 et passim, Verhaltensprognose und Verhaltensmodifikation im Detail siehe ebd., Teil II, S. 231–407; zur weiteren Diskussion Rosengrün 2021, S. 144–152). Diese hebeln nicht nur die Mechanismen industrieller Ökonomie aus, sondern treten in Konkurrenz zu Nationalstaaten und Staatenbünden wie der EU. Unternehmen erfüllen öffentliche Aufgaben jedoch nicht unabhängig und ohne (parlamentarische) Kontrolle (Hofstetter 2016, S. 398). Das betrifft auch kritische Infrastrukturen und die Verhandlung der Normen unseres Zusammenlebens – Aspekte, die eigentlich in demokratisch legitimierte staatliche Hände gehören (ebd., S. 410–411). Aus gesellschaftlicher Sicht drängt nicht nur die Ersetzung von Arbeit durch neue Technologien – die gleichzeitig aber auch neue Arbeitsplätze schaffen –, sondern die generelle ökonomische Prekarisierung von Lohnarbeit: Wer keine Finanzmittel zum Investieren hat, verarmt (Hofstetter 2016, S. 182, S. 408–409; im Detail auch Standing 2015; Wolff 2020).

Beispiel: Influencerinnen – Beobachte mich!

Beobachtung ist eine marktwirtschaftliche Strategie international erfolgreicher Globalplayer. Dabei geht es eher um eine verdeckte Abschöpfung auf den ersten Blick unnützer Datenspuren. Eine neue Form der digitalen Erwerbstätigkeit ist mit dem Begriff der Influencerin verbunden. Dabei handelt es sich meist um Einzelpersonen, die das Potenzial sozialer Medien zur Selbstdarstellung erkannt haben und mit innovativen Formaten umzusetzen wissen: Sie wollen regelrecht beobachtet werden und leben davon, dass ihnen tagtäglich Tausende auf ihren Smartphones folgen. Ole Nymoen und Wolfgang M. Schmitt beschreiben Influencer als die „Krönung der Onlinewerbung" und als konsequente Weiterentwicklung des von Karl Marx interpretierten Kapitalismus. Werbung dient der Reproduktion von Kapital durch ständigen Konsum. Um diesen anzukurbeln, werden nicht mehr Zielgruppen angesprochen, sondern die passenden Influencer, ob diese denn nicht ein Produkt in freundschaftlichem Schein der Fangemeinde vorführen könnten (Nymoen und Schmitt 2021, S. 29–35). „Es ist, als hätten Millionen junge Zuschauer Teleshopping-Kanäle zu ihren liebsten Fernsehsendern erkoren" (ebd., S. 43). So vollzieht sich eine Gemengelage aus Rockstarinszenierung, Klatschpresse, Voyeurismus oder bloßem Beobachtungslivestyle in Verbindung mit Marktschreierei, die sich selbst wiederum als Batterie datenhungriger Algorithmen entpuppt. Denn sowohl die Influencer als auch ihre Follower hinterlassen zahlreiche Datenspuren, allein beim Vorführen und Zusehen.

Dabei geht es gerade nicht um die Auflösung im virtuellen Raum, sondern um blanke Körperlichkeit. Nymoen und Schmitt pointieren ironisch mit Blick auf eine Influencerin, die sich darüber freut, dass sie ja zum Glück nur auf den Kopf gefallen sei: „Ein körperloser Influencer ist nicht denkbar, ihm würde der Hauptaustragungsort, die Verkaufsfläche fehlen. Im Gegenzug sind Plattformen wie Instagram oder Tiktok buchstäblich geistlos“ (ebd., S. 77). Dabei reproduziert ihr Sachbuch selbst einen Voyeurismus, der von Klatsch- und Tratschpresse bis hin zum mittäglichen Ritual des Fremdschämens beim Betrachten der Lieblingstalkshows reicht: Die Früchte hängen, sie müssen nur gepflückt und dem Medium Buch entsprechend kommentiert werden. Beide Autoren sind selbst als Influencer aktiv und beobachten andere Influencer dabei, wie diese das „beschädigte Leben im Spätkapitalimus“ verherrlichen würden (ebd., S. 10) – fast so, als zappte man nachmittags zu Hause auf der Couch durch diverse Talkshows in der unumstößlichen Gewissheit, die inszenierten Streitereien in der Flimmerkiste könnten einem selbst nicht passieren. Am Schluss beschreiben beide Autoren noch die Olgipole und Cliquen etablierter Superinfluencerinnen, in die kaum mehr ein Newcomer einzudringen vermag. Zu allem Überfluss werden dann auch noch computergenerierte *virtual influencer* wie der Bot einer amerikanischen Fast-Food-Kette zur erdrückenden Konkurrenz (ebd., S. 176–181).

Bei Medien geht es um die Verbindung aus Inhalt und Form. Marshall McLuhan (1964) ist für seine These bekannt geworden, dass das Medium die eigentliche Botschaft sei. Zum einen könnte das nun mit Blick auf *virtual influencer* bedeuten, dass menschliche Influencerinnen von der menschenlosen, virtuellen Botschaft ihres eigenen Mediums geschluckt werden. Zum anderen lässt sich dieser Gedanke auch auf das gedruckte Buch von Nymoen und Schmitt anwenden: Warum schreiben Influencer ein Buch über andere Influencer, in dem sie wie Fernsehzuschauer außerhalb des Programms auf der intellektuellen Couch spätkapitalistischer Lebensbeschädigung Platz nehmen? Vielleicht liefert der Klappentext des Buches einen entscheidenden Hinweis: „Menschen über dreißig kennen oft nicht einmal ihre Namen, für jüngere Jahrgänge sind sie Topstars: Influencer.“ Vollzieht sich bei Youtube, Instagram, TikTok in Co. ein ähnlicher Ü-30-Verschleiß, wie wir ihn etwa aus dem Spitzensport oder von Tinder kennen? Youtube wurde 2005 gegründet und feiert somit 2022 den siebzehnten Geburtstag. Wer also damals mit 13 direkt eingestiegen ist, bei dem klingelt nun schon der Wecker. Ist das Wechseln zum Medium Buch die eigentliche Botschaft einer Karriere nach der Karriere (so wie etwa Fußballspieler ab Mitte Dreißig zu Funktionären werden und das Kicken anderer kommentieren anstatt selbst das Leder zu drücken)? Was denken Sie, wie werden wir in 10 oder 20 Jahren über Influencer sprechen? Als eine Zwischenstufe zum perfekten Bot, als Jugendidole, die ihren Job Jahrzehnte ausüben und mit uns alt werden? Oder als Spitzensportler, die ihre aktive Laufbahn mit spätestens Ende Dreißig beenden und noch rechtzeitig das Medium wechseln? ◀

Politik: Der Bogen zur Politik tritt direkt ans Licht, und somit von der wirtschaftsethischen Dimension der Technikethik zur politischen Philosophie *(Band 1, 2.2)*. Es gibt politische Techniken, also solche des Machterhalts oder der Überwachung – die Mittel der Politiker zur Erfüllung ihrer Interessen –, sowie Techniken, die zwar von Politikern selbst nicht angewendet werden, jedoch Entscheidungen von ihnen abverlangen. Robotik und KI sind beides. Roboter sind politische Techniken insofern sie als Waffen zur Erfüllung staatlicher Ziele angewendet werden. KI kann wie im *Social-Scoring-*System Chinas zur Überwachung und Regulierung des Verhaltens der Bevölkerung dienen (Ramge 2019, S. 90–92). Entsprechend eng verflochten sind politisches und technisch-ökonomisches Handeln. Umgekehrt brechen private Akteurinnen in die Hoheitsgebiete staatlicher Regulierung und kritischer Infrastrukturen ein – zunächst aus wirtschaftlichen Interessen – und fordern Politikerinnen zur Regulierung auf. China hat das Potenzial der Digitalisierung als politischer Technik erkannt und setzt es mit ethisch nicht unproblematischen Mitteln ein. In der EU wird über Staatsgrenzen hinweg um Möglichkeiten der Regulierung privatwirtschaftlichen Handelns gerungen, im Interesse demokratischer Grundrechte und humaner Selbstbestimmung. Ein Beispiel ist die Datenschutzgrundverordnung von 2018 (EU DSGVO). Neben dem Recht lassen sich Märkte, soziale Normen, Architekturen/Codes von Programmen und Bildung als wesentliche Regulatoren unterscheiden (Rosengrün 2021, S. 152–159; siehe darüber hinaus und im Detail Martini 2019). Einen dritten, liberalen und marktwirtschaftlich weniger regulierten Weg beschreiten die USA. Insofern führende Globalplayer wie Google, Facebook, Microsoft, Apple oder Amazon hier beheimatet sind, unterliegen auch mächtige Instrumente dem Zugriff der hiesigen nationalen Sicherheitsorgane und Militärs. Auf chinesischer Seite sticht TikTok als erfolgreiches, jedoch nach unklaren Regeln filterndes bzw. regelrecht zensierendes Medium heraus.

Neben Europa, den USA und China, offenbaren Russland, Indien oder Lateinamerika verschiedene weitere Symbiosen zwischen Politik und dem Einsatz von KI. Es wird sich zeigen, wie sich die kulturell verschiedenen Ansätze im 21. Jahrhundert weiterentwickeln und welcher am erfolgreichsten ist: (neuer) Liberalismus (USA), Regulierung (EU) oder umfassende staatliche Kontrolle (China) – oder doch ein anderer Weg? Jedenfalls vermengen sich dabei geostrategische Interessen, neue Formen der Kriegsführung und neue Kriegsmittel zu einer komplexen Gemengelage (Hofstetter 2019). Wir können uns mit Ethik der Roboter, Drohnen, KI, Algorithmen oder Digitalisierung (Ebene I, *Band 1, 2; Band 2*) nicht beschäftigen, ohne das Thema Krieg als ein Schlüsselfeld zu akzeptieren. Fiel es in Teilen Europas leicht wegzusehen, so erzwingt die als

„Zeitenwende"[1] deklarierte Entwicklung in der Ukraine ab 24. Februar 2022 zu einem neuen Bewusstsein für die militärischen Realitäten hinter, vor und neben unseren zivilen Gesellschaften. Nicht nur Politikerinnen geraten unter Rechtfertigungsdruck für jahrelange Entwicklungen, die aus späterer Sicht betrachtet fehlerhaft aussehen. Auch Bürgerinnen werden sich fragen müssen, wie geostrategische und sicherheitspolitische Themen so aus dem Blick geraten konnten, dass die Fortsetzung des spätestens seit 2014 mit der Krim-Annexion Offensichtlichen acht Jahre später ausgerechnet als „Zeitenwende" wahrgenommen werden konnte.

Beispiel: Bellingcat und neuer Selfmade-Journalismus

Es ist sicherlich auch nicht einfach, in der Informationsflut digitaler Medien zwischen offensichtlicher Propaganda, subtilem Nudging, allen möglichen gefakten und ungefakten „Wahrheiten" den Blick auf die entscheidenden Abläufe zu lenken. Die Anforderungen an den eigenen mentalen Filter bzw. die persönliche Medienkompetenz sind hoch. Auf der anderen Seite entstehen durch die Flut öffentlich zugänglicher Informationen neue Möglichkeiten kritischer Wahrheitsarbeit. Wer das Internet durchforstet, findet zu allen möglichen großen und kleinen Ereignissen diverse häufig inoffizielle Inhalte. Seien dies nun Videos einer automatisch mitlaufenden Autokamera, die zufällig den Absturz eines Flugzeugs festhält oder unabsichtlich im Hintergrund mitfotografierte Details, die Ort und Zeit einer Aufnahme verraten. Journalismus ist ein wesentliches Element aufgeklärter Gesellschaften. Die Online-Rechercheplattform *Bellingcat* hat sich in diesem Sinne Chancen der Auswertung von Open-Source-Daten zu eigen gemacht. „Es geht hier nicht um Zugang zu Topsecret-Informationen oder darum, die wichtigsten Informationen einem kleinen Kreis von Eingeweihten vorzubehalten. Bellingcat ist etwas vollkommen Neues, das es bisher nicht gab: ein Nachrichtendienst für jedermann", schreibt Eliot Higgins (2021, S. 15) über sein investigatives Netzwerk. Higgins schuf sich seine Nische in der Nachrichtenwelt, indem er „besonders auf sonst übersehen Details achtete" (Ebd., S. 22). Aus der Einpersonenjagd nach Informationsschnipseln, die meistens eher zufällig von ihren Urhebern im Netz landeten, wuchs eine investigative Gemeinschaft. Wer heute mit dabei sein will muss drei Regeln folgen:

> „Identifiziere Vorgänge und Themen, die bisher übersehen wurden, aber online einsehbar sind. Verifiziere alle erreichbaren Fakten und Beweise und vermeide jede Spekulation. Erweitere den Umfang des Wissens, indem du die Hintergründe noch weiter ausleuchtest." (Higgins 2021, S. 88)

[1] https://www.bundesregierung.de/breg-de/suche/regierungserklaerung-von-bundeskanzler-olaf-scholz-am-27-februar-2022-2008356

Der Autor erzählt die Entwicklung seines Ansatzes, aus dem eine gemeinschaftliche Initiative zur Onlinerecherche wurde, von der Nutzung sozialer Medien während des „Arabischen Frühlings“ 2011 über den syrischen Bürgerkrieg, den Abschuss von Flug MH-17 im Jahr 2014 bis hin zu Crowd-Ermittlungen auf der Suche nach Sexualstraftätern (ebd. S. 204 et passim). Für die Zukunft sieht Higgins ein grundsätzliches technisches Problem bei der Einbringung von Open-Source-Beweisen vor Gericht. Konkret denkt er an die Verhandlung syrischer Kriegsverbrechen aus dem Jahr 2020, die erst 2035 erfolgen könnte. Sind die entsprechenden Quellen dann online noch auffindbar? Existieren die hierfür nötigen Plattformen wie Youtube überhaupt noch in zehn Jahren? In Analogie zum Zweiten Weltkrieg und den Nürnberger Prozessen fordert er: „Wir haben die Pflicht, all das zu speichern und aufzubewahren“ (ebd., S. 255). Es kann davon ausgegangen werden, dass im sogenannten „TikTok-Krieg“ durch den (neuerlichen) russischen Angriff auf die Ukraine ab dem 24. Februar 2022 diese Forderung aktueller ist denn je. Jedoch wird das Aufarbeiten und Speichern der Daten sowohl durch Profis mit verschiedener Expertise als auch durch engagierte Laien lange dauern.

Entscheidend dürften dabei auch Prinzipien der Quellenarbeit sein, um effiziente Beweisketten zu destillieren. Auch wenn das schwer sein mag, die Emotionen sollten dabei nicht im Vordergrund stehen, sondern möglichst sachliche Arbeit. Inzwischen liegt auch ein Kodex für Open-Source-Recherchen vor, der nicht nur an *Bellingcat,* sondern an viele Netzwerke dieser Art gerichtet ist:

> „1. Sicherheit: Sowohl die körperliche wie die psychische Unversehrtheit von Rechercheuren, Beiträgern (Uploadern), abgebildeten Personen sowie Inhabern von Daten muss gewährleistet sein. 2. Faktentreue: … durch nachvollziehbare Erhebungsmethoden, transparentes Überprüfen und Peer Review … 3. Respekt: Die Menschenwürde aller Beteiligten muss durch Respektierung der Urheberrechte bei allen Arten von Quellenmaterial, der Beiträge Dritter an der Ermittlungsarbeit und durch Risikovorsorge für Beteiligte und Betroffene einer Ermittlung gewährleistet sein.“ (Higgins 2021, S. 260.)

Dieser Ethos ist eindeutig für den zwischenmenschlichen Alltag formuliert, befindet sich also auf Ebene I der Roboter- und KI-Ethik. Jedoch wirft Higgins – vielleicht sogar unabsichtlich – zumindest indirekt die Frage nach Ebene II auf. Denn der Autor schließt mit dem Thema der künstlichen Intelligenz und journalistischen Herausforderungen wie der Verifizierung echter Videos und der Identifikation von Deep Fakes, also Filmen, in denen Menschen täuschend echt durch algorithmische Bildbearbeitung imitiert werden. Gleichzeitig finden sich Computerprogramme in der Entwicklung, um z. B. die Dokumentation, Verifikation und Archivierung zu unterstützen (ebd., S. 260–278). Higgins spricht sogar 2021 von einer „Blaupause für zukünftige Kriege“ (ebd., S. 261). Das erinnert durchaus an den als Turingbombe bezeichneten Computer, mit dessen Hilfe im Zweiten Weltkrieg die Enigma entziffert werden konnte. Algorithmen rechnen gegen andere Algorithmen. Und das führt uns zur Ebene II der Roboter- und KI-Ethik. Higgins beschreibt das Ethos journalistischer bzw. investigativer Onlinerecherchen durch Menschen. Doch wenn Algorithmen gegen andere Algorithmen arbeiten, sollte dann nicht in gleichem Maße auch ein Maschinenethos ausgearbeitet werden? Sicherlich würde hier einmal mehr das Gebot der Transparenz und Quellentreue ganz oben stehen. Welchen Regeln sollte eine Recherche-KI außerdem folgen? Läuft am Ende auch hier alles auf die allgemeinen Robotergesetze nach Asimov heraus (*Band 1, 5.3*), oder gibt es für Investigativ-KI doch einen größeren Korpus speziell angepasster Gesetze? Besteht die Rolle von *Bellingcat* bald nur noch darin, im Katz- und Mausspiel aus Fake und Wahrheit der einen Seite durch stets bessere Software einen Vorteil zu verschaffen und diese dann unabhängig-menschengemacht auf die Einhaltung der Regeln zu kontrollieren? ◀

Demokratie: Digitalisierung birgt darüber hinaus konkrete Gefahren der Erosion genuin demokratischer Prozesse der Machtverhandlung und Ordnungsstrukturen (Grimm et al. (Hg.) 2019, S. 106–120). Gelebte Meinungsvielfalt und anonyme Wahlen sind wesentliche Voraussetzungen für Demokratie. Da ist das Lenken von Meinungen und Wählerinnenverhalten durch Profiling, Nudging und Filterblasen entsprechend der Prognosen digitaler Technologien und Interessen anderer Staaten oder Unternehmen pures Gift (Hofstetter 2016, S. 113–116, S. 392–401). Aus Sicht der westlichen Demokratien liegt ein weiteres Problem in der damit verbundenen Fragmentierung der Gesellschaft. In der vorgerechneten Individualisierung sind wir alle gleich – obwohl uns die übertriebene Einzigartigkeit vorgekaut wird. Schlussendlich werden oppositionelle Bewegungen außerhalb des digitalen Mainstream im kollektiven Rückzug des Einzelnen aufgelöst (ebd., S. 399). Profilierungszwang und Konkurrenz drücken die eigene „Marke“ im Onlineleben unter Dauerstress (ebd., S. 454). Wir sind im Tunnelblick des standardisierten Selbst befangen. Wenn in weiterer Folge – auch ausgelöst durch neue Nationalismen und völkisches Denken als Krisenreflex des sich unverstanden fühlenden Einzelnen – offene (Staats-)Grenzen nicht als Manifest der Kooperation wahrgenommen werden, sondern als Bedrohung, dann steht die Legitimation demokratischer Staatenbünde wie der EU infrage (Ebd., S. 169–172 et passim). Doch die emotionale Isolation der Einzelnen im gefilterten Onlineleben wirkt noch grundsätzlicher antidemokratisch.

Unheimlich aktuell erscheinen totalitäre Gesellschaftsformen in neuem technologischen Gewand. Denn Überwachungskapitalismus ist mehr als Technik, sondern eine (gesellschaftliche Handlungs-)„Logik in Aktion“ (Zuboff 2018, S. 30) bis hin zur „Enteignung“ von Menschenrechten und Volkssouveränität (im Detail siehe ebd., S. 411–599). Nicht ohne Grund greift Zuboff – wie andere auch – auf den Literaturklassiker *1984* von George Orwell zurück (ebd., S. 432–436; Orwell 2019/1949). Parallelen finden sich zu klassischen Analysen totalitärer Systeme aus der Mitte des 20. Jahrhunderts, z. B. zu Hannah Arendts *Elemente und Ursprünge totaler Herrschaft* (Zuboff 2018, S. 418–420, S. 596–599; Arendt 2019/1955). Hier werden die Mechanismen der Unterwanderung durch Spitzel, soziale Fragmentierung und Deutungshoheit über Wahrheit, Sprache wie Geschichte(n) anhand der Totalitarismen des frühen 20. Jahrhunderts analysiert – die sich heute mit weiterentwickelten technischen Mitteln des Überwachungskapitalismus zum globalen Paradigma aufzuschwingen drohen. Darüber hinaus wird aktuell ein regelrechter „joy of surveillance" – die Lust an der Überwachung bzw. schwächer formuliert an der Beobachtung – urbar gemacht. Wir haben Spaß daran und geben Geld dafür aus. Stellvertretend steht die Unterhaltungsshow *Big Brother,* die jedoch als Fernsehformat nur an der informationskapitalistischen Oberfläche kratzt. Der Slogan „Big Brother is watching you" geht zurück auf George Orwells Roman *1984* und hat sich der Nachwelt eingebrannt (Kehlmann 2019, S. 378). Er repräsentiert eine allmächtige Führungsclique, die zum Selbstzweck der Machterhaltung den Großteil der Bevölkerung mit den genannten totalitären Mitteln unterdrückt. Die verordnete Zersplitterung der Individuen findet auch in Gestalt einer Selbstdistanz zu den eigenen Gefühlen statt – auch aus sozialpsychologischer Sicht hält Orwells Erzählung manche Offenbarung für des 21. Jahrhundert bereit.

Wie lässt sich damit umgehen? Da sich Digitalisierung in den Händen wirtschaftlicher Monopolaspiranten bereits so tief in unser demokratisches Leben eingegraben hat, liegt ein möglicher Vorschlag in der Bildung einer außerdigitalisierten Opposition. Damit ist nicht Technikverzicht gemeint, sondern ein Aufstehen der Gesellschaft gegen das Standardmodell des Informationskapitalismus, das wir auch „Überwachungskapitalismus", „Prognosekapitalismus" oder „Fragmentierungskapitalismus" nennen können (Hofstetter 2016, S. 403; umfassend in Zuboff 2018, weiterhin in Véliz 2020 oder Wolff 2020). Es geht um die Suche nach alternativen sozialen und demokratischen Formen der Technikgestaltung, also einer humaneren Digitalisierung durch selbstkritische Aufklärung und entgegen einer „Silicon-Valley-Ideologie" (Nida-Rümelin und Weidenfeld 2018, S. 20). Wie sieht z. B. die sozial-marktwirtschaftliche Variante von Digitalisierung aus? Warum geht die soziale Innovation nicht der technologischen voran? Warum ist es umgekehrt? Eine Möglichkeit liegt in der Abschirmung/Öffnung zumindest einiger digitaler Räume von ökonomischen Interessen (Hofstetter 2016, S. 412–415). Humane Digitalisierung, so Yvonne Hofstetter, braucht Platz für partizipatorische Demokratiegestaltung bottom-up (ebd., S. 448–449).

Eine Variante wäre ein europäischer Bürgerrat unter der Voraussetzung, dass Bürger wie Regierungen die Zeit haben, *direkt demokratische* Mittel zu erlernen. Philippe Narval (2018) versammelt reale Geschichten der Bürgerbeteiligungen und -initiativen als Beispiele für erfolgreiches aktives Engagement in Europa. Das macht Mut, diesen Weg neben anderen in Erwägung zu ziehen. Vielleicht unmethodisch, doch menschlich gesagt: Mut zur Lücke, Visionen sind dringend gefragt – und zwar durchaus ohne Überweisungsschein zum Arzt (Kap. 5). In vielerlei Hinsicht gestalten Techniken Gesellschaften so wie Gesellschaften Techniken designen (Frauenberger 2019). Die Erprobung und Entwicklung partizipativer Formate der Technologiegestaltung z. B. in der universitären Ingenieurinnenausbildung erscheinen als Mittel zur demokratisch-selbstbestimmten Zukunftsgestaltung (Frauenberger 2020). Die Fridays-for-Future-Bewegung ist nicht politisch wirkungslos. Aber auch Zeiten globaler Gesundheitskrisen (COVID-19) zwingen zur Entschleunigung und schlagen Schneisen der Besinnung – wenn wir sie denn sehen und annehmen, um die Bedrohungen aktiv als Chancen umzuwerten.

Mit Blick auf zunehmend durch Algorithmen des ML geprägte Computernetzwerke, ihre demokratischen, politischen und wirtschaftlichen Potenziale und Risiken rückt das Thema der **KI-Ethik** zunehmend in den Fokus. Dabei ist die Suche nach einem Weg zur Umsetzung selbst Gegenstand demokratisch-öffentlicher Verhandlungen, einschließlich kritischer Debatten darum, was KI-Ethik eigentlich sein soll.

Besonders in der EU wird eine transnationale Regulierung von Digitalisierung, Robotik und KI angestrebt. Diese erfolgt auf juristischer Ebene – eines der prominentesten Beispiele ist die Datenschutzgrundverordnung DSGVO von 2018 – sowie durch Ethics Guidelines. Unter Ethics Guidelines verstehen wir ausformulierte Kodizes, in denen moralisches Handeln standardisiert werden soll. Voraussetzung ist die Explikation von Moral. Sitten und Gewohnheiten werden also nicht auf Basis stiller Gewohnheiten gelebt, sondern als Gebote oder Verbote klar wiederholbar ausformuliert (*Band 1, 5.1;* Abb. Band 1, 3; Abb. Band 1, 5.1). Dabei ergeben sich zwei Probleme: Ethics Guidelines sind erstens nicht das Gleiche wie aktiv gelebte Moral. Es stellt sich also stets das Anwendungsproblem: Was mache ich aus den formulierten Sätzen in einer konkreten Situation? Von wem lerne ich, wie ich die schriftlichen Vorgaben gelingend leben kann? Damit geht ein zweites Problem einher. Die naheliegende Checklisten-ökonomie führt zur Reduktion von Ethik auf das Ausfüllen von Kreuzeltests: Sind die richtigen Boxen im Formular bespielt, ist der Bedarf an Nachdenken abgehakt. Man könnte sich darauf herausreden, dass die Kodizes ja von Ethikprofis erstellt wurden, die sich schon die richtigen Argumente im Hintergrund überlegt haben. Guidelines sind jedoch drittens, das ist wichtig, eben nicht immer das Resultat von Ethik, also von rationaler, methodischer Moralwissenschaft. Durch Expertinnengruppen oder Komitees wird das zwar angestrebt. Häufig lassen sich aber auch sogenannte „ethische" Grundsätze finden, die eher dem Marketing dienen sollen oder unreflektiert persönliche Präferenzen ausdrücken. Sven Krüger fasst die Situation der KI-Ethik anhand eines prominenten Beispiels zugespitzt so zusammen:

> „Das höchste Interesse gilt dem wirtschaftlichen Profit mit KI und zu dessen Absicherung haben die digitalen Konzerne eine akademisch gestützte Lobbying-Maschinerie aufgebaut, die die KI-Ethik-Debatte heute global dominiert. Kritisch ist hier die Rede von ‚Ethik-Waschmaschinen'." (Krüger 2021, S. 391; siehe auch ebd., S. 392-466)

Es wird noch gar nicht konkret gefragt, was wir mit KI machen dürfen und was nicht, sondern das Konzept der KI-Ethik und die anschließende Deutungshoheit stehen selbst zur Debatte. Handelt es sich um bloße Akzeptanzbeschaffung, mit dem Ziel bestimmte Technologien in der Öffentlichkeit zu legitimieren? (Siehe auch das Beispiel zur Umnutzung von Kodizes des Digitalen Humanismus in *Band 2, 3.5.*) Krüger bezieht sich auf Thomas Metzinger, der als Mitglied der EU *High-Level Expert Group on AI* die Verabschiedung der *Ethics Guidelines for Trustworthy AI* (AI HLEG 2019) aus nächster Nähe mitverfolgt hat (Krüger 2021, S. 421–423): Die eingesetzte Kommission bestand überwiegend aus Industrievertretern und nur 4 von 52 Personen waren professionell ausgebildete Ethiker.

Um zu einer wirksamen KI-Ethik zu gelangen, jenseits unreflektierter Akzeptanzbeschaffung und Persilscheinbürokratie fordert Metzinger:

> „Nehmt der Industrie die Ethik wieder weg!“[2]

Die Frage ist dann auch, ob und wie Ingenieurinnen und Informatikerinnen KI-Ethik in ihrer Ausbildung lernen sollten – also zumindest eine rudimentäre ethische Grundbildung haben, bevor sie in die Industrie eintreten. Wäre ein Crashkurs zum effizienten Ausfüllen vorgelegter und unhinterfragter Checklisten das Maximum gesellschaftlicher Bildung zur Gestaltung technischen Fortschritts? In der Tat wird kontrovers diskutiert, inwiefern KI-Ethik ein verpflichtender Teil der Informatik- und Ingenieurausbildung sein sollte. Sebastian Rosengrün zieht breite, humanistische Ansätze zur Bildung moralischer Urteilskraft denjenigen Pflichtkursen vor, in welchen nur Fachwissen über ethische Theorien und Positionen vermittelt werde. Er sieht sich damit im Widerspruch zu Klaus Mainzer, der eine moralwissenschaftliche Bildung auch mit Blick auf rationale, ethische Urteilskraft befürwortet (Rosengrün 2021, S. 163, S. 182). Es geht also um die Frage, ob moralische, kulturelle und ästhetische Lebenspraxis dem Studium geisteswissenschaftlicher Konzepte vorzuziehen sei. Halten wir zugespitzt fest:

1. KI-Ethik sei nur eine industriell motivierte „Ethik-Waschmaschine“ zur vorgeschobenen Akzeptanzbeschaffung und reduziert auf top-down vorgegebene Guidelines, bei deren Abfassung Fachphilosophinnen 7,7 % (4 von 52) des verantwortlichen Gremiums stellen;
2. Ingenieurinnen sollten bloß in moralischer Urteilskraft geschult sein, nicht in ethischen Theorien und Prinzipien;
3. Ethik als systematische, methodische Moralwissenschaft bliebe folglich allein den Fachphilosophen in ihrem Elfenbeinturm vorbehalten, die dann auch bei der Abhandlung von KI-Ethik-Richtlinien auf Distanz gehalten werden.

Aufgabe: Der Streit um KI-Ethik

Wie stehen Sie dazu? Haben wir die KI-Ethik, die wir brauchen, und brauchen wir die KI-Ethik, die wir haben? Droht durch Ethics Guidelines eine unzulässige Top-down-Algorithmisierung der Moral, sodass Bürgerinnen und Unternehmerinnen wie Computer einfach formale Programme abspulen? Braucht es statt dessen vermehrt Bottom-up-Alternativen (sollten wir mehr können als bloß vorgegebene Formulare auszufüllen)? Sollte gesellschaftliches Wissen in der Ingenieurinnenausbildung bottom-up durch Case Studies, also die intuitive Urteilskraft schulende Einzel-

[2] https://www.tagesspiegel.de/politik/eu-ethikrichtlinien-fuer-kuenstliche-intelligenz-nehmt-der-industrie-die-ethik-weg/24195388.html

fallübungen, erfolgen? Oder in einem wissenschaftlichen Sinne top-down durch Orientierung an ethischen Prinzipien, Positionen und Theorien? Ist die Beschäftigung mit Kunst, Kultur und Geschichte die bessere Alternative? ◀

▶ **Tipp: Drei Bedeutungen der KI-Ethik als Moral, Ethik und Ethos** Wie in *Band 1* dargestellt, ist es hilfreich, auf die drei etablierten Übersetzungen des altgriechischen Wortes *ethos* zurückzugreifen (Abb. Band 1, 3). In der vorhergehenden Box „Der Streit um KI-Ethik" wurden drei kritische Perspektiven in der aktuellen Debatte um KI-Ethik zusammengefasst. Sie lassen sich den drei Übersetzungen von *ethos* zuordnen und sprechen dabei jeweils einen Aspekt der KI-Ethik auf Ebene I an (wo sie von Menschen für Menschen gemacht ist und nicht Computer als *moral* oder *ethical agents* meint):

1. KI-Ethik als Guidelines = Ethos/Kodex (*Band 1, 5*)
2. KI-Ethik als Schulung von Ingenieurinnen in moralischer Urteilskraft = Moral (*Band 1, 3*)
3. KI-Ethik als Methoden, Theorien, Positionen und Prinzipien rationaler Moralwissenschaft = Ethik (*Band 1, 2*; *Band 1, 4*; Vertiefung zur Technikethik in *Band 2*)

Wenn man es ganz genau nimmt, dann entspricht nur 3. der Definition einer KI-Ethik auf Ebene I, Bedeutung 1: Menschen denken kritisch und reflektiert über den Umgang mit Technologien der Robotik und KI nach (*Band 1, 6.2;* Tabelle Band 1, 6.2). Guidelines (1.) zur Regulierung von KI sind schlicht keine KI-Ethik – wenngleich sie das Produkt der KI-Ethik sein sollten. Spannender ist 2., da ja in der Tat auch ethische Praxis geübt sein will und es außerdem die breitere Bedeutung der Ethik als Lebenskunst und Lebensklugheit gibt. Welche Möglichkeiten gibt es, beides in der Ingenieurausbildung zu verbinden?

Beispiel: „Informatik und Gesellschaft" – Ein Wiener Modell zur ingenieurethischen Ausbildung

Ich möchte zur KI-Ethik und Ingenieurausbildung meine Perspektive nicht schuldig bleiben. Sie ist ein konkreter Beitrag zum Thema und bitte nicht als ultimativer Ansatz misszuverstehen. Denn von zahlreichen Kolleginnen und Kollegen werden ähnliche oder alternative Lehrveranstaltungskonzepte angeboten, die ebenfalls Vorteile haben. Seit einigen Jahren unterrichte ich außer fachphilosophischen Kursen auch die Vorlesung „Informatik und Gesellschaft" an der Fakultät für Informatik der Universität Wien. Die Veranstaltung ist für Informatik- und Wirtschaftsinformatikstudentinnen im ersten Studienabschnitt verbindlich. Dabei hat sich folgendes Konzept praktisch bewährt:

Erstens, nicht so zu tun, als ob man das wahre Leben völlig im Hörsaal abhandeln könne. Es ist ein Erfolg, wenn man es ab und zu hereinlassen kann – und zwar nicht als Gegenstand über den theoretisiert wird, sondern als authentische Lebenspraxis. Studierende üben moralische Kompetenzen ganz intuitiv im sozialen Miteinander gerade dort ein, wo sie den ersten Schritt aus den Seminarräumen heraustreten. Grundlage sind soziale Fertigkeiten, die vor dem Hochschuleintritt ausgebildet werden – also meistens vor dem 18. Lebensjahr als Teil eines eigentlich lebenslangen Lernweges. Auch wenn sich Menschen in ihrer Studienzeit häufig neu entdecken, findet das meistens als Abstoßung oder Vertiefung zwischenmenschlicher Erfahrungen und Fertigkeiten statt, die seit der Vorschulzeit angelegt werden. Das in Lehrveranstaltungen und dazu noch „nur" an höheren Lehranstalten ersetzen zu wollen, ist meiner Meinung nach schlicht unsinnig.

Chancen für ergänzende Erfahrungs-, Entwicklungs- und Gestaltungsräume sollten auch an Hochschulen gerade am Ende abgezählter ECTS-Punkte genutzt werden (ECTS = European Credit Transfer and Accumulation System: internationaler Standard zur formalen Erfassung des geleisteten Studienaufwandes in Arbeitsstunden). Das Leben fängt dort an, wo buchstäblich eine Zeile mehr programmiert wird, als zum formalen Studienerfolg notwendig ist – etwa in einer extra-curricularen Projektgruppe oder mit Kollegen in der Freizeit. Gleiches gilt für „humanistische" Bildung, wie eine an der Wiener Fakultät für Informatik tatsächlich gepflegte Opern-AG anschaulich vorführt. Generell sollten soziale Effekte durch Gruppenarbeiten nicht nur als Nebenwirkung, sondern als Selbstzweck anerkannt werden. Eine so erfolgende Vernetzung der Studierenden/Schülerinnen untereinander in Projekt- oder Hausübungen anzuregen, ist ein nicht unwesentlicher erster Schritt. Insbesondere wenn es dabei um das gemeinsame Entwickeln gesellschaftlicher Perspektiven auf das eigene Ingenieurhandeln geht.

Was geschieht im Hörsaal? Ethiklehrgänge, in denen mit unklaren Begriffen aufgeräumt wird und zumindest methodische Grundlagen einer rationalen Ethik vermittelt werden, halte ich für sinnvoll und das deckt sich auch mit dem Feedback meiner Studierenden und Kollegen aus der Informatik. Hier ist das, was ich versuchsweise als Schmidtsches Rasiermesser bezeichnet habe (Abschn. 5.1) angemessen: Einmal durch das Entfernen von unklaren Begriffen und Vorurteilen an den rationalen und methodischen Bestand einer wissenschaftlichen Ethik heranzufühlen. In der Tat zeigen sich Studierende durchaus neugierig und zufrieden, wenn zumindest anhand ausgewählter Beispiele vorgeführt wird, dass Ethik eben nicht nur ein Streit der Vorurteile und Bauchgefühle ist, der das wissenschaftlich schlagende Herz ins Abseits rückt. In einem Semester alle Prinzipien und Theorien aus über 2500 Jahren Philosophiegeschichte vermitteln zu wollen, muss jedoch genauso scheitern, wie der Versuch moralische Fertigkeiten im akademischen Reinraum zu definieren.

Ich habe gute Erfahrungen mit einem Mittelweg gemacht, bei dem die Studierenden über das Semester hinweg ein Projekt in mehreren Gruppen gleichzeitig umsetzen, um auch moralische Urteilskraft zu üben. Die eine Hälfte jeder Sitzung hat eher klassischen Vorlesungsflavour und dient der Vermittlung wissenschaftlicher Grundlagen, Methoden, Kriterien, Begriffe, Prinzipien und Beispiele einer dezidiert wissenschaftlich verstandenen Ethik. In der anderen Hälfte wechselt die Stimmung und ich trete explizit in die gespielte Rolle eines „Projektmanagers", der erst einmal so tut, als hätte er fachlich weder von Ethik noch von Informatik eine Ahnung – etwas Humor, Selbstironie und moderatives/mediatives Feingefühl sind hier und da nötig. Was nun ansteht ist kreatives Thinktanking, um die Theorie mit Leben zu füllen. Dabei können sich Studierende technische Zukünfte ausdenken mit mehr oder weniger realen Bezügen. Ziel ist die Identifikation und gesellschaftliche Abwägung von Schlüsseltechnologien der kommenden Jahre.

Wenn ich genügend Zeit in der Veranstaltung habe, dann beginnen wir zunächst mit einer Art Memoryspiel. Jeder Teilnehmer erstellt eine einseitige Folie und deckt diese wie eine Memorykarte auf. In maximal 4 Minuten ist eine Schlüsseltechnologie vorgeschlagen. Wenn nach einigen Sitzungen alle dran waren, dann werden zufällig Teams gebildet, mit der Aufgabe, die jeweils zusammengefundenen Memorykarten jeder teaminternen Teilnehmerin kreativ zu einem integrativen Entwurf zu formen. Ziel der Übung ist an diesem Punkt die kommunikative Interaktion zwischen den Studenten sowie das Training integrativen Denkens. Es sollen Verbindungen zwischen verschiedenen Technologien gesucht werden, die auf den ersten Blick nicht auffallen würden. Zum Beispiel: Aus der Idee einer Logistik-App für die Post (Student 1), einem humanoiden Haushaltsroboter (Student 2) und medizinischen Nonobots in der menschlichen Blutbahn (Studentin 3) wurde ein vernetzter Apothekendienst, bei dem Roboterpaketboten Medikamente in Rekordzeit bei den Patienten abliefern, sobald die Nanobots im Körper einen entsprechenden Bedarf signalisieren (= gemeinsamer Vorschlag der drei Teilnehmenden in diesem Team).

Nach diesem Modus werden mehrere Teams gebildet und jedes Team stellt einen Technologievorschlag einer fiktiven Expertinnenkommission (= alle Teams einer LV-Gruppe) vor, die wiederum ein White Paper für eine fiktive Regierung erarbeiten soll. Die Kommission besteht aus den Studierenden. Sollte wenig Zeit vorhanden sein, beginne ich den Kurs an diesem Punkt und lasse den Zyklus der individuellen Memorykarten aus. In jeder Sitzung wird nun ein Teamvorschlag vorgestellt – da waren schon korruptionssichere Politikbots dabei, wie auch Krebstherapien durch das Quantenbeamen menschlicher Körperzellen bis hin zu allen möglichen großen und kleinen Robotern. Gemeinsam werden die durchaus fiktiven Vorschläge dann zur Übung rationalisiert und ethisch analysiert. Grundlage bilden hierfür unter anderem die Perspektiven technischer Praxis und Charakteristika technischen Handelns (Nebeneffekte, Umnutzungen, Verantwortungszuschreibung etc.) wie sie in *Band 2, 3* und *Band 2, 4* ausgearbeitet sind. Akademisch gesprochen: Es wird also die Anwendung eines heuristischen Prinzips geübt, nämlich ethisch relevante Konflikte in zukünftigen Gesellschaften zu identifizieren und diese dann zumindest skizzenhaft mit Lösungsvorschlägen zu versehen (operational nach *Band 2, 1.1* und *Band 2, 2*). Studierende und Lehrender üben also Case Studies progressiver Kasuistik (*Band 2, 1.3*). In diesem Kontext lassen sich übrigens *ethics guidelines* einbringen und selbst wiederum kritisch anhand ihrer wissenschaftlichen Konsistenz und praktischen Anwendbarkeit analysieren.

Aus den einzelnen Teamvorschlägen wird dann eine Top-Dreierliste erstellt, begutachtet und mit den weiteren Teamvorschlägen im Anhang als White Paper ausformuliert – sodass sich jede Studentin spätestens im Anhang wiederfindet. Am Ende des Semesters steht den Teilnehmerinnen dann auch ein praktisches Arbeitsergebnis zur Verfügung. Eine besondere Option ziehe ich, wenn es mehrere parallel arbeitende Kursgruppen gibt. Dann spielen wir in einer finalen großen Veranstaltung „Pressekonferenz“. Am Schluss lernen sich also die vorher getrennten Gruppen kennen und stellen sich gegenseitig ihre White Paper vor (das funktioniert nur, wenn es mehrere parallel arbeitende Kurse gibt, und günstig ist es, wenn diese dann bis zur simulierten Pressekonferenz nicht wissen, woran die jeweils anderen Kursgruppen feilen). Während zum Beispiel Gruppe 1 ihr White Paper vorstellt, treten Gruppe 2 und Gruppe 3 in die Rolle der „kritischen Öffentlichkeit“ oder spielen „Journalistinnen“. Nach Semesterabschluss werden die White Paper zwischen den Gruppen getauscht und sie begutachten sich gegenseitig. Die gruppeninternen Reviews werden nun also noch durch externe ergänzt.

Didaktisch wird dabei von individueller Antizipation hin zu kleinen Teams und größeren Gruppen verfahren. Zuerst treten die Studierenden als Individuen auf und können sich auch schon einmal kennenlernen. In der Teamphase tritt die transsubjektive Integration im kleinen Rahmen hinzu, was nicht nur auf eine gemeinsame Technologieidee abzielt, sondern auch auf zwischenmenschliche Kommunikation. Die dritte Iteration zielt auf die kritische Reflexion der eigenen Ideen im größeren Rahmen ab. Damit wird nicht nur die Anwendung ethischer Theorien geübt, sondern auch iterative Grundlagen transdisziplinären Arbeitens sowie das selbstreflexive Hinterfragen des eigenen Standpunktes in einem Team, das wiederum Teil einer Gruppe ist. Durch die Einteilung in Arbeitspakete während des Semesterverlaufs und der Rollenwechsel des Dozenten zum Projektmanager werden zumindest rudimentäre Grundlagen agilen Projektmanagements praktisch angelegt. Entscheidend ist dabei kommunikatives Feingefühl und eine offene, explizit respektvolle, ehrliche Atmosphäre.

Es ist erfahrungsgemäß essenziell, hier eben nicht mit „wahr“ und „falsch“ grobschlächtig Redebeiträge abzuhaken, sondern nach den produktiven, positiven Aspekten eines Beitrags zu suchen und von dort aus den Bogen zu einer vielleicht „sachlicheren“ Formulierung anzubieten. So kann die Doppelrolle des Dozenten als vortragendem Lektor und Moderator/Projektmanager gelingen. Humor kann viel auffangen und authentische Selbstironie ist kein Fehler. Auch Ethiklehrer leben ganz praktisch einen Stil vor – unabhängig von theoretischer Konsistenz. Studierende suchen ja auch – zu Recht – den Menschen, hinter dem Ethikpapst der da vor ihnen seine Theoriefolien abspult. Fehler zuzugeben und sich von Teilnehmern (begründet) widerlegen zu lassen, ist wichtig. So lassen sich die Studierenden gleichzeitig an professionelle Ethik heranführen und ganz praktisch beim arbeitsteiligen Einüben moralischer Urteilskraft begleiten. Grundlage ist das spielerische Szenario eines in

Teams und Arbeitspakete geteilten Studentinnenkonsortiums, das ein gemeinschaftliches Abschlussdokument für eine fiktive Regierung erarbeiten soll. Das Konzept lässt sich besonders gut bei mehreren parallel arbeiten Kursen anwenden, aber auch bei kleinen Gruppen, wo mehr Zeit für individuelle Reflexionen bleibt. ◀

Intelligenz: Dies sind nur kurze Skizzen der realen Herausforderungen, jenseits von Spekulationen starker KI (Abschn. 5.2). Es lohnt sich wohl eher, über eine bessere Gesellschaft zu spekulieren, und was „besser" bedeuten könnte. Die schwache KI-These kulminiert jedenfalls in einem pragmatischen Begriff der Intelligenz. Um sich nicht in endlosen Definitionsdebatten zu verheddern, reicht eine Arbeitsdefinition, die den Weg frei räumt für die Auseinandersetzung mit den genannten großen gesellschaftlichen Themen. Klaus Mainzer vertritt in diesem Sinne die rationale These, dass sich **KI schlicht als Dienstleistung in der Gesellschaft zu bewähren** hat (Mainzer 2016; zur technikphilosophischen Diskussion siehe Kornwachs 2019). Das entspricht der *Position Mensch als Nutzerin* (KI 2.b.; Abschn. 4.4). Jede Technik unterliegt Bewährungsmustern. Gegenüber anderen Systemen ragt der Dienstleistungsaspekt heraus. Damit werden Visionen über die universellen Fähigkeiten allgemeiner Maschinenintelligenz sachlich umgangen. Mainzer schlägt hierzu folgende Arbeitsdefinition vor:

> „Ein System heißt intelligent, wenn es selbstständig und effizient Probleme lösen kann. Der Grad der Intelligenz hängt vom Grad der Selbstständigkeit, dem Grad der Komplexität des Problems und dem Grad der Effizienz des Problemlösungsverfahrens ab." (Mainzer 2016, S. 3 et passim; siehe auch Mainzer 2020a S. 236, S. 243; so ähnlich auch Gethmann et al. 2022, S. 8)

Versuche weiterer inhaltlicher Präzisierung führen unweigerlich früher oder später in ein Dilemma. Das Problem liegt in der sprachlichen Bionik bzw. Projektion (KI 1.a.). Schon beim Versuch der inhaltlich gesättigten Rede von Intelligenz landen wir in der Verlegenheit, allen Aspekten humanen Verhaltens gerecht werden zu müssen. Hoch ist die Gefahr, dabei wichtige Aspekte zu übersehen. Musische Intelligenz ist nicht das Gleiche wie mathematische oder soziale Intelligenz. Auch der Umgang mit Wahrnehmungen und Körpermotorik in Handwerk, Sport oder Tanz ist zweifelsohne ein essenzieller Bereich humaner Kreativität und intelligenten Problemlösens. Bei Tieren lassen sich Vorformen vieler Bereiche menschlicher Intelligenz finden, von der Körper- und Lautsprache über das Sozialverhalten in Gruppen bis hin zur Werkzeugbearbeitung und -verwendung bei Rabenvögeln oder Primaten. Hier öffnen sich Unmengen wichtiger Forschungsfragen, die jedoch vom gesellschaftlichen Umgang mit KI als Werkzeug, also Dienstleistungstechnik, ablenken. Aus ganz pragmatischen Gründen der angewandten Ethik schwingen wir also das Rasiermesser und schneiden sie an dieser Stelle aus der Technikethik heraus – und bearbeiten sie in eigenen fachübergreifenden Debatten.

Der Intelligenzbegriff, den wir der KI bewusst oder unbewusst unterschieben, wirkt häufig paradigmatisch auf die Denk- und Begründungsform der Roboter- und KI-Ethik. Vorliegende Buchreihe folgt einer **methodisch-sprachkritischen Anthropozentrik**

(Band 2, 2). Dementsprechend wird aus Gründen des sinnvollen Begriffsgebrauchs und des handlungstheoretischen Zugriffs Ethik von menschlichem Verhalten aus begründet. Wer nun daran glaubt, dass KI „allgemeine Intelligenz" sogar über die kreativen Anpassungspotenziale der Menschen hinaus bedeutet, verschiebt bewusst oder unbewusst auch sein Paradigma für die moralische und ethische Bewertung von Maschinen. Denkbar wären dann moralische Roboter, die auch noch viel bessere Ethik betreiben als Menschen es je könnten. Das Problem dabei – bei allen sachtechnischen Grenzen: Die Geräte würden uns für unser Leben keinen Sinn geben. Wir ständen ihrer moralisch „überlegenen" Sprache und den entsprechenden ethisch makellosen Schlüssen verständnislos gegenüber. Und das Problem der Projektion sowie Selbsterniedrigung wäre nicht vom Tisch: Wäre uns eine maschinelle Superintelligenz wirklich überlegen oder machen wir uns einfach nur selbst klein, sodass unberechenbare Potenziale kollektiv verkümmern? Dass wir uns jetzt fragen, welche Potenziale wir besser auslassen sollten und welche unbedingt zu fördern sind, ist schon der nichtrobotische Atemzug moralischer Freiheit und Autonomie – also zutiefst human *(Band 4, 5.1)*.

Wieder schrammen wir direkt an Weltbildern und Glaubensfragen entlang: Die einen mögen daraus auf das herdersche oder gehlensche Mängelwesen Mensch schließen, das nach Überbietung durch perfekte Technik regelrecht lechzt *(Position Mensch als Zwischenstufe)*. Manch anderer sieht gerade darin die intelligente Stärke. Denn wir sind ja fähig, in nicht makellosen Umgebungen gemeinschaftlich zu überleben. Eiseskälte der Arktis oder dürre Wüsten meistern wir wie auch tropische oder urban überbevölkerte Lebensräume. Flexibilität ist das Gegenteil von Perfektionismus. Insofern offenbart sich das Gebet nach überlegener Superintelligenz wohl eher als eine ersatzreligiöse Projektion der eigenen Unzufriedenheit und unverdauten Endlichkeit. Man muss ergänzen: Forschungspraktisch hat die (bisher ergebnislose) Suche nach starker KI zu enormen Fortschritten und vielen wünschenswerten Verbesserungen in der KI als Dienstleistung geführt. Im Dienste der Neugier sowie als Produkt unergründlicher Universen menschlicher Fantasie ist der Traum von ebenbürtigen Maschinen oder Computerprogrammen in vielen realen Errungenschaften unserer Zeit präsent. Es wäre geradezu unethisch und unmoralisch allemal, das Träumen, Spekulieren, Glauben und Hoffen verbieten zu wollen. Denn damit hätten wir einen robomorphen Fehlschluss erster Klasse begangen und den Menschen zur Maschine degradiert: Natürlich sind Visionen menschlich. *Methodisch* steht jedoch das Bekenntnis zum Thinktanking verbunden mit dem Anspruch, Science Fiction etc. als solche explizit zu machen und kritisch zu hinterfragen. Vor diesem Hintergrund werden Ideengeschichten zum Gegenstand von Realgeschichten menschlichen Lebens.

Übersicht: Schwache und starke KI als Gegenstand der Roboter- und KI-Ethik

Die schwache KI-These lässt im Genitivus obiectivus (Ebene I; Realgeschichte; KI 1.a/2.b, *Position Mensch als Schöpfer* und *Position Mensch als Nutzerin*) praktisch folgende Optionen zu:

- Maschinen sind keine *moral agents* oder *patients*, also keine moralischen Akteurinnen und Wertträgerinnen *(Band 1, 3.1; Band 1, 3.2; Band 1, 3.4)*. Sie sind aus verschiedenen methodischen Gründen nicht moralfähig *(Band 2, 2)* und werden als Instrumente menschlichen Handelns im Rahmen der Technikethik bewertet. Ihnen kommt kein besonderer moralischer Wert bei, im Gegensatz zu Menschen, Tieren, Pflanzen oder Ökosystemen.
- Roboter können einige Fähigkeiten in einigen Bereichen menschlichen Schaffens ersetzen oder da eingesetzt werden, wo Menschen an physische oder psychische Grenzen stoßen (Ersetzung von Tätigkeiten der Art *dangerous, dirty, dull* und *dispasionate;* Nida-Rümelin und Battaglia 2019, S. 7). Der jeweilige Gebrauch durch den Menschen ist technikethisch zu hinterfragen *(Band 2)*. Bots kämen als *ethical agents (Band 1, 4.1; Band 1, 4.7)* oder besser als *ethical consultants* – also als Berater nicht als Entscheidungsbevollmächtigte – in eng umgrenzten Situationen moralphilosophischer Urteilsbildung in Betracht *(artificial normative ethical agent)*. Die Ergebnisse der Modellierung ethischer Argumente sind durch Menschen zu prüfen und der Einsatz generell juristisch zu regulieren. Ihr Einfluss auf Prozesse gesellschaftlicher und politischer Entscheidungsfindung muss kritisch verhandelt werden. Aufgrund der normativen Tragweite – jenseits der deskriptiven Modellierung von Wettervorhersagen oder Kaufverhalten – stellen sich deutliche Hürden dar. Der schwachen KI-These folgend wird aber auch klar anerkannt, dass solche Maschinen schlussendlich ethische Urteile nur funktional simulieren und mögliche Lösungswege als Resultat einer informationstechnologischen Prozessoptimierung (Paradigma A, Technik 3/5) ausgeben. Subjektivität, Moral oder Bewusstsein liegen nicht vor *(Band 4)*.
- Algorithmen, die speziell zum Profiling, zur statistischen Kalkulation und Modellierung menschlichen Verhaltens eingesetzt werden, entsprechen dem Konzept der ***artificial descriptive ethical agents*** *(Band 1, 4.1)*. Dabei wird die Expertise deskriptiver Ethik simuliert und zumindest teilweise funktional substituiert. Es geht um die explizite Beschreibung menschlichen Verhaltens im engen Rahmen dessen, was sich aus Daten herausrechnen lässt – also die Maschinisierung eines Bereichs deskriptiver Ethik. Eine der Hauptherausforderungen ist der ethisch reflektierte, kritische Umgang mit der Beeinflussung von Datenströmen durch diese Algorithmen. Es handelt sich dabei nicht um unbeteiligte „Beobachter“, sondern um Interessen induzierte Steuerung menschlicher Wahrnehmungen und Diskurse, z. B. in sozialen Medien. Das Transparenzproblem beginnt dort, wo die Interessen der Betreiberinnen solcher Algorithmen unsichtbar sind.

- Wir müssen uns entscheiden, ob und wie wir Moralkodizes zum Umgang mit Maschinen anwenden, oder welche wir in die KI einprogrammieren (z. B. Asimovs Robotergesetze, *Band 1, 5.3*).
- Maschinen sind im technischen Sinne des Wortes nicht „vollautonom“, sondern höchstens „eingebettet oder semiautonom“ *(Band 4, 5.2)*.

Die starke KI-These (Ideengeschichte; KI 1.b., *Positionen Mensch als Vorbild* und *Position Mensch als Zwischenstufe*) lässt für die Roboter- und KI-Ethik im Genitivus subiectivus (Ebene II) *spekulativ* folgende Optionen zu:

- Computer sind *moral agents* und/oder *ethical agents*, ein *artificial moral agent* ist auch als notwendige Bedingung für einen *artificial ethical agent* denkbar, da angenommen wird, dass Roboter auf Grundlage einer starken KI umfassend menschliche Fähigkeiten realisieren oder überbieten können. Dabei würde unter Leugnung der Trennung zwischen normativ-wertender und empirisch-beschreibender Rede davon ausgegangen, dass Maschinen natürliche und kultürliche menschliche Intelligenz vollständig haben sowie keine von Menschen gemachten technischen Mittel sind. Denn eine moralische Maschine müsste von menschlichen Gruppen hinsichtlich der normativen Bedeutungen verstanden werden – das Gerät müsste sich also im evolutionär und sozial generierten Rahmen human-intelligenten Verhaltens bewegen (Intelligenz I; Abschn. 4.3). Computer entwickeln eine wirkliche Maschinenmoral, die sich im Wahrnehmen, Denken, Fühlen etc. vollständig von der menschlichen Lebenswirklichkeit unterscheidet. Auch die sprachliche Umsetzung unterscheidet sich von der des Menschen so stark, dass wir über die Maschinenmoral nicht einmal wissen können, ob sie vorliegt oder nicht. Es stellt sich zumindest für Menschen das Problem der endlichen Erkenntnisperspektive *(Band 2, 2.3)* – auch hinsichtlich der Wahrnehmung maschineller „fremdpsychischer“ Phänomene (Intelligenz II; *Band 4, 4*).
- Jede starke KI – egal ob sie menschliche Moral oder ein für Menschen nicht nachvollziehbares Moral-Pendant hätte – wäre ein *moral patient*. Wir müssten ihr zumindest Empfindungsfähigkeit oder so etwas wie Quasi-Subjektivität zusprechen und sie darum besonders schützen. Die Frage ist dann, ob sie schützenswerter als Pflanzen, Tiere oder gar die Menschheit wäre?
- Maschinen werden vollständig autonom, setzen sich also die Ziele und Regeln ihres Handelns selbst (einschließlich Moralkodizes/Ethos; *Band 1, 5; Band 4, 5.2; Band 4, 5.3*).

Conclusio

Die Realgeschichten künstlicher Intelligenz entsprechen der schwachen KI-These. Es handelt sich um technische Mittel zum Zweck, also um Kulturgüter. Wir gehen mit ihnen um, sind verantwortlich und wägen Risiken sowie Nebenwirkungen der Dienstleistungstechnik KI (2.b.) hoffentlich rechtzeitig ab. Hierzu liegen Arbeitsmittel der allgemeinen Ethik *(Band 1)* und angewandten Ethik *(Band 2)* vor, die methodisch und inhaltlich auf einer methodisch-sprachkritischen Anthropozentrik aufbauen. Menschenwürde und Menschenrechte bleiben dabei unhintergehbare Werte. Der Glaube, Verantwortung auf Computerprogramme abzuwälzen, führt in einen (schwachen) algorithmischen Fehlschluss. Aus Sicht der kritischen Technikbewertung gelten für KI die gleichen Charakteristika und Perspektiven technischen Handelns wie für andere Techniken auch (Nebeneffekte, Umnutzungen etc.; *Band 2, 3*). Ideengeschichten starker KI wirken zwar forschungsleitend und spornen zu kreativer Grundlagenforschung an. Jedoch lenkt die Debatte um Superintelligenz ab von den realen Gestaltungsräumen digitaler Technologien von Menschen mit Menschen für Menschen. Ein spezifisches Problemfeld entsteht dadurch, dass die konkrete Umsetzung mathematischer Modelle in A2-KI (Machine Learning etc.) nicht top-down programmiert wird, sondern sich in einer Vielzahl von Trainingsläufen schichtweise bottom-up entwickelt. Dadurch können selbst Experten die jeweiligen Funktionen und Kriterien der Ergebnisfindung teilweise nicht klar benennen. Die Anwendung solcher Technologien ist mit besonderen (sozialen) Risiken und Gefahren verbunden. Fehlende Transparenz im Sinne der Nachvollziehbarkeit technischer Verfahren ist kein Beweis für maschinelles Bewusstsein, sondern eher für grob fahrlässig konstruierte und angewendete Kulturtechnik.

Von industriell genutzten Cobots (Abschn. 1.2) über Social Robots und Mensch-Maschine-Interaktionen (Abschn. 2.1), Smart Agriculture, Tier- und Pflanze-Roboter-Interaktionen (Abschn. 2.2, 2.3), militärisch genutzten Drohnen und Loitering Munition (Kap. 3) bis hin zur Verhaltensprognose sowie verzerrenden Vorurteilen (*bias*) durch Algorithmen spannt sich ein weites Feld *sozialer Herausforderungen* zwischen den Schlagworten *Computer und Gesellschaft.* Nicht zuletzt die Klärung der Begriffe Roboter (Kap. 1) und künstliche Intelligenz (Kap. 4) zählen dazu – selbst die Termini werden gesellschaftlich verhandelt. Hierzu zählen Expertinnensysteme, womit KI gemeint ist, durch welche ausgewählte Bereiche menschlichen Wissens zumindest teilweise simuliert und ersetzt werden. Es geht dabei um Spezialanwendungen, nicht um *general AI.* Auch die Orientierung an menschlicher Physiologie oder Problemlösungsverfahren ist nicht das Maß aller Dinge. Häufig lassen sich durch alternative Antriebsformen oder Rechenfolgen effizientere Lösungen designen, wenn sie sich nicht unbedingt an menschlicher Kognition orientieren müssen. Insofern hat sich aktuell gegenüber der KI-Kritik der 1970er-Jahre wenig geändert: Universelle KI ist nur um den Preis zu haben, Menschen auf das zu reduzieren, was Computer besonders gut können.

Auf der anderen Seite ist das Konzept des Algorithmus als eines endlichen, regelgeleiteten, zeichen- und symbolverarbeitenden Problemlösungsverfahrens (Kalkül) stärker in den Mittelpunkt gerückt. Durch wesentliche Fortschritte der KI-A2 (konnektionistisch-subsymbolisch, bottom-up, SLA, KNN, ML; Abschn. 4.4) der vergangenen Dekaden, nicht zuletzt mittels massenhafter Steigerung von Datenströmen durch soziale Medien und Smartphones, ist es zu realgeschichtlichen ethischen Brennpunkten gekommen. Diese betreffen das Profiling und die anschließende Verhaltensprognose menschlicher Akteurinnen. Algorithmen dienen als *artificial descriptive ethical agents (Band 1, 4.1),* sie reflektieren also nicht normativ das, was Menschen sollen, sondern klassifizieren und explizieren menschliches Verhalten. Daraus sollen Wahrscheinlichkeiten errechnet werden, die sich dann wiederum für gezielte Werbung entsprechend zu erwartender Kundenwünsche, oder die Lenkung von Diskursen nutzen lassen. Targeted Advertising lautet ein Schlagwort, Echokammern und Filterblasen diejenigen zur Bezeichnung der Verstärkung menschlicher Vorurteile in sozialen Medien. Dabei werden durchaus analoge Phänomene wiederholt, nur eben mit digitalen Mitteln. Dienten die Dorfkneipe oder der sonntägliche Kirchgang einst als meinungsbildende und -verstärkende Diskursräume, so werden durch digitale Medien räumliche und zeitliche Abstände verringert. Es gibt Indizien, dass manches, was aus gesellschaftlicher Sicht neu erscheint, zumindest neue Ausprägungen erhält, aber doch auch schon in vordigitalisierten Gesellschaften angelegt ist.

Privatheit ist eines der zentralen Arbeitsfelder. Doch gab es jemals vor Computern die massiven Privatheiten, die heute eingefordert werden? Viele der in vorliegendem Kapitel aufgeführten Problemfelder, Fragen und Beispiele weisen wie die Frage nach den soziologischen, kulturanthropologischen, psychologischen oder historischen Hintergründen der Privatheit über eine bloß ethisch-abstrakte Perspektive hinaus. Auch *Band 3* der Buchreihe *Grundlagen der Technikethik* ist auf transdisziplinäre Ergänzungen angewiesen. Hierzu möchte ich ausdrücklich einladen. Konnte ich in *Band 1* und *Band 2* noch besonders intensiv auf die fachlichen Besonderheiten philosophischer Ethik eingehen, so begab sich *Band 3* stärker in ein thematisches Feld hinein, das unmöglich von einer Disziplin allein bestellt werden kann. Insofern fängt die Arbeit am riesigen Problemfeld zwischen *Computer und Gesellschaft* auch erst mit Ende vorliegenden Buches so richtig an. Im Verbund mit den methodischen Grundlagen zur Ethik in *Band 1* und *Band 2* kann von hier aus der Weg in weitere und detailliertere Analysen gegangen werden. So verstehe ich dann auch KI-Ethik – um die durchaus zwischen ihrer Reduzierung auf top-down vorgegebene, interessengerichtete Guidelines und dem Bedarf moralischer Urteilskraft gerungen wird – als ein methodisch-sprachkritisches, transdisziplinäres Arbeiten sowohl in der Forschung als auch in der Lehre.

Aus technikethischer Sicht lassen sich mit Blick auf die in *Band 2, 3.2* und Abb. Band 2, 3.2 dargestellten Technikbegriffe, Algorithmen systematisch als Verfahrenstechniken (Technik 3) auf Basis expliziten Wissens (Technologie = Technik 5) begreifen. In den Begriffen der sprachkritischen Analyse künstlicher Intelligenz in Kap. 4 bietet sich also die Einordnung von Algorithmen als Technik 3/5 im Paradigma A und C entsprechend der KI-Begriffe 1.a./2.b. an. Damit wird dann auch klar, dass ein gezüchtetes Nutztier kein Algorithmus ist, da es sich dabei um ein ganz anderes KI-Paradigma handelt. Gleiches gilt mit besonderem Nachdruck für Menschen. Eine Software ist im Endeffekt nichts anderes als eine (mehrfach in Programmier- und Maschinensprachen) übersetzte Anweisung zur Abarbeitung von Prozessketten. Diese sind häufig hardwarespezifisch formuliert, was jedoch nicht notwendig der Fall sein muss (wie z. B. bei Turings abstraktem Automaten). Algorithmen sind eine Verfahrenstechnik auf Grundlage endlicher Kalküle und Symbolverarbeitung – im Gegensatz zum Handwerk also eine Technologie (Technik 3/5). Auch subsymbolische KI (A2) baut auf prinzipiell bekannten mathematischen Grundlagen auf. Menschliche Neurologie, Kognition, abstraktes Denken oder sinnliches Problemlösen können dabei als Vorbild dienen, wie auch die Soziobiologie tierischen Schwarmverhaltens (KI 1.b., Bionik, Swarmrobotics, Maschine-Maschine-Interaktion).

Im anschließenden *Band 4* werden wir hier ansetzen und den Fokus von der Ethik/praktischen Philosophie noch stärker hin zur theoretischen Philosophie verschieben. Denn auf dem Tablett liegen nun Analysen und Einordnungen, die auch das zunehmende gesellschaftliche Bedürfnis nach einer Klärung widerspiegeln, ob denn Maschinen (Roboter, KI etc.) überhaupt etwas wissen und wirklich sprechen können? Offensichtlich nutzen wir sie ja, um uns zu informieren und unterhalten uns immer öfter mit ihnen. Mit wem oder was glauben wir da eigentlich zu kommunizieren und warum? Da müsste doch schon längst der Maschinengeist erwacht sein? Haben Maschinen Bewusstsein, in welchem Sinne sind sie autonom? Oder wenn das alles eben nicht oder nur eingeschränkt der Fall ist, wie lässt sich das systematisch einordnen? Technikethik kann hierzu an der Schnittfläche zur theoretischen Philosophie klare Antworten anbieten. Mit diesen wird der (vorerst) vierbändige Zyklus der Reihe *Grundlagen der Technikethik* geschlossen.

Literatur

AI HLEG (2019) Ethics Guidelines for Trustworthy Artificial Intelligence. High-Level Expert Group on Artificial Intelligence. 8. April 2019. European Commission, Brüssel. [Online: https://ec.europa.eu/futurium/en/ai-alliance-consultation.1.html (27. Juli 2021)]

Allhutter D/Mager A/Cech F/Fischer F/Grill G (2020) Der AMS-Algorithmus. Eine Soziotechnische Analyse des Arbeitsmarktchancen-Assistenz-Systems (AMAS). Endbericht. ITA-Projektbericht Nr.: 2020–02. [Online: epub.oeaw.ac.at/ita/ita-projektberichte/2020–02.pdf (20. Januar 2022)]

Alpaydin E (2016) Machine Learning. The New AI. The MIT Press, Cambridge MA/London

Arendt H (2019/1955) Elemente und Ursprünge totaler Herrschaft. Antisemitismus, Imperialismus, totale Herrschaft. Piper, München

Aust H (2021) Das Zeitalter der Daten. Was Sie über Grundlagen, Algorithmen und Anwendungen wissen sollten. Springer, Berlin

Bächle TC (2015) Mythos Algorithmus. Die Fabrikation des computerisierbaren Menschen. Springer VS, Wiesbaden

Bächle TC (2016) Digitales Wissen, Daten und Überwachung. Zur Einführung. Junius, Hamburg

Beck S (2020) "Künstliche Intelligenz – ethische und rechtliche Herausforderungen." In Mainzer K (Hg) Philosophisches Handbuch Künstliche Intelligenz. Springer, Wiesbaden. [(DOI) https://doi.org/10.1007/978-3-658-23715-8_29-1]

Blom P (2019) Was auf dem Spiel steht. Dtv, München

Brodnig I (2019) „Silencing." In Wampfler P (Hg) Macht im Netz. Vom Cybermobbing bis zum Überwachungsstaat. Reclam, Stuttgart, S 53–56

Butter M (2019) „Von Verschwörungstheorien zu Verschwörungsgerüchten." In Wampfler P (Hg) Macht im Netz. Vom Cybermobbing bis zum Überwachungsstaat. Reclam, Stuttgart, S 100–103

Christoph L/Alexander K/Raphael M (2019) "Ethische und rechtliche Herausforderungen des autonomen Fahrens." In Mainzer K (Hg) Philosophisches Handbuch Künstliche Intelligenz. Springer, Wiesbaden. [(DOI] https://doi.org/10.1007/978-3-658-23715-8_30-1]

Daum T (2019) „Berechnen und Herrschen." In Wampfler P (Hg) Macht im Netz. Vom Cybermobbing bis zum Überwachungsstaat. Reclam, Stuttgart, S 131–135

De Filippi P (2019) „Blockchain als Vertrauensersatz." In Wampfler P (Hg) Macht im Netz. Vom Cybermobbing bis zum Überwachungsstaat. Reclam, Stuttgart, S 139–141

Dräger J/Müller-Eiselt R (2019) Wir und die intelligenten Maschinen. Wie Algorithmen unser Leben bestimmen und wir sie für uns nutzen können. dva, München

Dreyfus HL (1972) What Computers Can't Do. The MIT Press, New York

Frauenberger C (2019) „Entanglement HCI The Next Wave?" In ACM Trans. Comput.-Hum. Interact. 27, 1, Article 2, November 2019. [(DOI) https://doi.org/10.1145/3364998]

Frauenberger C (2020) „Die Verhandlung technologischer Zukünfte." In Hengstschläger M/Rat für Forschung und Technologieentwicklung (Hg) Digitaler Wandel und Ethik. ecowin, S 324–343

Fry H (2019) Hello World. Was Algorithmen können und wie sie unser Leben verändern. C.H. Beck, München

Fukuyama F (1989) „The End of History?" In The National Interest. [Online: http://www.wesjones.com/eoh.htm#source (02. April 2022)]

Funk M (2017) „Drohnen und sogenannte 'autonom-intelligente' Technik im Kriegseinsatz. Philosophische und ethische Fragestellungen." In Funk M/Leuteritz S/Irrgang B (Hg) Cyberwar @ Drohnenkrieg. Neue Kriegstechnologien philosophisch betrachtet. Königshausen & Neumann, Würzburg, S 163–193

Funk M/Frauenberger C/Reichl P (2020) „Vom künstlichen Leben zur Lebenskunst – Was die Ethik digitaler Bildung von ökologischer Verantwortung lernen kann." In Medienimpulse, Bd. 58, Nr. 03 (2020). [(DOI) https://doi.org/10.21243/mi-03-20-17]

Gethmann CF/Buxmann P/Distelrath J/Humm BG/Lingner S/Nitsch V/Schmidt JC/Spiecker genannt Döhmann I (2022) Künstliche Intelligenz in der Forschung. Neue Möglichkeiten und Herausforderungen für die Wissenschaft, Springer, Berlin

Grimm P/Keber TO/Zöllner O (Hg) (2019) Digitale Ethik. Leben in vernetzten Welten. Reclam, Stuttgart

Heilmann TA (2019) „Algorithmus." In Liggieri K/Müller O (Hg) Mensch-Maschine-Interaktion. Handbuch zu Geschichte-Kultur-Ethik. Metzler, Berlin, S 229–231

Higgins E (2021) Digitale Jäger. Ein Insiderbericht aus dem Recherchenetzwerk Bellingcat. Quadriga, Köln

Hofstetter Y (2016) Das Ende der Demokratie. Wie die Künstliche Intelligenz die Politik übernimmt und uns entmündigt. Bertelsmann, München

Hofstetter Y (2019) Der unsichtbare Krieg. Wie die Digitalisierung Sicherheit und Stabilität in der Welt bedroht. Droemer, München

Kant I (1981/1784) „Idee zu einer allgemeinen Geschichte in weltbürgerlicher Absicht.“ In Wilhelm Weischedel (Hg) Immanuel Kant Werke. Band 9. Wissenschaftliche Buchgesellschaft, Darmstadt

Kaplan J (2016) Artificial Intelligence. What Everyone Needs to Know. Oxford University Press, New York

Kehlmann D (2019) „Nachwort. Vom Schreiben als toter Mann.“ Orwell G (2019/1949) 1984. Ullstein, Berlin, S 377–384

Kolleck A/Orwat C (2020) Mögliche Diskriminierung durch algorithmische Entscheidungssysteme und maschinelles Lernen – ein Überblick. TAB-Hintergrundpapier Nr. 24. [Online: https://www.tab-beim-bundestag.de/projekte_diskriminierung-durch-algorithmische-entscheidungssysteme-und-maschinelles-lernen.php (20. Januar 2022)]

Kornwachs K (2019) „Positionen der Technikphilosophie.“ In Mainzer K (Hg) Philosophisches Handbuch Künstliche Intelligenz. Springer, Wiesbaden. [(DOI) https://doi.org/10.1007/978-3-658-23715-8_34-1]

Krüger S (2021) Die KI-Entscheidung. Künstliche Intelligenz und was wir daraus machen. Springer, Wiesbaden

Lenzen M (2018) Künstliche Intelligenz. Was sie kann & was uns erwartet. C.H. Beck, München

Lenzen M (2020) Künstliche Intelligenz. Fakten, Chancen, Risiken. C.H. Beck, München

Lindner M (2019) „Web und Text.“ In Wampfler P (Hg) Macht im Netz. Vom Cybermobbing bis zum Überwachungsstaat. Reclam, Stuttgart, S 114–118

Mainzer K (2016) Künstliche Intelligenz – Wann übernehmen die Maschinen? Springer, Berlin/Heidelberg

Mainzer K (2020a) Quantencomputer. Von der Quantenwelt zur Künstlichen Intelligenz. Springer, Berlin

Mainzer K (2020b) „Verifikation und Sicherheit für Neuronale Netze und Machine Learning.“ In Mainzer K (Hg) Philosophisches Handbuch Künstliche Intelligenz. Springer, Wiesbaden. [(DOI) https://doi.org/10.1007/978-3-658-23715-8_50-1]

Martini M (2019) Blackbox Algorithmus – Grundfragen einer Regulierung Künstlicher Intelligenz. unter Mitarbeit von Michael Kolain und Jan Mysegades. Springer, Berlin

McLuhan M (1964) Understanding Media. The Extensions of Man. Routledge & Kegan Paul, London

Moravec H (1988) Mind Children. Harvard University Press, Cambridge MA

Mostaghim S/Mai S (2021) „Kooperation mittels Schwarmintelligenz.“ In Haux R/Gahl K/Jipp M/Kruse R/Richter O (Hg) (2021) Zusammenwirken von natürlicher und künstlicher Intelligenz. Springer, Wiesbaden, S 55–68

Narval P (2018) Die freundliche Revolution. Wie wir gemeinsam die Demokratie retten. Molden, Wien/Graz/Klagenfurt

Nassehi A (2021) Muster. Theorie der digitalen Gesellschaft. C.H. Beck, München

Nebel B (2019) „Turing-Test.“ In Liggieri K/Müller O (Hg) Mensch-Maschine-Interaktion. Handbuch zu Geschichte – Kultur – Ethik. Metzler, Berlin, S 304–306

Nida-Rümelin J/Battaglia F (2019) „Maschinenethik und Robotik.“ In Bendel O (Hg) Handbuch Maschinenethik. Springer VS, Wiesbaden. [(DOI) https://doi.org/10.1007/978-3-658-17484-2_12-1]

Nida-Rümelin J/Weidenfeld N (2018) Digitaler Humanismus. Eine Ethik für das Zeitalter der Künstlichen Intelligenz. Piper, München

Nymoen O/Schmitt WM (2021) Influencer. Die Ideologie der Werbekörper. Suhrkamp, Frankfurt a. M.

O'Neil C (2017) Angriff der Algorithmen. Wie sie Wahlen manipulieren, Berufschancen zerstören und unsere Gesundheit gefährden. Hanser, München

Orwell G (2019/1949) 1984. Ullstein, Berlin
Osterhammel J/Petersson NP (2019) Geschichte der Globalisierung. Dimensionen, Prozesse, Epochen. C.H. Beck, München
Ramge T (2019) Mensch und Maschine. Wie Künstliche Intelligenz und Roboter unser Leben verändern. Reclam, Stuttgart
Ramge T (2020) Augmented Intelligence. Wie wir mit Daten und KI besser entscheiden. Reclam, Stuttgart
Reichl P/Welzer H (2020) „Achilles und die digitale Schildkröte. Thesen zu einer Digitalen Ökologie." In Hengstschläger M/Rat für Forschung und Technologieentwicklung (Hg) Digitaler Wandel und Ethik. ecowin, S 36–60
Rosengrün S (2021) Künstliche Intelligenz. Zur Einführung. Junius, Hamburg
Seemann M (2019) „Kontrollverlust." In Wampfler P (Hg) Macht im Netz. Vom Cybermobbing bis zum Überwachungsstaat. Reclam, Stuttgart, S 81–83
Seng L (2019) „Maschinenethik und Künstliche Intelligenz." In Bendel O (Hg) Handbuch Maschinenethik. Springer VS, Wiesbaden. [(DOI) https://doi.org/10.1007/978-3-658-17484-2_13-2]
Standing G (2015) Prekariat. Die neue explosive Klasse. Unrast Verlag, Münster
Véliz C (2020) Privacy is Power. Why and How You Should Take Back Control of Your Data. Bentam Press, London
von Krause U (2021) Künstliche Intelligenz im Militär. Chancen und Risiken für die Sicherheitspolitik. Springer, Wiesbaden
Wagner A (2019) „Freiheit und das Darknet." In Wampfler P (Hg) Macht im Netz. Vom Cybermobbing bis zum Überwachungsstaat. Reclam, Stuttgart, S 90–93
Waltl B (2019) „Erklärbarkeit und Transparenz im Machine Learning." In Mainzer K (Hg) Philosophisches Handbuch Künstliche Intelligenz. Springer, Wiesbaden. [(DOI) https://doi.org/10.1007/978-3-658-23715-8_31-1]
Wampfler P (Hg) (2019) Macht im Netz. Vom Cybermobbing bis zum Überwachungsstaat. Reclam, Stuttgart
Weizenbaum J (1978) Die Macht der Computer und die Ohnmacht der Vernunft. Suhrkamp, Frankfurt a. M.
Wizorek A (2019) „Wir sind viele." In Wampfler P (Hg) Macht im Netz. Vom Cybermobbing bis zum Überwachungsstaat. Reclam, Stuttgart, S 75–76
Wolff ML (2020) Die Anbetung. Über eine Superideologie namens Digitalisierung. Westend, Frankfurt a.M.
Zimmerli W/Wolf S (1994) „Einleitung." In Zimmerli W/Wolf S (Hg) Künstliche Intelligenz. Philosophische Probleme. Reclam, Stuttgart, S 5–37
Zuboff S (2018) Das Zeitalter des Überwachungskapitalismus. Campus, Frankfurt a. M. / New York

Methoden-Synopsis *Grundlagen der Technikethik Band 3*

Technikethik, Roboterethik und KI-Ethik sind gelebte Transdisziplinarität – also mühsam, mutig, kommunikativ und problemorientiert. Transdisziplinäres Arbeiten setzt disziplinäre Methoden voraus. Diese umfassen Verfahren der Sprachkritik (I.), der Technikanalyse und -bewertung (II.), normativen Reflexion allgemeiner und angewandter Ethik (III.) sowie der Methodenreflexion und Erkenntniskritik (IV.). Transdisziplinäre Methoden sind iterativ/rekursiv angelegt und zielen auf fachübergreifende Integration durch Teamarbeit und gemeinsames voneinander sowie miteinander Lernen. Iteration meint das mehrmalige problemorientierte, offene und nicht dogmatische Durchlaufen einzelner Methoden. Es könnte auch von Feedbackloops oder in einer technischen Metapher von „epistemischen Regelkreisen" gesprochen werden. Die folgende Heuristik ist darum nicht als strenge Stufenfolge zu verstehen, die einmalig genau so zu absolvieren wäre. Sie fasst methodische Schritte zusammen, die je nach Situation komplett oder einzeln, in beliebiger Reihenfolge nacheinander oder parallel durchlaufen werden. Zum Beispiel wechselwirken Sprachkritik (I.) und Technikanalyse (II.) miteinander, insofern das Finden einer präzisen Wortwahl als auch das analytische Identifizieren eines Objekts und Konflikts miteinander zusammenhängen. So wurde in *Band 1* und *Band 2* eine methodische Heuristik etabliert, für die in vorliegendem Buch sowie dem anschließenden *Band 4* weiterer Feinschliff ansteht. Sie ist eine Heuristik zur praktischen Orientierung, jedoch keine Enzyklopädie oder Universalmethode. Erinnern wir uns: Es gibt keinen Newton der Metaethik, sondern es herrscht Methodenpluralismus vor *(Band 1, 4.5; Band 1, 4.6; Band 2, 1.1; Band 2, 2)*. In folgender Übersicht werden also Faustregeln präsentiert und geordnet. Greifen Sie im Werkzeugkasten zu, je nach Situation, Fragestellung, Bedürfnissen der Teamarbeit etc. wird das praktisch zu unterschiedlichen Problemlösungsprozessen und Rekursionsschritten führen:

M. Funk, *Computer und Gesellschaft*, https://doi.org/10.1007/978-3-658-39020-4

I. Sprachkritik: Eine (gemeinsame) präzise und klare Sprache finden

1. Beachten Sie die Mehrdeutigkeit von Worten und finden Sie möglichst klare Bezeichnungen dessen, worüber gesprochen wird!

- Finden und analysieren Sie hierzu Schlüsselbegriffe hinsichtlich ihrer verschiedenen Bedeutungen und Gebrauchsweisen. Entwerfen Sie Übersichten, aus denen die inhaltlichen Beziehungen der Wortbedeutungen im größeren Zusammenhang ersichtlich werden. Visualisieren Sie auch den verschiedenen Gebrauch von Worten und Bedeutungen in transdisziplinären Arbeitsgruppen: Wann ist mit dem gleichen Wort etwas Unterschiedliches gemeint? Wann ist das Gemeinte mit unterschiedlichen Worten bezeichnet? Schließt ein Begriff andere ein oder aus? Für welche Vereinheitlichung wird sich entschieden?
- Zum Beispiel: „Roboterethik" und „KI-Ethik" – als Spezialfälle der „Technikethik" – sind mehrdeutige Begriffe. Schauen wir auf das zweite Substantiv: „Ethik". Klären Sie, ob damit die Wissenschaft von der Moral (Ethik) gemeint ist, oder ein konkreter Lebensstil mit normativen Überzeugungen (Moral) oder die Kodifizierung moralischer Regeln (Ethos) und ob Sie dabei an menschliche Akteurinnen denken (Ebene I) oder an Maschinen, die „ethisch" sind (Ebene II): *Band 1, 2* bis *Band 1, 5*; Abb. Band 1, 3; Tab. Band 1, 6.2
- Zum Beispiel: Blicken wir auf das erste Substantiv in der Zusammensetzung „Technikethik". Klären Sie, welche „Technik" Sie meinen, wenn Sie von „Technik" sprechen: 1. Fertigkeiten (praktisches Wissen), 2. materielle Gegenstände (Artefakt), 3. Verfahren („Verfahrenstechnik"), 4. Systeme („Systemtechnik"), 5. verwissenschaftlichte Technologien, 6. Medien der Selbst- und Weltaneignung (Medium, Medialität), 7. Reflexionen des Zweck-Mittel-Schemas (Reflexionsbegriff). (Tipp: Es kann helfen alle 7 Technikbegriffe auszuprobieren und sie an einem zu besprechenden Phänomen zu entdecken. Damit wird nicht nur sprachliche Präzision gewonnen, sondern auch das Problemverständnis differenziert.): *Band 2, 3.2*; Abb. Band 2, 3.2
- Weitere Beispiele relevanter mehrdeutiger Worte:
  - „Autonomie": *Band 4, 5*
  - „Drohne": *Band 3, 3*
  - „Ethik": *Band 1, 4*
  - „Künstliche Intelligenz": *Band 3, 4*
  - „Leben": *Band 1, 3.1*; *Band 1, 3.2*; Abb. Band 1, 3.1; Abb. Band 1, 3.2
  - „Natur" und „Kultur": *Band 1, 3.3*; Abb. Band 1, 3.3
  - „Sprache": *Band 4, 2*
  - „Roboter": *Band 3, 1*; *Band 3, 2*
  - „Verkörperung" als mehrdeutiger „Körper" (physisch: „embodied AI"): *Band 4, 3*
  - „Verkörperung" als mehrdeutige „Vermenschlichung" (bildlich: „Anthropomorphisierung"): *Band 3, 2.1*
  - „Wissen": *Band 4, 1*

2. Unterscheiden Sie normativ-wertendes Sprechen von deskriptiv-beschreibendem!

- Zum Beispiel: Ein „guter" Hammer (deskriptiv: Beschreibung eines nützlich und effizient gearbeiteten, langlebigen, stabilen Werkzeugs) ist kein „guter" Handwerker (deskriptiv: Beschreibung eines geschickt arbeitenden und darum instrumentell nützlichen Fachmanns) ist wiederum kein „guter" Handwerker (normativ: wertendes Lob eines Handwerkers, der Holzspielzeug baut und es Weihnachten an Waisenkinder verschenkt). Vermeiden sie naturalistische Fehlschlüsse: *Band 1, 4.6*; *Band 2, 2*; Abb. Band 2, 2
- Dementsprechend wird unterschieden zwischen deskriptiver Ethik, wo moralisches Handeln beschrieben wird, und normativer Ethik wo moralisches Handeln bewertet wird. Führen sie sich vor Augen, wann Sie um Worte ringen, um Verhaltensweisen in eine sprachliche Form zu bringen und wo Sie nach Argumenten suchen, um eine solche als geboten oder verboten auszuweisen: *Band 1, 4.1*; *Band 1, 4.7*; *Band 2, 2.1*; Abb. Band 1, 5.1
- Leiten Sie in der normativen Ethik ein Sollen stets aus einer Norm, nicht aus einer Tatsachenbeschreibung ab. Vermeiden Sie den Sein-Sollen-Fehlschluss: *Band 1, 4.6*; *Band 2, 2*; Abb. Band 2, 2
- Ein entsprechender technikethischer Imperativ lautet: „Du sollst Technologien nicht ethisch-methodisch bewerten, so als ob das Reden über Messwerte gleich dem Reden über moralische Werte wäre.": *Band 2, 2.2*

3. Erkennen Sie Umdeutungen von Worten und machen Sie diese sichtbar!

- Worte sind umnutzbar und bergen Nebeneffekte: *Band 2, 3.3*; *Band 4, 2.1*
  - Beispiel: Der Slogan „Made in Germany" wurde zur Brandmarkung minderwertiger Produkte auf britischen Märkten eingeführt, erfuhr jedoch eine Umdeutung, da die so bezeichneten Güter tatsächlich von „hoher Qualität" waren: *Band 2, 3.3*
  - Beispiel: Bezeichnen wir einen Roboter als „autonom" können damit ganz sachlich „technische Freiheitsgrade" benannt sein. Ein Nebeneffekt ist jedoch das Moralisieren der Maschine, da „Autonomie" nicht nur physische Bewegungsfreiheit meint, sondern vor allem im moralisch-politischen Sinne verwendet wird: *Band 4, 5.1*
- Sprachliche Umnutzung ereignet sich z. B. überall dort, wo wir über Maschinen sprechen als ob sie menschlich wären. Beispiel: „Ein netter, höflicher Roboter." Vermeiden Sie anthropomorphe Fehlschlüsse: *Band 1, 4.6*; *Band 2, 2*; *Band 2, 2.1*; *Band 3, 5.2*; *Band 3, 6.2*; Abb. Band 2, 2
- Oder dort, wo wir über Menschen sprechen, als ob sie Maschinen wären. Beispiel: „Das Kind funktioniert nicht, es hat eindeutig einen Schaltfehler im Kopf und wird seinen Zweck nie erfüllen." Vermeiden Sie robomorphe Fehlschlüsse: *Band 1, 4.6*; *Band 2, 2.1*; *Band 2, 2*; Abb. Band 2, 2

4. Kennzeichnen Sie metaphorische und analogische Redeweisen!

- Beispiel: „Metaphorisch nenne ich dieses Auto frei, weil mir andere Worte fehlen, um die Funktionsweise zu beschreiben." (Das Wort „frei" wurde metaphorisch umgedeutet. Der methodische Anspruch liegt darin, sich dessen bewusst zu sein und darum nicht unabsichtlich falsche Bedeutungen bei der Beschreibung eines Autos mitzuziehen: Es ist also nicht frei wie ein Mensch nur weil es frei genannt wird.).
  - *Warum Maschinen nicht im normativen Sinne „frei" sind und welche Grade technischer Autonomie sich unterscheiden lassen erfahren Sie in Band 4, 1.1; Band 4, 5*
- Beispiel: Metaphorisch lassen sich Menschen als „Maschinen" oder „informationsverarbeitende Systeme" beschreiben. Das kann durchaus sinnvoll sein, etwa in bestimmten Bereichen medizinischer Forschung, Diagnostik und Therapie. Jedoch handelt sich dabei um eine methodische Konstruktion, deren metaphorischer Charakter zu den expliziten Bedingungen technischen Handelns gehört. Obwohl sich Menschen in bestimmten Bereichen/Ausschnitten mit praktischen Erfolgen so beschreiben lassen, *als ob* sie „Maschinen" wären, sind sie im wörtlichen Sinne keine Maschinen!: *Band 2, 2.1*; *Band 2, 2.2*

II. Technikanalyse: Ein Problem identifizieren

1. Beachten Sie die Mehrdeutigkeit von Technik und legen Sie einen möglichst klaren Fokus auf das, was mit einer Technik gemacht wird!

- In der Technikethik stehen technische Handlungen mit all ihren unberechenbaren Windungen menschlichen Kulturlebens im Mittelpunk *(Charakteristika technischen Handelns): Band 2, 3.3*; *Band 2, 3.4*; *Band 2, 5*
  - Keine Technik ist neutral/wertfrei: Es existieren keine Artefakte (Technik 2) unabhängig von menschlichen Handlungen, denn auch Unterlassungen oder das distanzierte Betrachten im Museum sind Handlungen.
  - *Umnutzung, Umdeutung:* die vielfältigen Potenziale technischen Handelns jenseits der Absichten und Ziele von Entwicklerinnen etc.; auch Zweckentfremdung und dual-use

    Beispiel: Messer als Bajonett, Mordwaffe, Kunstwerkzeug oder Küchengerät verwendet
  - *Nebeneffekte*: unbeabsichtigte Nebenwirkungen; auch „side-effects"

    Beispiel: Atommüll
  - Keine Technik ist hundertprozentig sicher, jede Technik birgt Gefahren und Risiken

    Beispiel: Nuklearkatastrophen von Tschernobyl und Fukushima
  - Beachten Sie die häufig komplexen kulturhistorischen *Entwicklungspfade*.

    Techniken bauen auf Vorgängerformen auf, sowohl im materiellen Sinne als auch hinsichtlich ihrer Gebrauchsweisen

    Beispiel: Schreibmaschinen und Computerkeyboards

Macht und Interessen prägen technische Entwicklungen, besondere Treibfedern sind *Kriege, Medizin, Religion oder Ökonomie*

Technische Entwicklungen lassen sich nicht (komplett) planen oder steuern, sie unterliegen auch Zufällen

- Vermeiden Sie Pauschalurteile über *die* Technik! Es gibt nicht DIE EINE Technik. Um welche Technik geht es konkret? Was kennzeichnet sie im Verhältnis zu anderen Techniken? Mit welchen Worten sprechen wir über eine konkrete Technik (siehe oben I.1.)?: *Band 2, 3.2*; Abb. Band 2, 3.2
  1. *Fertigkeit, Kompetenz, praktisches Wissen: eine Technik beherrschen, leiblich geschickter Umgang (formaler Technikbegriff, Kunstcharakter)*
     - Beispiel: technisch gewandt Klavier spielen können, so wie Rubinstein, Arrau oder Gulda
  2. *Gegenstand, materielles Objekt/Ding, auch als Artefakt bezeichnet (materieller Technikbegriff I, Realtechnik, Sachtechnik)*
     - Beispiel: das Klavier, das von Bösendorfer, Schimmel oder Bechstein hergestellt wurde
  3. *Verfahren,* Prozess *(materieller Technikbegriff II, Verfahrenstechnik)*
     - Beispiel: Fertigungsverfahren im Klavierbau, ein Klavier stimmen (Prozess), eine Beethoven-Sonate spielen (Prozess)
  4. *System, Netzwerke (Systemtechnik)*
     - Beispiel: eine Klavierspielerin hat ihre Kunst im sozialen Zusammenhang aus Lehrerinnen, Familie, Freundinnen, Publikum, Kritikerinnen etc. gelernt; ihr Flügel wurde mittels elektrischer Energie gefertigt, die der Herstellerin systemisch zugeliefert wurde, wie auch die Rohstoffe
  5. *Technologie: theoretisches, verwissenschaftlichtes Wissen*
     - Beispiel: Lehrbücher des Klavierbaus, inklusive diverser akustischer, statischer Berechnungen; Lehrbücher des Klavierspielens, inklusive Harmonielehre, abstrakter Notationen und musikwissenschaftlicher Kommentare
  6. *Medium: Welt- und Selbstaneignung durch technische Praxis (Medialität der Technik)*
     - Beispiel: Klavier als Medium emotionalen Ausdrucks oder sozialer Weltordnungen (Bildungsbürgertum), Statussymbol oder der Selbsterkenntnis durch Entfaltung leiblicher Fähigkeiten
  7. *Zweck-Mittel-Relation: Reflexionsbegriff*
     - Beispiel: Klaviermusik als Mittel zum Zweck propagandistischer Großveranstaltungen
- Analysieren Sie hierzu verschiedene *Perspektiven technischer Praxis* und ordnen Sie diese einer konkreten Technik in einer konkreten Situation zu: *Band 2, 3.1*; *Band 2, 4*; Tab. Band 2, 3.2; Tab. Band 2, 4.1
  1. Grundlagenforschung
  2. Angewandte Forschung
  3. Konstruktion, Design, Entwicklung

4. Logistik, Ressourcenbeschaffung
5. Produktion, Fertigung
6. Vertrieb, Handel, Marketing
7. Nutzung, Anwendung, Konsum
8. Wartung, Instandhaltung, Ersatzteilmanagement
9. Entsorgung, Recycling
10. Soziotechnische Einbettung
11. Politische und juristische Regulierung

2. Identifizieren Sie das ethische Problem bzw. den ethisch relevanten moralischen Konflikt!

- Moralische Probleme sind nicht immer offensichtlich, lauern zuweilen in unerwarteten Details oder werden von anderen Fragen überdeckt. Verschaffen Sie sich einen detaillierten Überblick möglicher moralischer Probleme im Umgang der zu betrachtenden Technik. Nutzen Sie hierzu die Perspektiven technischer Praxis (siehe oben II.1.).
  - Beispiel: Das ethische Problem des Kaffeetrinkens könnte in der Produktion gesehen werden (fairer Handel, Wasserverbrauch etc.) aber auch in der Entsorgung (nicht bei losem Kaffeesatz der sich als Dünger umnutzen lässt, jedoch bei Aluminiumkapseln).
- Nähern Sie sich durch das kreative Formulieren *allgemeiner, konkreter und spezifischer Fragen* an. Zerlegen Sie die jeweiligen Fragen wiederum in Komponenten. Dabei helfen Querschnittthemen (Beispiel: Datenschutz, der fast sämtliche Informationstechnologien betrifft) und deren Verbindungen (Beispiel: Datenschutz ist verbunden mit Datensicherheit): *Band 1, 4.7*; *Band 1, 6.2*; *Band 2, 5*
- Analysieren Sie hierzu die verschiedenen Arten von Ungleichheiten, die soziales Handeln *(zwischenmenschliche Asymmetrie)* und Mensch-Technik-Interaktionen (*Mensch-Technik-Asymmetrie*) prägen: *Band 2, 2.3*
  - Beispiel: Ein Pflegeroboter aus Kupfer und Eisen ist „stärker", als ein menschlicher Leib *(empirisch-deskriptive Asymmetrie),* was als ethisch relevantes empirisches Kriterium für Gebote des Arbeitsschutzes dient oder direkt das zwischenmenschliche Miteinander von schutzbedürftigen Patientinnen und Pflegern betrifft *(normative Asymmetrie)* – wobei die betreffenden Menschen wiederum nach Glück im Angesicht eines endlichen, verletzlichen Lebens streben *(existenzielle Asymmetrie).*
- Moralische Probleme sind häufig an Wertkonflikten zu erkennen.
  - Beispiel: Was ist wichtiger, Datenschutz oder physische Sicherheit (wo eine Maschine Daten ihrer Umgebung erfassen, verarbeiten und speichern muss, um physische Kollisionen mit Menschen zu vermeiden)?
- Bei der Beschreibung moralischer Standpunkte die eventuell in Konflikt geraten (deskriptive Ethik) kann die Unterscheidung von Anthropozentrik, Biozentrik,

Physiozentrik, Technozentrik und Robozentrik als Schablone dienen: *Band 1, 3.1*; *Band 1, 3.2*; Abb. Band 1, 3.1; Abb. Band 1, 3.2

- Nicht jeder moralische Konflikt ist ethisch relevant und muss sofort wissenschaftlich beurteilt werden. Identifizieren Sie moralische Probleme und grenzen Sie diese entsprechend ihrer ethischen Brisanz ein.
  - Beispiel: Die Ästhetik eines Atomkraftwerks könnte ein moralisches Problem sein, wenn es um die nachhaltige Gestaltung schöner und lebenswerter Stadtbilder geht. Jedoch wird dieses Problem in seiner ethischen Relevanz durch Fragen der Risiken und Sicherheit sowie der Endlagerung von Atommüll überstrahlt.
- Vermeiden Sie den moralistischen Fehlschluss – schauen Sie nicht nur auf das korrekte Sollen, sondern auch auf den Zugang zu den Mitteln, um das Sollen zu erreichen; konstruieren Sie keine unnötigen ethischen oder moralischen Probleme: *Band 1, 4.7*
- Trennen Sie moralische von außermoralischen (Wert-)Urteilen: *Band 1, 3.4*
- Nutzen Sie das *epistemisches Ökonomieprinzip/„Rasiermesser“*: Schneiden Sie Visionen, Spekulationen, Projektionen oder unnötige Annahmen heraus, um ein Problem sachlich zu verschlanken. Zielen Sie auf die einfachste hinreichende Beschreibung/Erklärung. Hierzu bietet sich eine Scheidung von Begriffs-, Ideen- und Realgeschichten an: *Band 3, 5.1*
  - Scheuen Sie in der anschließenden Technikbewertung (s. u. III.) jedoch nicht die operationale *Komplexität transdisziplinärer Arbeit.* Diese lässt sich nicht einfach so „wegschneiden“.
  - *Thinktanking:* „Schneiden“ Sie auch nicht die Antizipation potenzieller Handlungsfolgen in einer unbekannten Zukunft pauschal heraus. Entwerfen Sie Zukunftsszenarien stattdessen widerlegbar, rational nachvollziehbar und in einfacher, klarer Sprache mit minimalen Vorannahmen.

3. Nutzen Sie bei Bedarf auch den vierschichtigen Problemaufriss der Technikethik als heuristische Hilfestellung *(Band 2, 5)!*

- Ebene I: Menschen reflektieren über menschengemachte *„Ethik der* Technik“: *Band 2, 5.1*
  - *Folie 1* Aufgaben hinsichtlich einer spezifischen, konkreten und allgemeinen disziplinären Zuordnung (Was tut Technikethik?; siehe oben II.2.)
  - *Folie 2* Technikanalyse der betreffenden Anwendungen (Um welche Technik geht es?; siehe oben II.1.)
  - *Folie 3* Querschnittthemen (Welche Aspekte, Konflikte, Herausforderungen oder Probleme treten dabei in den Vordergrund?; siehe oben II.2.)
- Ebene II: Menschen reflektieren über maschinengemachte „Ethik der *Technik*“: *Band 2, 5.2*
  - *Folie 4* Computer als grammatische Subjekte (Was wäre, wenn Maschinen Moral oder Ethik hätten bzw. einem Ethos folgen würden?)

III. Technikbewertung durch normative Reflexion allgemeiner und angewandter Ethik: Eine Problemlösung erarbeiten

1. Argumentieren Sie rational mit wissenschaftlichem Anspruch (allgemeine Ethik)!

- Greifen Sie auf Argumentationsangebote etablierter Ansätze der allgemeinen normativen Ethik zurück. Drei wichtige Beispiele – neben anderen wie Tugendethik oder Klugheitsethik – sind Deontologische Ethik, Utilitarismus und Diskursethik: *Band 1, 4.2* bis *Band 1, 4.4*
- Bei der Überprüfung der Qualität moralphilosophischer Ansätze kann ein Blick auf die Umsetzung der Kriterien ethischer Theorien helfen: *Band 1, 4.5*
- Vermeiden Sie Fehlschlüsse: *Band 1, 4.6*; *Band 2, 2.1*; *Band 3, 5.2*; *Band 3, 6.2*
- Bei der Bildung gestufter, gradualistischer Problemlösungen (normative Ethik) kann die Unterscheidung von Anthropozentrik, Biozentrik, Physiozentrik, Technozentrik und Robozentrik als Schablone dienen (siehe oben II.2.): *Band 1, 3.1*; *Band 1, 3.2*; Abb. Band 1, 3.1; Abb. Band 1, 3.2

2. Verfahren Sie anwendungsorientiert mit Blick für den Einzelfall (angewandte Ethik)!

- Verfahren Sie einzelfallorientiert stufenweise auf vier Wegen der Kasuistik, logisch ableitend und analogisch vergleichend jeweils bottom-up und top-down: *Band 2, 1.1*; *Band 2, 1.3*; *Band 2, 2*; Abb. Band 2, 2
  - Unterscheiden Sie die verschiedenen Abstraktionsgrade im gradualistischen Schema:
    1. Ethische Theorien (sehr abstrakt/allgemein, z. B.: deontologische Ethik)
    2. Allgemeine ethische Prinzipien und Leitbilder (abstrakt/allgemein, z. B.: Langzeitverantwortung)
    3. Ethische Normen und bereichsspezifische Handlungsregeln (mittlere Prinzipien, *Prima-facie*-Prinzipien; siehe unten III.3.)
    4. Anwendungsregeln (konkret, meistens im Verbund mit 5., z. B.: Lege stets den Sicherheitsgurt an!)
    5. Handlungskriterien durch ethisch relevante empirische Kriterien (siehe folgender Stichpunkt)
    6. Singuläre Urteile (sehr konkret: Was soll genau jetzt, nur heute und nur hier gemacht werden und was nicht?)
  - Prüfen Sie Einzelfälle im Spiegel allgemeiner Grundsätze und umgekehrt, abstrakte Theorien im Kontext konkreter praktischer Situationen.
    Top-down: wie bei der Deduktion vom Allgemeinen zum Konkreten verfahrend
    Bottom-up: wie bei der Induktion vom Konkreten zum Allgemeinen verfahrend

- Greifen Sie dabei auf logisch-ableitende wie auch auf analogisch-vergleichende methodische Bewegungen zurück:

  Top-down 1: mittels Einordnung des Einzelfalls durch Analogiebildung zu bereits bestehenden Case Studies (In welche Schublade gehört der Fall?)

  Top-down 2: mittels gradualistischer Ableitung aus ethischen Theorien (Zu welchem Urteil gelangen wir entsprechend Theorie x, y oder z?)

  Bottom-up 3: mittels Prüfung bestehender Einzelfallordnungen im Spiegel der konkreten Situation (Brauchen wir eine neue Schublade für den aktuellen Fall, müssen wir bestehende Schubladen ändern oder ordnet er sich nahtlos in bekannte Situationen ein?)

  Bottom-up 4: mittels Prüfung höherstufiger Abstraktionsgrade im Spiegel der konkreten Situation (Bewähren sich 1. die ethische Theorie, 2. die entsprechenden Leitbilder etc.?)

  Wählen Sie nicht bloß den nächstbesten, bequemen Weg, sondern gehen Sie bewusst alle vier Wege in verschiedenen Reihenfolgen (Iterationen), um eine möglichst reflektierte Einordnung zu erhalten!

- Beachten Sie das sinnliche Leben, integrieren Sie ethisch relevantes empirisches Wissen sowie relevante empirische Beobachtungen, Kriterien und Tatsachen: *Band 1, 4.7*
  - Um einen Sein-Sollen-Fehlschluss zu vermeiden (siehe oben I.2.), darf von einer empirischen Tatsache nicht direkt auf ein moralisches Gebot geschlossen werden. Einen Ausschluss erreichen Sie, indem sie gradualistisch vorgehen und moralische Gebote oder Verbote aus ethischen Theorien, Prinzipien etc. mit einem höheren Abstraktionsgrad ableiten. Die ethisch relevanten empirischen Kriterien schleifen Sie dann *zusätzlich* ein, kurz bevor Sie zum unmittelbaren singulären Urteil gelangen: *Band 2, 1.1*; *Band 2, 2*; *Band 2, 2.1*; Abb. Band 2, 2
- Ziehen Sie Ethikkodizes zu Rate – aber überprüfen Sie diese auch stets kritisch, denn ein Ethos/Kodex ist ja nur eine Standardisierung moralischer Sätze und muss nicht das Resultat einer wissenschaftlichen, rationalen Argumentation und Prüfung sein. Quellenkritik ist hier besonders wichtig, da die Veröffentlichung bloß interessen- oder marketinggetriebener Ethikkodizes ohne Sachverstand keine Seltenheit darstellt: *Band 1, 5*; Abb. Band 1, 5.1

3. Wenn ein schnelles, provisorisches Urteil Not tut, dann greifen Sie auf mittlere Prinzipien bzw. *Prima-facie*-Prinzipien zurück!

- Diese befinden sich auf der dritten Stufe im gradualistischen Schema (siehe oben, III.2.) und sind teilweise in aktuellen *ethics guidelines* kodifiziert: *Band 2, 1.1*; *Band 2, 1.2*
- Entsprechend der (Bio-)Medizinethik nach Beauchamp und Childress:
  - Autonomie (Respekt vor den Fähigkeiten des Individuums)
  - Wohltun (Bedürfnisbefriedigung, Förderung des Wohls, = Heilen und Helfen)
  - Schadensvermeidung (Schmerz, körperliche und psychische Schäden verhindern)
  - Gerechtigkeit (Fairness in der Verteilung von Nutzen und Lasten)

- Entsprechend aktueller *Ethics Guidelines for Trustworthy AI* auf EU-Ebene[1]:
  - Ethikgrundsätze:
    Achtung der *menschlichen* Autonomie (≠ maschinelle Autonomie)
    Schadensverhütung (= Schadensvermeidung)
    Fairness (= Gerechtigkeit)
    Erklärbarkeit (=Transparenz maschineller Funktionen; ersetzt das Prinzip des Wohltuns/Heilens und Helfens)
  - Dementsprechende konkrete Anforderungen:
    Vorrang menschlichen Handelns und menschliche Aufsicht
    Technische Robustheit und Sicherheit
    Datenschutz und Datenqualitätsmanagement
    Transparenz
    Vielfalt, Nichtdiskriminierung und Fairness
    Gesellschaftliches und ökologisches Wohlergehen
    Rechenschaftspflicht

IV. Methodenreflexion und Erkenntniskritik: Das eigene Vorgehen, Annahmen sowie Resultate skeptisch hinterfragen, prüfen und weiterentwickeln

1. Technikethik, Roboterethik und KI-Ethik ist angewandte methodisch-sprachkritische Anthropozentrik

- Menschen und deren leiblich-existenzielle Lebensvollzüge stehen im Mittelpunkt, nicht nur aus ethischen oder moralischen, sondern auch aus methodischen Gründen. Kennzeichnend ist dabei die gemeinschaftliche Praxis des Kommunizierens, also die methodische Einsicht, dass Sinn und Bedeutung ethischer Argumente, Prinzipien oder Urteile von endlichen und fragilen menschlichen Handlungen abhängen: *Band 2, 2*
- Menschliche Praxis ist nicht zu verwechseln mit Informationsverarbeitung: *Band 2, 2.1*
  - Dementsprechend gilt der technikethische Imperativ („Du sollst (Informations-) Technologien nicht ethisch bewerten, so als ob das Reden über Messwerte gleich dem Reden über moralische Werte wäre."): *Band 2, 2.2*
  - Die Vollzugsperspektive moralischen Lebens und darauf aufbauender Ethik, kann nicht durch technische Mittel, Computersimulation oder -modellbildung ersetzt werden: *Band 2, 2.3*
- Methodisch-sprachkritische Anthropozentrik ist dem Namen nach ein methodisches Konzept. Technikethik nimmt ihren Ausgang bei aktiv fragenden, denkenden, kommunizierenden Menschen: *Band 2, 2*

[1] https://ec.europa.eu/futurium/en/ai-alliance-consultation.1.html

- Damit ist nicht gesagt, dass es nur „den einen" Menschen gäbe oder Ökosysteme, Tiere und Pflanzen keinen Eigenwert hätten oder dass technische Dinge nicht auch gesellschaftliche Entwicklungen beeinflussen würden.
- Verwechseln Sie methodisch-sprachkritische Anthropozentrik nicht mit inhaltlicher, weltanschaulich-ideologischer Anthropozentrik.
- Selbst Vertreter des Post- und Transhumanismus, des *New Materialism* oder postanthropozentrischer Ethik bleiben einer methodischen-sprachkritischen Anthropozentrik verhaftet, insofern sie ja mit anderen Menschen über Konzepte und Positionen streiten – und nicht etwa mit den Tauben auf der Straße, ihrem Autoschlüssel oder Kaktus auf der Fensterbank: *Band 2, 2.4*
- *Warum wir auch bei der Verwendung von Sprachbots in Wahrheit zu anderen Menschen sprechen, und nicht mit der Software, erfahren Sie in Band 4, 2*

2. Beachten Sie die erkenntnis- und wissenschaftstheoretische Unterscheidung zwischen Genese (Tatsachenbehauptung) und Geltung (Rechtfertigung der Tatsachenbehauptung)!

- *Was das bedeutet und warum erfahren Sie in Band 4, 1.1; Band 4, 5.1.*
- Dies entspricht der metaethischen Unterscheidung deskriptiven und normativen Sprechens (siehe oben I.2.).

3. Hinterfragen Sie Ihr Vorgehen!

- Haben wir die Methoden/Erkenntnisse/Probleme, die wir brauchen, und brauchen wir die Methoden/Erkenntnisse/Probleme, die wir haben?
- Welchen Standpunkt nehmen wir ein, mit welcher Perspektive wenden wir uns einem ethischen Problem zu?
- Was ist mein Vorurteil?

4. Fragen Sie grundsätzlich weiter!

- Ist Ethik bloß die Wissenschaft von der Moral oder nicht doch sogar eher eine Lebenskunst oder Klugheitslehre? Wenn ja, wie wissenschaftlich ist sie dann?
- Was ist in der Ethik wichtiger, Erfahrung oder Methode?
- Warum wird Ethik von Menschen für Menschen gemacht? Könnte sich das durch Maschinen nicht so grundsätzlich ändern, dass auch unsere Methoden in der Technikethik obsolet werden?
- Was wurde nicht gesagt, gedacht oder versucht?

Glossar *Grundlagen der Technikethik Band 3*

Vorliegendes Glossar versammelt ausgewählte Schlüsselbegriffe nach Themen geordnet. Es beginnt mit Grundbegriffen der *Ethik und Moral,* gefolgt von denen der *Technikethik, Roboterethik und KI-Ethik.* Die nächsten Gruppen umfassen Termini zu den Themen *Technik, Technologie und Ingenieur,* dann *Technische Praxis/technisches Handeln* und anschließend *Entwicklung und Geschichte.* Zuletzt folgt der Themenblock *Roboter und künstliche Intelligenz.* Vorliegendes Glossar wird innerhalb der Reihe *Grundlagen der Technikethik* Schritt für Schritt erweitert.

Ethik und Moral:

Angewandte Ethik ist praktisches, am Einzelfall moralischer Konflikte orientiertes Problemlösen unter Handlungs- und Entscheidungsdruck. Es geht also darum, mit Unsicherheiten in konkreten Situationen umgehen zu können und nicht primär um die perfekte ethische Theorie. Angewandte Ethik wird auch als Bereichsethik(en) angesprochen, da sie verschiedene Problemfelder mit je eigenen Herausforderungen und Konzepten umfasst (Beispiel: Tierschutzethik, Medizinethik, Umweltethik, Technikethik etc.). Sie ist seit den 1970er-Jahren als Reaktion auf ökologische, medizinische und technische Problemlagen sowie lebensferne Spezialisierungen innerhalb der neuzeitlichen europäischen Ethik entstanden. Dabei kann sie sich auch auf vormoderne und außereuropäische Traditionen der Ethik als Klugheitslehre und praktischen Lebensweisheit berufen – jedoch nicht ohne ihren neuzeitlich-wissenschaftlichen Anspruch einzubüßen (*Band 1, 2.1; Band 2, 1; Band 2, 2;* Abb. Band 1, 2.1; Abb. Band 2, 2).

Deskriptive Ethik ist die Wissenschaft von der Explikation und Beschreibung von Moral (*Band 1, 4.1;* Abb. Band 1, 5.1).

Ethik bzw. Moralphilosophie ist die Wissenschaft von Moral (*Band 1, 2; Band 1, 4.1;* Abb. Band 1, 2.1; Abb. Band 1, 3).

Ethische Theorien beinhalten die allgemeinsten, abstraktesten Prinzipien und Grundsätze, die sowohl in der Metaethik hinsichtlich ihrer Sprache, Logik und Form behandelt werden als auch in der Moralbegründung und angewandten Ethik zur Urteilsbildung dienen. In gradualistischen Verfahren der retrospektiven und prospektiven Kasuistik werden sie als oberste Stufe gebraucht, die sich peu á peu auf singuläre Urteile in sehr

M. Funk, *Computer und Gesellschaft,* https://doi.org/10.1007/978-3-658-39020-4

konkreten Situationen spezifizieren lassen. Ethische Theorien müssen Begründungskriterien gerecht werden und sollen Entscheidungskriterien liefern. Beispiele ethischer Theorien umfassen die deontologische Ethik, Diskurs- und Tugendethik wie auch den Utilitarismus (*Band 1, 4.2; Band 1, 4.3; Band 1, 4.4; Band 1, 4.5; Band 2, 1.1; Band 2, 2;* Abb. Band 2, 2).

Ethos bzw. Moralkodex bezeichnet die Standardisierung moralischer Normen durch schriftlich, aber auch mündlich überlieferte Formulierungen. Diese sind in sprachliche und moralische Lebensformen eingebettet, die ebenfalls überliefert werden und einem Ethos überhaupt erst Sinn verleihen (Beispiel: der Hippokratische Eid als Standeskodex für die Berufsgruppe der Ärzte). Wird ein Ethos neu verfasst, hängt sein Erfolg davon ab, ob sich die Formulierungen im praktischen Leben umsetzen lassen und in gelingenden Lebensformen bewähren. Sonst droht es zum inhaltsleeren Lippenbekenntnis zu verkommen. Ein Ethos kann das Resultat ethischer Arbeit sein, aber auch einfach nur die unhinterfragte Kodifizierung moralischer Normen meinen. Es ist nicht rechtlich bindend, kann aber Gesetzgebung und Rechtsprechung beeinflussen, sowie zu weiteren sozialen Sanktionen wie dem Ausschluss aus Gemeinschaften führen (*Band 1, 5.1;* Abb. Band 1, 3; Abb. Band 1, 5.1).

Gradualismus bezeichnet Konzepte oder Verfahren, in denen mittels klar unterscheidbarer, aber voneinander abhängiger Stufen operiert wird:

- In der Ethik kann das zum einen die gestuften Unterschiede zwischen verschiedenen Lebensformen betreffen, häufig in Verbindung mit entsprechenden Zentrismen (Bsp. Anthropozentrik: Menschen stehen auf der höchsten, schutzwürdigsten Stufe, gefolgt von anderen Primaten, Säugetieren etc.) *(Band 1, 3.1; Band 1, 3.2; Abb. Band 1, 3.1; Abb. Band 1, 3.2).*
- Zum anderen werden Verfahren der Einzelfallverhandlung als gradualistisch bezeichnet, wo es um die Urteilsbildung im Spannungsfeld aus konkreten Situationen und sehr allgemeinen ethischen Theorien geht. Zwischen beiden Extrempolen dienen weitere Stufen (Abstraktionsgrade) der methodischen Vermittlung *(Band 2, 1.1*; *Band 2, 2*; Abb. Band 2, 2*)*.

Kasuistik bzw. Situationsethik hat drei Bedeutungen. Erstens wird darunter die Bearbeitung eines Einzelfalls unter allgemeinen ethischen Gesichtspunkten verstanden, zweitens das analogische/disanalogische Vergleichen und Ordnen konkreter (Präzedenz-) Fälle und drittens im didaktischen Sinne die Vermittlung allgemeiner, abstrakter Normen anhand konkreter Beispiele. Für die ersten beiden Bedeutungen lassen sich weiterhin unterscheiden:

- **retrospektive Kasuistik:** die Behandlung bereits real vorliegender, situationsspezifischer Konflikte im Umgang mit Technik *(Band 2, 1.3)*
- **prospektive Kasuistik:** auf der Antizipation von Zukunftsszenarien aufbauende Behandlung möglicher, aber noch nicht real eingetretener Einzelfälle *(Band 2, 1.3)*

- **vier Wege der Kasuistik:** methodisch lässt sich in der Kasuistik sowohl bottom-up als auch top-down verfahren, jeweils logisch-ableitend oder analogisch-vergleichend (*Band 2, 2*; Abb. Band 2, 2)

Kriterien sind Merkmale bzw. Anforderungen, die zur Bestimmung einer Begründung, Entscheidung oder Ordnung dienen können:

- **Begründungskriterien:** beziehen sich so wie Kriterien ethischer Theorien auf die Geltung ethischer Theorien und Prinzipien („Was müssen Theorien in der Ethik leisten, um sich nicht bloß „Theorie" zu nennen, sondern zu Recht auch als solche gelten zu dürfen?") *(Band 1, 4.5; Band 2, 2)*
- **Entscheidungskriterien:** werden in der angewandten Ethik in gradualistischen, kasuistischen Verfahren im Bezug zu allgemeinen ethischen Theorien auf Einzelfälle angewendet (z. B.: „Als Entscheidungskriterien, ob ich heute ausnahmsweise lügen darf, kommen Handlungsmotive und Handlungsfolgen in Betracht, denen entsprechend komme ich zum Schluss ...") *(Band 2, 1.1; Band 2, 2)*
- **ethisch relevante empirische Kriterien:** dienen der ethischen Urteilsbildung als zusätzliche, erfahrungsbasierte, beschreibende Faktoren, die jedoch nicht mit normativ-wertenden Kriterien verwechselt werden dürfen (z. B.: „Gibt es relevantes empirisches Wissen, das uns bei der Umsetzung der ethischen Norm der Schadensvermeidung im Straßenverkehr hilft?") *(Band 1, 4.7; Band 2, 1.1; Band 2, 2)*
- **Kriterien ethischer Theorien:** beinhalten unter anderem Anforderungen an Klarheit, Einfachheit, Widerspruchsfreiheit, Begründung, Nachvollziehbarkeit, Universalisierbarkeit oder das Vermeiden von Fehlschlüssen etc. *(Band 1, 4.5*; *Band 1, 4.6*; *Band 2, 1.1*; *Band 2, 2*)
- **Ordnungskriterien:** betreffen die analogisch und disanalogisch erarbeiteten Taxonomien konkreter Einzelfälle in der prospektiven und retrospektiven Kasuistik (z. B.: „Gehören die beiden Fälle zusammen, weil aus gleichen Motiven heraus gehandelt wurde, oder gehören sie nicht zusammen, weil die jeweiligen Folgen völlig verschieden sind?") *(Band 2, 1.3*; *Band 2, 2*)

Metaethik ist eine formale Wissenschaft, die auch als analytische Ethik oder Sprachethik bezeichnet wird. Sie behandelt die Sprache und Logik ethischer Theorien, Kriterien, Prinzipien und Argumente, schließt aber auch die Alltagssprachen moralischen Lebens ein *(Band 1, 2.1; Band 1, 4.1; Band 1, 4.5)*

Mittlere Prinzipien bzw. *Prima-facie*-Regeln bezeichnen eine mittlere Stufe im Gradualismus angewandter Ethik. Sie sind also allgemein genug, um in verschiedenen singulären Situationen zu gelten, jedoch bei Weitem nicht so abstrakt wie ethische Theorien. Als provisorische Leitlinien haben sich „bis auf Widerruf" die mittleren Prinzipien der Autonomie, Schadensvermeidung und Gerechtigkeit sowie des Wohlwollens bewährt *(Band 2, 1.1; Band 2, 1.2)*

Moral bzw. Sitte beschreibt Verhaltensnormen innerhalb menschlicher Lebensstile. Diese umfassen Gebote und Verbote, Überzeugungen oder Orientierungen, drücken sich in Sanktionen, Ritualen, Gewohnheiten, (moralischen) Urteilen oder Institutionen menschlichen Handelns aus. Sie sind eines der wesentlichen Kennzeichen menschlichen Sozialverhaltens, sowohl in Bezug zu anderen Personen als auch in Bezug zu natürlichen und kulturellen Umwelten. Es gibt nicht die eine perfekte Moral, sondern viele verschiedene normative Lebensstile, die sich teils diametral entgegenstehen können (Beispiel: der moralische Wert politischer Freiheit und Mitbestimmung jeder Einzelnen wird nicht in allen Gesellschaften gleichermaßen anerkannt und gelebt, was zu gewaltsamen Konflikten führen kann). Wir sind uns unserer Moral meist nicht bewusst. In der deskriptiven Ethik ist Moral der Gegenstand beschreibender wissenschaftlicher Forschungen, in der normativen Ethik der wertenden, rationalen Reflexion. Durch Kodizes werden moralische Verhaltensnormen explizit und standardisiert festgeschrieben (*Band 1, 3.4;* Abb. Band 1, 3; Abb. Band 1, 5.1)

Normative Ethik ist die Wissenschaft von der Reflexion und rationalen Beurteilung von Moral (*Band 1, 4.1;* Abb. Band 1, 5.1)

Pragmatismus bzw. Pragmatik in der Ethik meint problemorientiertes Vorgehen zur Lösung konkreter Fälle in konkreten Situationen – jenseits abstrakter Prinzipienreiterei oder unauflösbarer theoretischer Fundamentaldebatten. Dies geschieht häufig unter Unsicherheit und Dringlichkeit bzw. Zeit- und Handlungsdruck *(Band 2, 1.1)*

(Wert-)Urteil bezeichnet in der Moral die praktische, nicht unbedingt reflektierte oder ausgesprochene Entscheidungsfindungen innerhalb menschlicher Lebensstile. Sie basieren auf Gewohnheiten, Gefühlen, Intuitionen, Erfahrungen, Erziehung, Glauben etc. Häufig dienen moralische Urteile zur Bewertung der Handlungen anderer Menschen. Sie werden als unabhängig von Interessen und Zwecken, universell und allgemeingültig angesehen. Der mitschwingende Anspruch auf Allgemeingültigkeit kann zu starken Konflikten führen, wenn mit verschiedenen Lebensstilen auch verschiedene moralische Urteile der gleichen Handlung aufeinanderprallen. (Beispiel: Was ein Pädophiler aus seiner moralischen Sicht als erlaubt beurteilen könnte, wird in den moralischen Urteilen anderer resolut verboten und unter Strafe gestellt.) Ethische Urteile sind Entscheidungen, Gebote, Verbote, Argumente, Abwägungen oder Handlungsempfehlungen, die explizit ausgesprochen und hinsichtlich ihrer Annahmen, Motive, Interessen, Folgen etc. rational durchdacht werden. (Beispiel: Die rationale Begründung dafür, dass Pädophilie streng und ausnahmslos zu verbieten ist – auch wenn das Betroffene moralisch anders sehen mögen.) *(Band 1, 3.4):*

- **spezielles (Wert-)Urteil:** auf den Umgang in einer konkreten Situation gerichtet
  - **spezielles moralisches Urteil:** „Jetzt sollte ich ... mit dem Hammer sehr vorsichtig sein ..."
  - **spezielles ethisches Urteil:** „... denn ich darf jetzt, heute, hier anderen Menschen nicht schaden. Das ist so, weil ..."

- **allgemeines (Wert-)Urteil:** auf generelle, situationsüberbreifende Handlungen gerichtet
  - **allgemeines moralisches Urteil:** „Alle Menschen sollten .../Wir sollten immer ... beim Gebrauch von Werkzeugen auf die Sicherheit achten ..."
  - **allgemeines ethisches Urteil:** „... denn alle Menschen/wir dürfen anderen Menschen nicht schaden. Das ist immer so, weil ... Es gibt aber auch Ausnahmesituationen, in denen für alle Menschen/uns stets durch das Recht auf Selbstverteidigung das Schädigen anderer erlaubt oder sogar geboten wird. Es gilt genau dann, wenn ... aus folgenden Gründen ..."
  - **außermoralisches Urteil:** auf instrumentelle Handlungen gerichtet ohne erkennbares moralisches/ethisches Problem („Hammer 1 funktioniert besser als Hammer 2 ...")

Technikethik, Roboterethik und KI-Ethik:
Agent/agens/Akteur bezeichnet Menschen, die etwas aktiv ausführen oder das Potenzial dazu besitzen:

- **moral agent/moralischer Akteur:** Menschen, die moralisch handeln und moralische Werte zuschreiben (bis auf seltene, strittige Ausnahmen jeder Mensch) *(Band 1, 3.4)*
  - **artificial/robotic moral agent:** moralfähige Maschine (unklarer Begriff)
- **ethical agent/ethischer Akteur:** Menschen die ethisch handeln (deskriptiv und/oder normativ) und ethische Bedeutung zuschreiben (potenziell jeder Mensch) (*Band 1, 4.1; Band 1, 4.7*)
  - **artificial/robotic ethical agent:** ethikfähige Maschine (unklarer Begriff)
  - **descriptive ethical agent:** Menschen die deskriptive Ethik betreiben (Beispiel: empirische Sozialforschung)

    artificial/robotic descriptive ethical agent: der deskriptiven Ethik fähige Maschinen (unklarer Begriff; Beispiel: Algorithmen zur Verhaltensprognose, personalisierten Werbung etc.: Sind das technische Akteure oder Werkzeuge in den Händen menschlicher Akteurinnen?) *(Band 3, 6.2; Band 3, 6.3)*
  - **normative ethical agent:** Menschen die normative Ethik betreiben (Beispiel: Technikethik, wo über Moral reflektiert und rational geurteilt wird)

    artificial/robotic normative ethical agent: der normativen Ethik fähige Maschinen (unklarer Begriff)
- **artificial/robotic social agent:** Maschinen, die in sozialen Relationen für, mit und durch Menschen interagieren (Beispiel: Social Robot); Schlüsselbegriff der Robophilosophy: *Artificial social agents* sind mehr als nur auf Moral oder Ethik beschränkte *artificial moral agents* oder *artificial ethical agents*. Dementsprechend thematisiert Robophilosophy ein breiteres Themenspektrum als Roboterethik (Ebene II, = Maschinenethik). Da jedoch soziale Handlungen zumindest bei Menschen immer moralisch – wenn auch sehr verschieden – sind, ist diese Trennung aus anthropozentrischer Sicht, also bei *human social agents*, nicht gegeben (Roboterethik Ebene I, = Technikethik, angewandte Ethik) *(Band 3, 2.1)*

Anthropomorphismus bzw. Anthropomorphisierung ist Vermenschlichung nichtmenschlicher Dinge durch Sprache oder menschenähnliches Design. Aber auch die Formung von Umwelten und Technik durch oder für Menschen kann damit bezeichnet sein *(Band 1, 4.6; Band 3, 2.1)*

Fehlschlüsse sollen in methodisch akzeptablen Urteilen, Argumenten, Theorien und Begründungen der Technikethik vermieden werden. Die bedeutendsten Fehlschlüsse spielen sich an der Grenze zwischen normativ-wertender und empirisch-beschreibender Rede ab. Hierzu zählen:

- **anthropomorpher Fehlschluss:** Maschinen werden beschrieben und beurteilt, so als ob sie Menschen wären (*Band 1, 4.6; Band 2, 2; Band 2, 2.1;* Abb. Band 2, 2)
- **moralistischer Fehlschluss:** wenn nur auf das Sollen gesehen wird, nicht jedoch auch auf die Mittel zur Umsetzung dessen und/oder wenn durch moralisierende Pedanterie unnötig ethische Probleme erzeugt werden, die dann wiederum von drängenderen Problemen ablenken *(Band 1, 4.7)*
- **naturalistischer Fehlschluss:** wenn das moralisch Gute definiert wird durch außermoralisch Gutes (z. B.: „Das ist ein pragmatisch *guter* Hammer, der seinen instrumentellen Zweck *gut* erfüllt. Du bist ein *guter* Mensch, genauso wie der Hammer!") (*Band 1, 4.6; Band 2, 2; Band 2, 2.1;* Abb. Band 2, 2)
- **robomorpher Fehlschluss:** Menschen werden technisch-funktional beschrieben und beurteilt, so als ob sie bloße Maschinen wären (*Band 1, 4.6; Band 2, 2; Band 2, 2.1;* Abb. Band 2, 2)
- **Sein-Sollen-Fehlschluss:** wenn von empirisch-deskriptiven Seins-Aussagen auf Sollens-Aussagen geschlossen wird (z. B.: „Das da ist ein zweckdienlicher Hammer und *darum musst* du zwar nicht gleich den Weltfrieden herstellen, aber auf die Sicherheit deiner Kolleginnen *solltest* du schon mehr achten!") (*Band 1, 4.6; Band 2, 2; Band 2, 2.1;* Abb. Band 2, 2)
- **schwacher algorithmischer Fehlschluss:** Algorithmen, Turing-Maschinen bzw. Computern wird irrtümlicherweise Verantwortung zugeschrieben *(Band 3, 6.2)*
- **starker algorithmischer Fehlschluss:** liegt vor, wenn menschliche und/oder biologisch-evolutionäre Eigenschaften Algorithmen, Turing-Maschinen bzw. Computern zugeschrieben werden *(Band 3, 5.2)*

KI-Ethik bzw. AI Ethics ist 1. die Wissenschaft von der Moral im Umgang mit KI (eine Teildisziplin der Technikethik und angewandten Ethik), sowie eine Bezeichnung für 2. moralische KI, 3. ethische KI und 4. KI, die funktional Robotergesetzen folgt. 2., 3. und 4. werden auch in der Maschinenethik angesprochen. KI-Ethik wird neuerdings teilweise als Synonym, teilweise als Substitut für Roboterethik gebraucht. Dabei läuft der Unterschied zwischen beiden Konzepten auf die Frage hinaus, ob sich KI und Roboter überhaupt hinreichend präzise und trennscharf definieren lassen. Schließlich sind beides computerbasierte Technologien, die als sehr breite Sammelbegriffe eine Vielzahl konkreter Technologien mit mannigfaltigen Überschneidungen einschließen.

Unabhängig davon und von ethischer Seite her betrachtet sind Roboterethik und KI-Ethik synonyme Begriffe (*Band 1;* besonders: *Band 1, 2.1; Band 1, 2.2; Band 1, 6.2; Band 1, 6.3;* Abb. Band 1, 2.1; Abb. Band 1, 2.2; Tab. Band 1, 6.2)

Maschinenethik bzw. Machine Ethics Sammelbegriff für Überlegungen zu *artificial moral agents* (moralfähiger Technik) und/oder *artificial ethical agents* (ethikfähiger Technik) und/oder Robotergesetzen. Sie bezieht sich auf Ebene II der Roboterethik *(Band 1, 6.3)*

Patient (englisch)/patiens/Patient (deutsch) benennt jemanden oder etwas, der oder das behandelt wird, etwas passiv erleidet, dem etwas zukommt:

- **moral patient/moralischer Wertträger:** wird ein moralischer Wert zugeschrieben, ist moralisch wertvoll und Gegenstand/Objekt moralischen Handelns (Beispiel: schützenswerte Ökosysteme) *(Band 1, 3.4)*
  - **artificial/robotic moral patient:** eine moralisch wertvolle Maschine, die eigene Rechte verdient hat (unklarer Begriff)
- **ethical patient/ethisches Objekt:** Gegenstand ethischer Reflexion/Urteilsbildung (Beispiel: 1. moralphilosophische Theorien, moralisches Leben und moralische Konflikte, 2. moralische Akteure, 3. das, was Gegenstand moralischer Handlungen ist) *(Band 1, 4.1)*
  - **artificial/robotic ethical patient:** alle Objekte, die in der Ethik wissenschaftlich untersucht werden und ihren Ursprung nicht in menschlichen Handlungen haben (also eigentlich keine Technik mehr sind), sondern von *artificial moral agents* oder *artificial ethical agents* ausgehen (unklarer Begriff)

Prinzip der Bedingungserhaltung ist ein Imperativ im Bereich der prospektiven, kollektiven Langzeitverantwortung. Nach Christoph Hubig und Klaus Kornwachs lautet es: „Handle so, dass die Bedingungen zur Möglichkeit verantwortlichen Handelns für alle Betroffenen erhalten bleiben." (Band 2, 4)

Provisorische Moral bezeichnet in der Technikethik – ähnlich dem ethischen Pragmatismus – problemorientiertes Handeln sowie Urteilsbildung unter normativer Unsicherheit. Moral und ihre Leitlinien werden bewusst als vorläufig und fehlbar akzeptiert. Sie müssen für begründete Revisionen, Ergänzungen oder Anpassungen im Angesicht neuer technischer Entwicklungen offen sein *(Band 2, 1.1)*

Robomorphismus bzw. Robomorphisierung ist das Gegenteil von Anthropomorphisierung und meint das Behandeln und Beschreiben von Menschen so, als ob es sich dabei um Maschinen handeln würde. In der Technikethik führt das zu unzulässigen (robomorphen) Fehlschlüssen. Im weiteren Sinne können davon auch Tiere und Pflanzen betroffen sein. Robomorphisierung meint darüber hinaus auch die Veränderung von Dingen durch bestimmte Maschinen oder dem Design bestimmter Maschinen entsprechend *(Band 1, 4.6; Band 2, 2.1)*

Robophilosophy adressiert auf Dialog und Kooperation angelegte transdisziplinäre Forschungen zu Social Robots und Mensch-Roboter-Interaktionen, die über Roboterethik als spezialisierte Disziplin hinausreichen. Zum einen sollen soziale Prozesse in ihren theoretischen, nicht nur moralischen oder ethischen, Grundlagen behandelt werden. Herausgefordert durch *artificial social agents* wird zum anderen eine Neuformulierung philosophischer Grundlagen angestrebt. Der Begriff wurde ab ca. 2013 von Johanna Seibt geprägt und ist durch eine gleichnamige Konferenzserie bekannt geworden (*Band 1, 6.3; Band 3, 2.1*).

Roboterethik bzw. Robot Ethics/Roboethics umfasst zwei Ebenen und vier Bedeutungen, die sich anhand der beiden Genitivformen von „Ethik der Roboter" nachvollziehen lassen:

- Ebene I *(Genitivus obiectivus)* ist die Wissenschaft von der Moral im Umgang mit Robotern (also eine Teildisziplin der Technikethik und angewandten Ethik), die von Menschen vollzogen wird (Bedeutung 1)
- Ebene II *(Genitivus subiectivus)* kennzeichnet Roboter als Subjekte der „Ethik", sie werden nicht nur als wissenschaftliche Objekte behandelt, sondern sind in sich selbst „ethisch":
  - moralisch handelnde Roboter, *artificial moral agents* (Bedeutung 2)
  - ethisch urteilende Roboter, *artificial ethical agents* (Bedeutung 3)
  - Roboter die funktional Robotergesetzen folgen (Bedeutung 4)

Entsprechend der jeweiligen Bedeutung werden verschiedene Forschungsfragen gestellt und behandelt. Ebene II ist auch Gegenstand der Maschinenethik. Roboterethik wurde ab 2004 vor allem durch Arbeiten von Gianmarco Veruggio thematisiert und hat sich seit dem zu einem international differenziert und kontrovers diskutierten Forschungsfeld entwickelt. KI-Ethik wird neuerdings teilweise als Synonym, teilweise als Substitut für Roboterethik gebraucht. Dabei läuft der Unterschied zwischen beiden Konzepten auf die Frage hinaus, ob sich KI und Roboter überhaupt hinreichend präzise und trennscharf definieren lassen. Schließlich sind beides computerbasierte Technologien, die als sehr breite Sammelbegriffe eine Vielzahl konkreter Technologien mit mannigfaltigen Überschneidungen einschließen. Unabhängig davon und von ethischer Seite her betrachtet sind Roboterethik und KI-Ethik synonyme Begriffe (*Band 1;* besonders: *Band 1, 2.1; Band 1, 2.2; Band 1, 6.2; Band 1, 6.3;* Abb. Band 1, 2.1; Abb. Band 1, 2.2; Tab. Band 1, 6.2)

Robotergesetze bzw. Asimovsche Gesetze sind für Maschinen formulierte Prinzipien, Verpflichtungen und Verbote, um deren Funktionen oder Handlungen – nur wenn sie *artificial moral agents* sind – zu regulieren (Ethos für Maschinen). Sie werden in menschlicher Sprache formuliert und bauen auf der Annahme einer bedeutungsgleichen Übersetzbarkeit in Maschinensprachen auf. Berühmt wurden Isaac Asimovs Robotergesetze, die in einer Version aus drei und einer weiteren aus vier Gesetzen überliefert sind *(Band 1, 5.3)*

(Technical) ethics guidelines sind Kodifizierungen moralischer Prinzipien, Gebote und Verbote, zur Regulierung des Umgangs mit Technik (Ethos für Menschen). Sie enthalten manchmal Hinweise zur praktischen Umsetzung und richten sich an entsprechend ausgewählte Zielgruppen (Beispiel: stakeholderorientierte Regulierung von Robotern und KI auf EU-Ebene). Sie werden von Ethik-Räten, Ethik-Komitees oder anderen Arbeitsgruppen bzw. Gremien eigens erarbeitet – und dabei mehr oder weniger fundiert ethisch, also wissenschaftlich, geprüft. Im Regelfall sind sie an Menschen gerichtet und darum nicht mit Robotergesetzen zu verwechseln *(Band 1, 5.1; Band 1, 5.2)*

Technikethik ist die Wissenschaft von der Moral technischen Handelns. Sie weist ein breites thematisches, begriffliches, methodisches und theoretisches Spektrum auf. Im idealen Stammbaum der Wissenschaften sie ist eine Teildisziplin der angewandten Ethik, wendet sich also der ethischen Praxis abgegrenzt zur Umweltethik, Medizinethik, den Ingenieurwissenschaften oder empirischen Sozialforschung zu. Jedoch weist sie mit inhärenten transdisziplinären Bezügen über eine bloß spezialisierte disziplinäre Nische hinaus. Paradigmatisch hierfür steht die Roboterethik, die eigentlich wiederum eine Spezialisierung der Technikethik darstellt, jedoch die transdisziplinären Radialkräfte verstärkt. Technikethik ist anthropozentrisch ausgelegt, bezeichnet also das durch Menschen vollzogene wissenschaftliche Reflektieren von technischen Handlungen die ebenfalls von Menschen vollzogen werden (Ebene I). Durch die Roboterethik wird eine zusätzliche Ebene (II) eröffnet, in der moralische oder ethische Funktionen/Handlungen von Maschinen bezeichnet sind. Damit eröffnet sich die Option einer robozentrischen Technikethik, in welcher technische Systeme als moralische oder ethische Akteure mit Menschen auf einer Stufe stünden. Diese Option scheitert jedoch an diversen logischen, methodischen und praktischen Fehlern *(Band 1, 2; Band 1, 6; Band 2, 2; Band 2, 5)*

Technikethischer Imperativ meint, auf der epistemischen Norm der Unterscheidung von Information und Kommunikation nach Peter Janich aufbauend: „Du sollst Informationstechnologien nicht ethisch bewerten, so als ob das Reden über Messwerte gleich dem Reden über moralische Werte wäre." Darüber hinaus lassen sich weitere Imperative wie das Prinzip der Bedingungserhaltung der Technikethik zuordnen *(Band 2, 2.2; Band 2, 4)*

Verantwortung übernehmen bzw. sich verantworten bedeutet, allgemein Rede und Antwort stehen bzw. auch zu etwas stehen oder für etwas einstehen. Wer etwas nicht verantworten kann, steht nicht zu einer Handlung/Entscheidung, wird sie also weder vor sich selbst noch vor anderen rechtfertigen können, und sollte sie folglich unterlassen. Ansonsten verhält sich die entsprechende Person verantwortungslos und muss mit Konsequenzen rechnen. Verantwortung ist relationale Rechtfertigung, gekennzeichnet durch zumindest sechs verschiedene *Relata (Band 2, 4):*

1. Subjekt („Jemand ist")
2. Objekt („für etwas")
3. Adressaten („gegenüber einem oder mehreren Adressaten")
4. Instanz („vor einer Instanz")

5. Kriterium („in Bezug auf ein präskriptives, normatives Kriterium“)
6. Bereich („im Rahmen eines Verantwortungsbereichs verantwortlich“)

Dabei sind verschiedene Arten der Verantwortung zu unterscheiden:

- **allgemeine, universalmoralische Verantwortung:** geht über spezifische Rollen- und Aufgabenverantwortung hinaus *(Band 2, 4)*
- **individuelle Verantwortung:** bezieht sich auf die Verantwortung konkreter, einzelner Menschen innerhalb eines gesellschaftlichen Rahmens (kollektive Verantwortung) *(Band 2, 4)*
- **Ingenieurverantwortung:** betrifft im Besonderen die Berufsgruppe der Ingenieurinnen (1.) und ihre Verantwortung für technische Praxis (2.), im Bereich des Umgangs mit Ingenieurtechnik (6.) (aufgrund spezifischen Ingenieurwissens). Hierzu zählen neben der allgemeinen besonders die instrumentelle, strategische und technische Verantwortung *(Band 1, 5.2; Band 2, 4)*
- **Instrumentelle Verantwortung:** innerhalb der Ingenieurverantwortung für den bestimmungsgemäßen Gebrauch einer Technik einschließlich Information und Aufklärung über Risiken *(Band 2, 4)*
- **Kausalverantwortung:** entspricht der empirisch-deskriptiven Beziehung aus Ursache und Wirkung, sie ist nicht mit normativer Verantwortung zu verwechseln *(Band 2, 4)*
- **Langzeitverantwortung:** meint Verantwortung nicht nur individuell, sondern auch kollektiv zu denken, maßgeblich in der Technikethik sind hierzu Arbeiten von Hans Jonas und Hans Lenk *(Band 1, 5.2; Band 2, 4):*
  - Gemeinschaften haben sich zu verantworten (1.)
    gegenüber anderen Gemeinschaften die unter Umständen noch gar nicht geboren sind (3.)
    aber auch als Instanz auftreten können (4.) (Beispiel: Wie willst du das deinen Enkeln in Zukunft erklären?)
  - zum Beispiel bezogen auf das normative Kriterium der Nachhaltigkeit (5.)
  - im Bereich ökologischen Handelns (6.)
- **kollektive, korporative bzw. kooperative Verantwortung:** betrifft gemeinschaftliches Handeln und den gesellschaftlichen Rahmen, innerhalb dessen Individuen für ihr konkretes singuläres Schaffen verantwortlich sind (individuelle Verantwortung) *(Band 2, 4)*
- **normative Verantwortung:** entspricht dem zwischenmenschlichen sich für etwas Verantworten, sie ist nicht mit Kausalverantwortung zu verwechseln *(Band 2, 4)*
- **prospektive Präventionsverantwortung:** ist auf die Zukunft gerichtet, um das Eintreten von Fällen vorausschauend zu verhüten *(Band 2, 4)*
- **Rollen- und Aufgabenverantwortung:** ist häufig an den professionellen Arbeitsalltag oder andere spezifische Handlungsbereiche gebunden, z. B. Ingenieurverantwortung *(Band 2, 4)*

- **technische Verantwortung:** innerhalb der Ingenieurverantwortung für die Qualität eines Produktes entsprechend des Standes der Technik *(Band 2, 4)*
- **strategische Verantwortung:** als Aspekt der Ingenieurverantwortung die Verantwortung für Handlungspotenziale im Umgang mit Ingenieurtechnik betreffend, besonders im Hinblick auf Umnutzung und Nebeneffekte (z. B.: die verantwortungsvolle Definition von Merkmalen technischer Produkte oder Verfahren sowie die Aufklärung über bestimmungsgemäßen Gebrauch und Gefahren durch Fehlverwendung mittels Bedienungsanleitungen, Handbüchern und technischen Dokumentationen) *(Band 1, 5.2; Band 2, 4)*
- **Systemverantwortung:** betrifft das Ineinander aus individueller und kollektiver Verantwortung in komplexen sozialen und technischen Systemen, sie ist Gegenstand aktueller Forschungen und nicht abschließend geklärt *(Band 1, 6.2; Band 2, 4)*
- **Verursacherverantwortung:** betrifft den Rückblick, wenn ein Fall eingetreten ist *(Band 2, 4)*

Zentrik/Zentrismus bezeichnet verschiedene Sichtweisen auf die Position der Menschen im Verhältnis zu anderen Lebewesen oder Dingen. Sie kennzeichnen verschiedene kulturelle Lebensstile, religiöse Weltbilder und Praktiken, moralische Überzeugungen oder Ideologien, aber auch methodisch relevante Heuristiken *(Band 1, 3.1; Band 1, 3.2; Abb. Band 1, 3.1; Abb. Band 1, 3.2):*

- **Anthropozentrik/Anthropozentrismus:** Menschen und ihre Handlungen stehen im Mittelpunkt.
  - **Methodisch-sprachkritische Anthropozentrik:** trägt wesentlich zur Begründung der Technikethik als rationaler, methodischer Wissenschaft bei, insofern Sinn und Bedeutung ethischer Prinzipien, Theorien, Normen, Werte, Verbote, Gebote etc. abhängig sind von aktiv handelnden Menschen; der menschenwürdige Umgang mit Endlichkeit, Verletzlichkeit und Ungleichheiten (Asymmetrien) bildet Leitlinien der Technikethik; der Eigenwert von Ökosystemen wird darüber hinaus von Menschen aktiv anerkannt *(Band 2, 2)*
- **Biozentrik/Biozentrismus:** alle Lebewesen, inklusive Menschen, stehen auf einer Stufe
- **Physiozentrik/Physiozentrismus/Holismus:** die komplette belebte und unbelebte Natur steht auf einer Stufe
- **Technozentrik/Technozentrismus:**
  - Sind Natur und Kultur gleich, dann geht Technozentrik in Physiozentrik auf oder dient als methodischer Begriff, um eine Teilmenge der Physiozentrik anzusprechen
  - Sind Natur und Kultur nicht gleich, dann bezeichnet Technozentrik die Erweiterung der Physiozentrik um Kulturgüter oder sogar einen alternativen Holismus (den der Kultur im Gegensatz zu Natur)
- **Robozentrik/Robozentrismus:** rückt bestimmte Technologien in den Mittelpunkt, die auf einer Stufe mit anderen technischen Kulturgütern *(technozentrische*

Robozentrik) und/oder der gesamten Natur stehen *(physiozentrische Robozentrik),* oder herausgehoben nur auf einer Stufe mit anderen Lebewesen *(biozentrische Robozentrik),* oder weiter erhoben nur mit Menschen auf Augenhöhe *(anthropozentrische Robozentrik)* stehen, die menschliche Position in einer Art Symbiose transformieren/übersteigen (*transhumanistische Robozentrik*) oder sogar überwinden *(posthumanistische Robozentrik) (Band 3, 2.1)*

Technik, Technologie und Ingenieur:

Ingenieurtechnik ist gekennzeichnet durch Standardisierung sowie Normierung von Kenngrößen und Baugruppen. Sie schließt Technologien auf Grundlage mathematischer, physikalischer, chemischer oder biologischer Theorien, Berechnungen und Modelle ein. In Tests findet sie ihr praktisches Pendant zu Experimenten in den Naturwissenschaften *(Band 2, 3.2).*

Ingenieurwissen ist nicht auf die Anwendung naturwissenschaftlichen Wissens beschränkt, sondern reicht deutlich darüber hinaus. Es bezeichnet eine Vielzahl eigenständiger Erkenntnisformen, deren theoretische Ansprüche auf handwerklichem, künstlerisch-gestalterischem Wissen sowie kreativer Imagination aufbauen. In der Laborforschung oder bei Experimenten kann naturwissenschaftliches Forschen (teilweise) als Anwendung von Ingenieurwissen begriffen werden *(Band 2, 3.2)*

Technik bezeichnet im Kontext menschlich-kultureller Handlungen 1. praktische Kunstfertigkeiten (eine Technik beherrschen), 2. hergestellte Gegenstände (Artefakte), 3. Verfahren, 4. Systeme, 5. verwissenschaftlichtes, theoretisches Wissen (Technologie), 6. Medien der Selbst- und Weltverhältnisse sowie 7. Zweck-Mittel-Relationen und deren Reflexion (*Band 2, 3.2; Abb. Band 2, 3.2*)

Technikbegriffe bezeichnen die verschiedenen Formen von Technik mit einer eigenen Syntax (s. o. „Technik") (*Band 2, 3.2;* Abb. Band 2, 3.2):

- **Formaler Technikbegriff** = Kunstcharakter: 1. praktisches Wissen, Kunstfertigkeiten, Kompetenz
- **Kunstcharakter** = Formaler Technikbegriff
- **Materieller Technikbegriff I** = Realtechnik = Sachtechnik: 2. Ding, Gegenstand, Artefakt
- **Materieller Technikbegriff II** = Verfahrenstechnik = Prozesstechnik: 3. Verfahren, Prozess
- **Medialität** = Medium: 6. Welt- und Selbstaneignung, Vermittlung, Mediation
- **Medium** = Medialität
- **Prozesstechnik** = Materieller Technikbegriff II
- **Realtechnik** = Materieller Technikbegriff I
- **Reflexionsbegriff** = Zweck-Mittel-Schema/Relation: 7. Reflexion von Technik als Mittel zum Zweck
- **Sachtechnik** = Materieller Technikbegriff I
- **Systemtechnik:** 4. System/Netzwerk technischer Dinge und Handlungen

- **Technologie:** 5. theoretisches Wissen, Lehre der Technik
- **Verfahrenstechnik** = Materieller Technikbegriff II
- **Zweck-Mittel-Schema/Relation** = Reflexionsbegriff

Technikwissenschaft bzw. Ingenieurwesen stellt die Professionalisierung technologischer Praxis (im Umgang mit Ingenieurtechnik und auf Grundlage von Ingenieurwissen) in verschiedenen Disziplinen wie Maschinenbau, Elektrotechnik, Informatik etc. dar *(Band 2, 3.2)*

Technologie ist eine Sonderform von Technik, wo diese durch verwissenschaftlichtes, theoretisches Wissen angereichert zur Ingenieurtechnik wird (*Band 2, 3.2*)

Technische Praxis/technisches Handeln:
Asymmetrien bzw. Ungleichheiten sind Kennzeichen technischen Handelns und in der Technikethik entsprechend zu berücksichtigen. Dabei geht es um diverse Arten der Unterschiedlichkeit, also des Nichtvorhandenseins von Symmetrie bzw. Gleichheit *(Band 2, 2.3):*

- **zwischenmenschliche Asymmetrien:** betreffen das gesellschaftliche Leben das wiederum den Technikgebrauch prägt und selbst von technischen Handlungspotenzialen geprägt wird (Ungleichheiten zwischen Menschen, z. B. durch kommunikative, politische oder wirtschaftliche Macht)
- **Mensch-Technik-Asymmetrien:** betreffen den Umgang mit Technik und kommen in Mensch-Technik-Interaktionen zum Tragen (Ungleichheiten zwischen Menschen und technischen Mitteln, z. B. physische Robustheit von Roboterkörpern im Vergleich zum verletzlichen menschlichen Leib)
- In beiden Bereichen lassen sich wiederum unterscheiden:
  - **existenzielle Asymmetrien:** kennzeichnen menschliches Leben allgemein, z. B. Endlichkeit und Verletzlichkeit menschlichen Lebens im Vergleich zur Hoffnung auf ein ideales, unsterbliches und unverwundbares Leben
  - **normative Asymmetrien:** betreffen das zwischenmenschliche Miteinander, z. B. menschenwürdiger, gleichbehandelnder und gerechter/fairer Umgang mit sozialer Ungleichheit durch Bildung und Einkommen, Inklusion von Menschen mit Behinderungen/Handicaps oder Minderheiten
  - **empirisch-deskriptive Asymmetrien:** werden in der Beschreibung von Ungleichheiten technischer Mittel aufgedeckt und können als ethisch relevante empirische Kriterien der Mensch-Maschine-Interaktion dienen; in der deskriptiven Ethik sind sie Gegenstand der Beschreibung zwischenmenschlichen Lebens, jedoch methodisch-sprachkritisch nicht zu verwechseln mit normativer Ungleichheit, wo es um moralisch/ethisch relevante Wertungen geht (normative Ethik)
- Thematisch finden sich die verschiedenen Formen der Asymmetrie z. B.:
  - Mensch-Tier-Pflanze-Maschine-Asymmetrie *(Band 3, 2.2; Band 3, 2.3)*
  - Asymmetrie durch Social Robots *(Band 3, 2.1)*
  - Asymmetrie in der Kriegsführung *(Band 3, 3)*

Charakteristika technischen Handelns sind Grundbausteine der Technikanalyse und Technikbewertung. Sie liefern hierfür Querschnittthemen oder können als ethisch relevante Kriterien dienen. Neben Umnutzungen und historischen Abhängigkeiten von Macht, Entwicklungspfaden und Ökonomie zählen auch Nebeneffekte zu den bedeutendsten Charakteristika *(Band 2, 3.3; Band 2, 3.4)*

Dual-use wird insbesondere zur Bezeichnung der militärischen Nutzung ziviler Innovationen oder umgekehrt der zivilen Nutzung militärischer Innovationen gebraucht *(Band 2, 3.3)*

Multistability zielt auf die Umdeutungen sinnlicher Erfahrungen und sozialer Prozesse durch technische Medien wie Computervisualisierungen, Social-Media-Inhalte oder andere meist bildgebende Verfahren ab *(Band 2, 3.3)*

Nebeneffekte sind nicht beabsichtigte Begleiterscheinungen technischer Handlungen. Wie Nebenwirkungen treten sie zusammen mit der Realisierung des gewollten Zwecks auf. Beispiel: Atomenergie (Zweck der Atomtechnik), Atommüll (technischer Nebeneffekt), Antiatomkraftbewegung (sozialer Nebeneffekt), „Atompilz" (sprachlicher Nebeneffekt) *(Band 2, 3.3)*

Perspektiven technischer Praxis lassen sich hinsichtlich der Akteursrollen, des Handlungswissens und der zugehörigen Verantwortlichkeiten im Umgang mit Technik unterscheiden (*Band 2, 3.1;* Tab. Band 2, 3.2; Tab. Band 2, 4.1)

- **Individualperspektiven:** werden konkreten, einzelnen Menschen zugeordnet:
  1. Grundlagenforschung
  2. Angewandte Forschung
  3. Konstruktion, Design, Entwicklung
  4. Logistik, Ressourcenbeschaffung
  5. Produktion, Fertigung
  6. Vertrieb, Handel, Marketing, Distribution
  7. Nutzung, Anwendung, Gebrauch, Konsum
  8. Wartung, Instandhaltung, Reparatur, Ersatzteilmanagement
  9. Entsorgung, Recycling
- **kollektive Perspektiven:** betreffen den gemeinschaftlichen Rahmen individueller Praxis:
  10. Soziotechnische Einbettung der Handlungsnormen für die Perspektiven 1–9 (z. B. Ethikräte, Berufskodizes, Kirchen/religiöse Glaubensgemeinschaften, Erziehung, Bildung, kulturelle Traditionen, Soft Skills, Wissen, Fertigkeiten etc.)
  11. Politische und juristische Regulierung der Handlungsnormen für die Perspektiven 1–10 (z. B. geltendes Strafrecht, Grenzwerte, Sicherheitsstandards, Haftungsregulierung, Patentrecht, DIN etc.)

Umnutzung bzw. Umdeutung bezeichnet die Vielfältigkeit technischer Praxis/technischer Handlungen. Wie materielle technische Gegenstände, so lassen sich auch Worte umdeuten. Beispiel: Eine Computermaus kann zum Spielen oder Arbeiten genutzt werden, jenseits der Herstellervorgaben lässt sich das Kabel auch als Mordwaffe zweckentfremden; das Wort „Maus" kann ein „Eingabegerät" meinen oder ein Nagetier *(Band 2, 3.3)*.

Zweckentfremdung ist die unvorhersehbare, von Herstellerinnen und Entwicklerinnen nicht intendierte Anwendung technischer Mittel. Beispiel: Ein Küchenmixer wird als Teil einer Kunstinstallation umgenutzt *(Band 2, 3.3)*.

Entwicklung und Geschichte:

Hintergrundstrahlung, historische bzw. kulturelle, beschreibt in loser, metaphorischer Analogie zur kosmischen Hintergrundstrahlung die Wirkungen vergangener menschlicher Handlungen auf die Gegenwart. Sie schließt Sprachgeschichte ein, wie auch Politik-, Sozial- oder Wirtschaftsgeschichte. In der Philosophiegeschichte wird sie mit Blick auf Ethik erforscht, in der Technik- und Wissenschaftsgeschichte für die entsprechenden Bereiche *(Band 1, 2.3)*

Entwicklungspfade lassen sich für konkrete Techniken, Sprachen, Kompetenzen, Wissen oder soziale Normen bzw. Gewohnheiten rekonstruieren. Beispiel: Zuerst wird das Rad erfunden, dann sind Töpferscheibe oder Wagen auf diesem Entwicklungspfad möglich, gleichzeitig werden neue Redeweisen zur Bezeichnung dieser Innovationen gefunden und soziale Normen der Geschirrverwendung sowie Mobilität wandeln sich *(Band 2, 3.4)*

Pfadkopplungen bzw. Konvergenzen entstehen bei der Verbindung technischer Entwicklungspfade bzw. Konvergenzlinien zu neuen Formen technischen Handelns. Beispiel: Atombomben + Flüssigtreibstoffraketen + U-Boote = strategische Nuklearwaffen *(Band 2, 3.4)*

Computer, Roboter und künstliche Intelligenz:

Abstrakter Automat: *siehe „Turing-Maschine"*

Algorithmus ist eine zeichen- und symbolverarbeitende, regelgeleitete Verfahrenstechnik, um in einer endlichen Anzahl von Schritten ein Ergebnis zu finden. Algorithmen gehören zu den Kalkülen und werden konkret auf die Informationsverarbeitung zwischen Eingabe und Ausgabe von Daten zugespitzt. Computerprogramme sind Formalisierungen von Algorithmen. Turing-Maschinen und Computer sind Algorithmen. Daten oder Hardware ist damit jedoch nicht gemeint, es geht um den (Rechen-)Prozess *(Band 3, 6.2)*

Anthropomorphisierung meint Vermenschlichung von Maschinen und kann auch im bildlichen Sinne Verkörperungen ausrücken (häufig bei Humanoiden oder Androiden). Das kann auf verschiedenen Wegen erfolgen:

- mit Maschinen sprechen (linguistisch I) oder mit anderen Menschen über Maschinen sprechen (linguistisch II), so als ob die Geräte menschlich wären;
- Roboter so designen, dass sie menschlich aussehen (materielle Verkörperung) oder menschliches Verhalten imitieren/simulieren (funktionale Verkörperung);
- durch Erkenntnisziele der Roboterentwicklung, etwa um Menschen durch Nachbau besser verstehen zu lernen (epistemische Verkörperung);

- weiterhin durch Maschinen als Projektionsflächen menschlicher Weltbilder, von Glauben oder Vorurteilen (kulturelle und ideologische Verkörperung) (*Band 3, 2.1*; Abb. Band 3, 2.1).

(technische) Autonomie bezeichnet mechatronische Freiheitsgrade beweglicher Roboterelemente oder graduell abgegrenzte Klassen technischer Mittel, die automatisch, also ohne unmittelbaren menschlichen Eingriff, in verschiedenem Umfang Funktionen ausführen. Autonomie als spezifisch technische Zuschreibung für Roboter oder künstliche Intelligenz ist streng vom ursprünglichen Bedeutungsraum menschlicher, politischer, wissenschaftlicher oder künstlerischer Autonomie zu unterscheiden. *In Band 4, 5 werden wir uns damit detailliert befassen„(technische) bezeichnet mechatronische Freiheitsgrade beweglicher Roboterelemente oder graduell abgegrenzte Klassen technischer Mittel, die automatisch, also ohne unmittelbaren menschlichen Eingriff, in verschiedenem Umfang Funktionen ausführen. Autonomie als spezifisch technische Zuschreibung für Roboter oder künstliche Intelligenz ist streng vom ursprünglichen Bedeutungsraum menschlicher, politischer, wissenschaftlicher oder künstlerischer Autonomie zu unterscheiden. In Band 4, 5 werden wir uns damit detailliert befassen" Bitte prüfen Sie diesen Eintrag auf Vollständigkeit.*

Computer ist ein Sammelbegriff für Rechenmaschinen, die typischerweise in einer endlichen Anzahl von Schritten Ergebnisse liefern. Das kann mechanisch und analog erfolgen. Jedoch sind die allermeisten Computer heute digital, verarbeiten klar unterscheidbare Daten(sätze) und lassen sich programmieren (Software). Hierzu sind verschiedene Hardwarekomponenten wie Datenspeicher nötig. Im weiteren Sinne umfassen Computer eine ganze Reihe von Informationstechnologien einschließlich Personal Computer, Smartphones, Roboter oder Drohnen. Letztere sind aber auch durch weiterreichende Hardware wie Aktuatoren oder Sensoren gekennzeichnet. Moderne Computer sind im Wesentlichen *abstrakte Automaten,* also *Turing-Maschinen.* Wird die Hardware außer Acht gelassen, können sie auch als *Algorithmen* bezeichnet werden *(Band 3)*

Cyborgs sind kybernetische Regelkreise, in denen Informationen zwischen Lebewesen und Maschinen ausgetauscht werden. Menschen, aber auch Tiere oder sogar Pflanzen, werden durch computerbasierte Roboterteile ergänzt (Beispiel: Hightech-Prothesen in der Therapie; Enhancement durch Leistungssteigerung gesunder Körper; Bodyhacking als Lifestyle) *(Band 3, 2.1)*

Drohnen sind Roboter, die durch ihren Fahrzeugcharakter im Einsatz zu Land, Wasser, Unterwasser, im Luft- oder Weltraum gekennzeichnet sind. Die Systeme sind in der Regel ferngesteuert. Es lassen sich grob zwei Arten unterscheiden: Hochdistanz-Drohnen (Typ I, Beispiel: über Kontinente hinweg angesteuerte größere Kampfdrohnen) sowie Kurzdistanz-Drohnen (Typ II, Beispiel: kleinere Quadcopter oder RC-Cars aus dem Baumarkt) Dazwischen rangieren diverse Zwischenformen (Typ III) *(Band 3, 3; Tab. Band 3, 3)*

Drohnenbegriffe kommen in der Fachsprache zur Anwendung, um etwas Ordnung in die vielen so bezeichneten technischen Systeme zu bringen (*Band 3, 3;* Tab. Band 3, 3):

- **LAR** = „lethal autonomus robot" (Kampfroboter)
- **loitering munition** = Zwischenform aus Drohne und Munition mit erweiterten, technischen Autonomiegraden; auch als herumlungernde Munition oder Kamikaze-Drohne bezeichnet
- **Multicopter** = Kleindrohne aus mehreren waagerecht in einer Ebene montierten Antriebsrotoren
  - **Quadcopter** = weit verbreiteter Multicoptertyp mit vier Rotoren
- **Modellflugzeug** (ferngesteuert) = weitläufig „Drohne", im engeren Sinne aber kein UA/UAV/UAS
- **RC-Car** = weitläufig zu den „Drohnen" gezählte, ferngesteuerte, kleinere Bodenfahrzeuge
- **TUGV** = „tactical unmanned ground vehicle"
- **UA** = „unmanned aircraft"
- **UAV** = „unmanned aerial vehicle"
- **UAS** = „unmanned aircraft system"
- **UCAV** = „unmanned combat aircraft vehicle" (Kampfdrohne)
- **UGS** = „unmanned ground system"
- **UMS** = „unmanned maritime system"
- **URAV** = „unmanned reconnaissance aircraft vehicle" (Aufklärungsdrohne)
  - **MALE** = „medium altitude long endurance"
  - **HALE** = „high altitude long endurance"

Embodied AI/verkörperte KI ist eine Bezeichnung innerhalb neuerer Vorschläge für Roboterdefinitionen. Dabei werden Roboter auf die Formel „KI+X" gebracht. Problematisch ist der teilweise exzessive Gebrauch des durchaus verwirrenden Begriffs der „Verkörperung" bzw. des „embodiment". Zum einen kann damit eine mehrdeutige Vermenschlichung ausgedrückt sein (Anthropomorphisierung: „KI ist die Verkörperung des Guten!"), zum anderen wird auf einen unklaren physischen Körper verwiesen (Was unterscheidet bloße Computerhardware von genuiner Roboterhardware?). *Die damit verbundene Problematik des Verhältnisses aus (unbelebtem) Körper und (lebendem) Leib sowie das Körper-Geist-Problem im Bezug zu informationstechnologischen und kognitionswissenschaftlichen Paradigmen sehen wir uns detailliert in Band 4, 3 an*

Expertensystem: *siehe „schwache KI"*

General AI soll zum universellen Problemlösen in der Lage sein. KI wird hier also nicht wie Expertensysteme als spezialisiertes Mittel zum Lösen konkreter Zwecke gedacht. General AI lässt sich der These starker KI zuordnen und bildet die Vorlage für Ideen der Superintelligenz und Singularität *(Band 3, 5.2).*

Interaktionen sind neben Ausstattung, Gestalt und Funktion zu Definitionskriterien für Roboter und KI-Systeme geworden (Beispiel: Social Robots oder Cobots). Insofern Computer(netzwerke), Roboter und KI menschliche Kulturtechniken sind und Menschen soziale Wesen, lässt sich jede maschinelle „Interaktion" (Beispiel: Drohnenschwärme in der Landwirtschaft Pflanzen düngend) auf eine grundsätzliche Form der

Menschen-Menschen-Interaktion zurückführen. Darin wurzelt auch ökologische wie gesellschaftliche Verantwortung *(Band 2, 4; Band 3, 2):*

- **Mensch-Roboter-Interaktion** (*Band 3, 2.1*)
- **Tier-Roboter-Interaktion** (*Band 3, 2.2*)
- **Pflanze-Roboter-Interaktion** (*Band 3, 2.3*)
- **Maschine-Maschine-Interaktion (einschließlich Roboter und Computer)** *(Band 3, 2.3; Band 3, 6.1)*

Künstliche Intelligenz ist ein Sammelbegriff für diverse Softwaretechnologien (von englisch „artificial intelligence“=„technische Informationsverarbeitung“), die Verfahren zum Problemlösen bereitstellen. Dem klassischen Ansatz der 1950er-Jahre, der auch als kognitivistisch, funktionalistisch und/oder symbolisch bezeichnet wird, liegt die Hypothese zugrunde, dass sich menschliches Denken durch Symbolmanipulation und Wissensrepräsentation top-down abbilden und modellieren lässt (*IT-Paradigma A1,* s. u.). Seit den 2000er-Jahren rücken schon vorher bekannte alternative, subsymbolische und konnektionistische Verfahren in den Mittelpunkt, die auch unter den Sammelbegriffen des Machine Learning, Deep Learning, der Artificial Neural Networks oder der Self-Learning Algorithms zusammengefasst sind. In selbstorganisierten Bottom-up-Prozessen werden schichtweise Modelle durch die Verdichtung von Knoten errechnet. Nicht mehr die Symbolik menschlich (formal-)logischen Denkens steht dabei Pate, sondern die Physiologie vernetzter Neuronen. Auf Grundlage der Analyse von Trainingsdaten wird die Wahrscheinlichkeit der korrekten Bild- und Mustererkennung, Verhaltensprognose von Usern im Internet, aber auch das Ansteuern von Robotern optimiert (*IT-Paradigma A2,* s. u.) *(Band 3, 4)*

In einer genaueren Analyse treten fünf Paradigmen buchstäblich „künstlicher Intelligenz“ hervor, die auch über Informationstechnologien im engeren Sinne hinausweisen *(Band 3, 4.2):*

A. *Nachrichtentechnik/Informationstechnologie*
B. Biotechnologie/synthetische Biologie
C. Computersimulation/-modelle
D. Züchtung (Tiere, Pflanzen)
E. Kultur (Menschen)

Die fünf Paradigmen lassen sich auch aus einer sprachkritischen Analyse des englischen „artificial intelligence“ und seiner Mehrdeutigkeit herleiten *(Band 3, 4.1):*

- „artificial“:
  1. „künstlich“
  2. *„technisch“*
- „intelligence“:
  a. „Intelligenz“
  b. *„Informationsverarbeitung“*

Innerhalb des *IT-Paradigmas A* wird also KI konsistent als „technische Informationsverarbeitung" begriffen (2.b.). Der Schritt zur technischen Imitation „natürlichen, intelligenten" Verhaltens (1.a., Bionik) ist damit nicht notwendigerweise verbunden *(Band 3, 4.3)*

Innerhalb des informationstechnologischen Ansatzes lassen sich wiederum zwei generelle (Sub-)Paradigmen unterscheiden, unter denen jeweils eine Vielzahl technologischer Mittel und Methoden zusammengefasst ist *(Band 3, 4.4):*

- *IT-Paradigma A1* (s.o.): **funktionalistisch-kognitivistischer Ansatz, top-down**
  - „Good Old-Fashioned Artificial Intelligence" (GOFAI) nach John Haugeland
- *IT-Paradigma A2* (s.o.): **konnektionistisch-subsymbolischer Ansatz, bottom-up**
  - Künstliche Neuronale Netzwerke (KNN)
  - Machine Learning (ML)
  - Selbstlernende Algorithmen (SLA)
  - Neuere Fiktionen sogenannter „Superintelligenz" (SI)

Für den Begriff der **Intelligenz** ergeben sich in diesem Zusammenhang drei allgemeine Bedeutungen *(Band 3, 4.3):*

- I: natürliche Intelligenz
  - Ii: im Gegensatz zur menschlichen Kultur verstanden
  - Iii: als natürlich-kulturelles Amalgam verstanden
- II: besondere Klasse(n) technischer Funktionen

Roboter ist ein Sammelbegriff für verschiedene computer- und netzwerkbasierte Informationstechnologien, die mittels Sensoren und Aktuatoren entweder ihre komplette räumliche Position oder die räumliche Position einiger Teile verändern können, und durch aktive, physisch-materielle Eingriffe mit ihrer Umgebung wechselwirken/interagieren (mein Vorschlag). Neben diesem Vorschlag existieren viele alternative Versuche allgemeiner Roboterdefinitionen. Jedoch liegt aktuell keine perfekte Definition vor, schon weil es sehr viele verschiedene Robotertechnologien gibt, beständig neue hinzutreten und die Abgrenzung zu Computern und künstlicher Intelligenz schwerfällt. 1920 wurde der Begriff *robota* in Josef und Karel Čapeks Theaterstück *R.U.R. (Rossumovi Univerzální Roboti)* zur Bezeichnung humanoider Maschinen eingeführt, die wie menschliche Sklaven Zwangsarbeit verrichten. In aktuellen Varianten wird zunehmend auf missverständliche Zuschreibungen wie „smart", „able to think" oder „autonomous" zurückgegriffen, wobei Roboter auch – nicht minder irreführend – als „verkörperte KI" bzw. „embodied AI" benannt werden. Die Abgrenzung zu anderen vernetzten und informationsverarbeitenden Computern kann über die physische Interaktion mit der Umwelt durch Sensoren und Aktuatoren – also eine besondere Art der Hardware – erklärt werden. Aber selbst der Versuch, jeden Roboter als Informationstechnologie/Computer+X zu definieren scheitert an Konzepten der Bioroboter. Einfacher sind

Bestimmungen spezifischer Robotertechnologien (Industrieroboter, Serviceroboter etc.). Dabei geht es nicht nur um die Aufzählung und Abgrenzung technischer Ausstattungsmerkmale. Funktionen, Zwecke und Interaktionsformen dienen gleichfalls als Kriterien zur Bestimmung *(Band 3, 1; Band 3, 2)*

- **Animaloide (Roboter)/zoomorphe Roboter:** weisen tierische Getalt- und Funktionsmerkmale auf *(Band 3, 2.2)*
- **Animatronic:** Roboterpuppe in Gestalt von Tieren, Fantasie- oder Fabelwesen *(Band 3, 2.2)*
- **Bioroboter/Biorobots/Biobots:** unter Berücksichtigung organischer Materialien entwickelte Maschinen, mit Schnittflächen zur Biotechnologie und synthetischen Biologie sowie synthetischen Organismen; sie sind gekennzeichnet durch eigene Kausalitäten in der Umweltinteraktion; obwohl an synthetischen Organismen mittels Computermodellen geforscht wird und sie sich metaphorisch als informationsverarbeitende Technologien beschreiben lassen, führen sie über das Konzept computerbasierter Roboter hinaus *(Band 1, 3.3; Band 3, 1.1)*
- **Hightech-Prothese:** im weiteren Sinne den Robotern oder Cyborgtechnologien zugeordnet, insofern sie computerbasiert mittels Aktuatoren und Sensoren (Roboter) in bzw. an einen lebenden Organismus angeschlossen sind (Cyborg) *(Band 3, 1.2)*
- **Humanoider (Roboter):** weist menschenähnliche Gestaltmerkmale auf und/oder simuliert menschliches Verhalten, ist dabei aber klar als Maschine zu erkennen *(Band 3, 2.1)*
  - **Androide (Roboter):** eigentliche Maschinenmenschen, also Roboter, die Menschen (äußerlich) zum Verwechseln ähnlich sehen *(Band 3, 2.1)*
  - **Gynoide (Roboter):** spezifisch weibliche Form androider Maschinen *(Band 3, 2.1)*
- **Industrieroboter:** durch ausgebildete Fachkräfte in Industrieanlagen betrieben; Sammelbegriff für die häufigsten Roboteranwendungen (Beispiel: Fertigungsstraßen in der Automobilherstellung) *(Band 3, 1.2)*
  - **Cobot:** teilweise Synonym kollaborativer Industrieroboter; drückt im Besonderen die fortgeschrittene Interaktion mit Fachkräften in offenen Umgebungen aus, wo erweiterte Kollaborationsgrade auftreten *(Band 3, 1.2)*
  - **kollaborative Industrieroboter:** interagieren mit menschlichen Fachkräften abseits hermetisch abgeschirmter Anlagen; neuere Produkte der Industrierobotik mit besonderen Sicherheitsansprüchen *(Band 3, 1.2)*
- **Interactive Robotics:** Sammelbegriff für Entwicklung und Anwendung diverser neuerer Robotertechnologien, die weniger durch Gestalt oder Funktion, sondern durch spezifische Interaktionsformen gekennzeichnet sind (Beispiel: Social Robots, Cobots) *(Band 3, 1.2)*
- **Plantoide:** weisen pflanzliche Gestaltmerkmale oder Funktionen auf *(Band 3, 2.3)*
- **Social Robot/soziale Roboter:** bestimmt durch Mensch-Roboter-Interaktionen besonders mit Laien im menschlichen Alltagsleben jenseits gesicherter Industrieanlagen; im Mittelpunkt steht das Design sozialer Beziehungen (Beispiel: Lernroboter

im Kinderzimmer; Serviceroboter im Restaurant; Pflegeroboter im Heim) *(Band 3, 1.2; Band 3, 2.1)*
- **Soft Robots/Soft Robotics:** Sammelbegriff für alternative Antriebs-/Bewegungskonzepte; Roboter sollen sich weich und flexibel wie etwa Quallen oder Tintenfische auch an Land bewegen *(Band 3, 2.1)*
- **Wearables:** im weiteren Sinne manchmal auch zu den (interaktiven) Robotern gezählt; von Menschen am Körper getragen (Beispiel: Smartwatch) *(Band 3, 1.2)*
  - **Exoskelett:** mechatronischer „Anzug" wie ein außen um den menschlichen Körper wirkendes zusätzliches Skelett; verstärkt muskuläre Bewegungen etwa beim Heben oder Gehen *(Band 3, 1.2)*

Schwache KI/weak AI meint nach John Searle KI-Systeme, die in speziellen Anwendungsbereichen als Mittel zum Problemlösen eingesetzt werden, also etwa zur Erforschung menschlicher Kognition oder zur Gesichtserkennung an Flughäfen. Die schwache KI-These führt zum Konzept der Expertensystem*e (Band 3, 5.1; Band 3, 6.1)*

Singularität/Intelligenzexplosion bezeichnet den spekulativen, zukünftigen, jedoch von einigen Autorinnen konkret benannten, unumkehrbaren Zeitpunkt, ab dem eine Superintelligenz entstanden sein wird *(Band 3, 5.2)*

Starke KI/strong AI ist nach John Searle durch eine unreflektierte metaphorische Gleichsetzung menschlichen Geistes und technischer Informationsverarbeitung gekennzeichnet. Es handelt sich um einen Begriff, der die von Menschen vorgetragene These auf den Punkt bringt, dass KI im wörtlichen Sinne die künstliche Reproduktion menschlichen Denkens wäre *(Band 3, 5.1; Band 3, 5.2)*

Superintelligenz ist ein Synonym für *general AI*, dass in neueren Debatten zur Kennzeichnung von (fiktiven) KI-Systemen/Netzwerken gebraucht wird, die sämtliche individuellen als auch kollektiven Fähigkeiten der Menschheit übersteigt *(Band 3, 5.2)*

Turing-Maschine ist eine Bezeichnung für *abstrakte Automaten* zur Symbolmanipulation auf Grundlage einer endlichen Anzahl von Anweisungen/Schritten. Die konkret gewählte Hardware zur Umsetzung hat auf ihre Definition keinen Einfluss. Leistet eine Turing-Maschine die erfolgreiche Codierung eines Problems, dann gilt dieses als entscheidbar. Jede einzelne Turing-Maschine lässt sich durch eine natürliche Zahl repräsentieren und dadurch in den Code einer *universellen Turing-Maschine* einbinden. Wie ein Betriebssystem interpretiert sie dann „kleine" Turing-Maschinen und wendet sie auf konkrete Datensätze an. Diese Architektur dient als Grundmodell aller programmierbaren, digitalen Computer *(Band 3, 5.2)*

Stichwortverzeichnis

M. Funk, *Computer und Gesellschaft,* https://doi.org/10.1007/978-3-658-39020-4

GPSR Compliance

The European Union's (EU) General Product Safety Regulation (GPSR) is a set of rules that requires consumer products to be safe and our obligations to ensure this.

If you have any concerns about our products, you can contact us on ProductSafety@springernature.com

In case Publisher is established outside the EU, the EU authorized representative is:

Springer Nature Customer Service Center GmbH
Europaplatz 3
69115 Heidelberg, Germany

Batch number: 10683567

Printed by Printforce, the Netherlands